YOU

YOU

초판 1쇄 인쇄 2014년 09월 15일
초판 1쇄 발행 2014년 09월 19일

지은이	최 충 식		
펴낸이	손 형 국		
펴낸곳	(주)북랩		
편집인	선 일 영	편집	이소현, 이윤채, 김아름, 이탄석
디자인	이현수, 신혜림, 김루리	제작	박기성, 황동현, 구성우
마케팅	김회란, 이희정		
출판등록	2004. 12. 1(제2012-000051호)		
주소	서울시 금천구 가산디지털 1로 168, 우림라이온스밸리 B동 B113, 114호		
홈페이지	www.book.co.kr		
전화번호	(02)2026-5777	팩스	(02)2026-5747

ISBN   979-11-5585-306-1 03470(종이책)
        979-11-5585-307-8 05470(전자책)

자연 치유 력을 코 호흡과
'스마트 마스크'로 활성화 시키자!

YOU
smart mask

최충식 지음

북랩 book Lab

CONTENTS

PART
3

병은 벌어진 입에서 시작된다   115

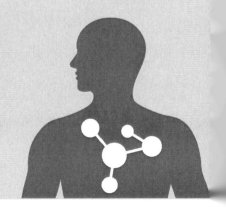

스스로 치유하는 몸의 명의名醫를 믿는 사람들

자신의 질병이나 불행을 누구의 탓으로도
돌리지 않는 사람들

자기 분야에서 열정을 가지고 일을 수행하거나
열정을 되찾고 싶은 사람들

자신과 가족의 소중함을 알고 그것을 지키려고
끊임없이 노력하는 사람들

냉소주의를 물리치고, 불가능하다는 의견에 맞서며
자기 일을 즐기는 사람들

매일매일 자신의 모습을 들여다보고 아름답게
가꾸기 위해 노력하는 사람들

특별히, 이 모든 것을 받아들일 준비가 되어 있는
열린 마음을 가진 사람들에게
이 책을 바칩니다.

내 몸 안의 명의名醫를 깨워라!

不:불 - 아니다, 老:로 - 늙는다, 草:초 - 풀

먹으면 평생 늙지 않고 살 수 있다는 전설의 식물이다. 당신도 한번쯤은 들어봤을 것이다. 진시황이 늙지 않기 위해 그토록 찾았다는 불로초. 과학기술의 발전으로 수명은 늘어났지만 애석하게도 노화 자체의 시간을 늦추는 음식은 발견하지 못했다.

건강하게 오래 살고 싶은 것은 인류의 소망이다. 동서고금을 막론하고 많은 고학자들이 노화의 수수께끼를 풀기 위해 밤낮을 가리지 않고 연구에 힘써왔다.

필자도 그 중의 한사람이다.

이 분야는 최근에 눈부신 발전을 하면서 노화의 윤곽이 어렴풋하게 모습이 드러나고 있다. 그 결과 2003년 인간의 유전자 DNA가 모두 해석되었고 장수 유전자도 밝혀졌다.

이 책은 필자가 스마트 마스크를 통해 얻은 경험을 기초로 하여 썼다.

그리고 스마트 마스크는 생, 노, 병, 사의 열쇠를 쥐고 있는 우리 삶의 지배자인 세포가 제대로 기능을 할 수 있도록 **'좋아하는 환경을 조성하기 위해 즉, 세포에 산소를 충분히 공급할 수 있도록 하기 위해'** 개발되었다는 것을 밝히고 싶다.

인간의 본래 수명은 120세라고 한다. 필자도 120세까지 건강하게 사는 것을 목표로 하고 있다. 필자가 추구하는 진정한 노화방지는 120세까지 아름답고 활기차게 살아가는 것이다. 단순히 생명 연장만을 목표로 하는 것이 아니라 기미, 검버섯, 주름 등을 예방하는 것에서부터 시작하여 탈모, 암, 고혈압, 당뇨 등을 예방하는 것이 필자가 추구하는 진정한 노화방지인 것이다.

이는 필자뿐만 아니라 모든 인간이 꿈꾸는 바람이다.

만약 필자가 치명적인 병에 걸린다면 나 자신은 어떻게 할까? 또 어떤 치료가 정말로 중요한 것일까? 나는 끊임없이 고민해 봤다.

어딘가 치료의 비밀이 있지 않을까? 단숨에 병을 고치는 마법 같은 치료법이 존재하지 않을까? 나는 그런 치료법이 있을 거라 확신을 갖고 지난 13년을 연구해 왔다.

그 결과 **'호흡하는 능력 즉, 에너지 생산능력'**에 해결책이 있다는 것을 깨달았다.

이런 결과는 냉소주의를 물리치고, 불가능하다는 의견에 맞서며 만인이 찬사를 보내는 가치와 제품 창출로 이어졌다. 진정 인생을 걸고 열정을 다 바쳤고, 그 덕분에 가장 뛰어나고, 매우 가치 있는 스마트 마스크로 나타내었다.

현재 스마트 마스크는 중국, 일본, 미국 등에서 큰 화제가 되고 있다.

태어나서 살아온 나이는 비록 같더라도 노화는 각기 다르다. 이는 어떻게 호흡을 하고, 얼마나 운동하고, 어떻게 자고, 어떻게 먹고, 무엇을 바르냐에 따라 하루하루 차이를 내다가 결국 몇 년 후에는 또래보다 10년, 20년 더 노화되어 치명적인 병에 걸릴 수 있으며, 심하면 빨리 죽을 수도 있기 때문이다.

우리는 몸을 젊게 유지하는 것이 무엇보다 중요하다. 젊음은 노화에 대항하는 몸을 만드는 것이며, 질병에 걸리지 않는 몸으로 만드는 것이다.

그러므로 호흡하는 능력을 향상시키는 사람만이 노화를 늦추어 병에 걸리지 않는 젊은 몸을 유지할 수 있다고 감히 자신 있게 말할 수 있다.

책을 쓰는 일은 무한한 공간을 홀로 여행하는 일처럼 느껴진다. 그러나 많은 전문가들의 도움을 못 받아서 그런 느낌이 드는 것은 아니다. 적어도 필자의 경우는 그렇다. 책에 들어갈 일부 또는 전부를 읽어주며 힘겨운 고비마다 흔들림 없이 넘길 수 있도록 도와준 각계의 많은 분들이 도움을 주었다.

여러 전문가 분들이 책 이곳저곳을 읽고 좀 더 자세한 내용을 덧붙여 주거나 수정할 곳을 지적해 주었다. 그 중에서도 특히 적극적인 관심을 갖고 원고의 많은 부분을 읽고 어려운 순간을 잘 견뎌낼 수 있게 도와준 두 사람이 있다. 일본 미토콘드리아 박사로 불리는 '나시하라 가츠나리 박사'는 열정적인 성격에 걸맞게 미토콘드리아에 대해서도 남다른 통찰력을 지니셨다. 박사님과 메일을 주고받는 일은 필자에게는 매우 큰 충격이었다. 필자가 그의 생각을 충분히 표현했기를 바랄 뿐이다. 대한 노화방지 연구소 회장이신 '홍영재 박사님'. 세포 내 소기관인 미토콘드리아의 양적 이상이 당뇨병 발병의 주요 원인임을 세계 최초로 규명한 의사이다. 그리고 '조용기 한의학 박사님', '전홍기 통합의료 원장님', '허준용 순환기 내과 교수님'. '김소연 라인 피부과 원장님'.

여러 전문가 분들이 자신의 분야와 관련된 장을 읽어 주셨다. 그 분들에게 고마움을 전할 수 있어 매우 기쁘게 생각한다.

마지막으로 아버지, 어머니께 각별한 감사의 마음을 전해 드리고 싶다. 언제나 그렇게 하시듯 너그러운 칭찬으로 무조건적인 지지를 아끼지 않으신다. 이런 훌륭하신 분들에게 이 책이 더욱 건강하고 오래오래 행복하게 사시는데 많은 도움이 됐으면 하는 것이 자식으로서의 큰 바람이다. 형제들과 식구들, 우리 가족이 늘 그렇듯이 배려하는 마음은 언제나 큰 힘이 된다. 이들 모두에게 고마움을 전한다.

설득력 있는 역사가인 펠리페 페르난데스 아르메스토는 다음과 같이 말했다. "사건은 스스로 설명한다. 만약 무슨 일이 어떻게 일어났는지를 안다면 왜 그 일이 일어나게 되었는지를 이해하기 시작한 것이다."

동일하게 질병과 노화라는 사건을 재구성할 때도 '어떻게'와 '왜'는 밀접한 관계가 있다.

필자는 이 책을 쓰면서 첨단 과학으로 밝혀지는 연구결과들을 토대로 최대한 쉽게 쓰려고 노력했다. 하지만 당신에게는 이 책이 어려울 수도 있겠다. 중간에 책을 덮을 수도 있겠지만 시간이 주어지는 대로 끝까지 읽어봐라. 이 한권의 책이 현대사회를 살아가는 당신의 인생에 큰 도움이 될 수 있다고 자신 있게 말할 수 있다.

나이는 먹어가고 체력은 자꾸 약해진다. 탈모, 고혈압, 당뇨, 고질혈증, 비만, 콜레스테롤, 코골이, 암 등 성인병 한두 가지는 가지고 살아가는 **당**

신(YOU). "늙지 않는 불로초 같은 건 없나!" 하고 한탄한 경험이 많을 것이다.

하지만 이제는 이런 한탄은 하지 않아도 된다. 왜냐하면 **우리 몸은 태어날 때부터 '젊어지도록 만들어져 있기' 때문이다. 젊어지는 기술만 익히면 죽을 때까지 질병에 걸리지 않고 젊게 살 수 있다. 필자가 이 책을 통해서 젊어지는 기술을 전해 드리겠다.**

자 당신도 결코 늦지 않았다. 지금이 바로 그때다.

2014년 9월 남산 사무실에서

최 종 식

PART 1

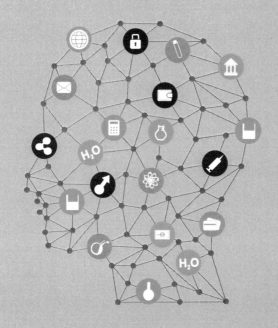

내 몸 안에 있는
치유의 힘에
눈 뜨기를…

나는
수식호흡 數植呼吸
에 미쳤다

2014년 최근 에볼라 바이러스(Ebolavirus)가 전 세계를 긴장시키고 있다.

인류는 백신을 개발해 이에 대응해왔고, 바이러스는 변종으로 모습을 바꾸면서 위협을 지속했다. 세계보건기구(WHO)에 따르면 지금까지 알려진 바이러스는 5,000종이 넘는다.

하지만 인류가 아직 실체를 밝혀내지 못한 바이러스를 감안하면 이는 빙산의 일각이다. 가장 흔하게 접하는 것은 감기 바이러스다. 아직까지도 치료제는 없다. 인류는 감기 바이러스에 감염되면 증상을 완화시키는 데 주력할 뿐이다. 인류가 일부 바이러스를 활용해 예방 백신을 만들었지만 예방 백신조차 없이 당하는 경우도 많았다.

대표적인 사례가 14세기에 2,000만 명 이상의 목숨을 앗아간 것으로 기록된 페스트(흑사병)다.

바이러스와 전염병에 대한 인식조차 부족했던 당시 페스트는 전 세계를 공포에 떨게 했다. 1918~1919년에 발생한 스페인독감의 피해는 더욱 참혹했다. 1차 세계대전이 한창이던 그 시기에 전쟁 사망자보다 많은 8,000만 명이 스페인독감으로 사망했다. 한국에서도 100명 중 2명이 감염됐었고, 감염자 중 30만여 명이 사망한 것으로 알려져 있다.

1년 만에 세계 인구의 5분의 1이 감염됐고, 20분의 1이 사망했지만, 스페인독감의 정체가 정확하게 밝혀진 것은 수십 년이 지난 2005년이었다. 1997년에 미국의 병리학자가 알래스카에서 한 세기 전에 스페인독감으로 사망했던 여인의 시신에서 유전자를 분석한 결과 스페인독감을 일으킨 바이러스는 조류에서 유래된 H1N1형의 인플루엔자 A였다. 즉 조류인플루엔자의 인체 감염 사례였던 것이다. 하지만 지금도 인류는 스페인독감을 치료할 능력을 갖고 있지 못하다. 2014년 현제도 조류인플루엔자(AI)는 살처분만이 유일한 대안책이다.

스페인독감이 지구촌을 휩쓴 지 40년이 지난 1957년 아시아독감이 돌면서 100만 명, 다시 10년 후인 1968년 홍콩독감으로 50만 명이 사망했다. 또 40년 후인 2009년 흔히 신종플루라고 불렀던 인플루엔자 바이러스가 세계를 강타해 28만 명의 목숨을 앗아갔다.

대유행 주기 외에도 바이러스의 공격은 꾸준하다. 2004년 1월 태국의 한 마을에서 세계를 공포에 떨게 한 조류인플루엔자(H5N1) 첫 희생자가 나온 이후 전 세계적으로 감염자가 계속 나오고 있다. 1976년 콩고의 에볼라 강 주변에서는 280명이 눈과 코 등으로 피를 흘리며 죽었다. 이른바 에볼라 바이러스다. 또 이번에 전 세계를 긴장시킨 MERS(중동호흡기증후군)도 2012년 처음 발견됐다.

2002년 중국에서 처음 발생해 순식간에 전 세계로 확산되면서 800명이 사망한 사스(중증급성호흡기증후군) 바이러스도 위협적이다. 인류는 아직 이들 바이러스의 감염 원인조차 파악하지 못하고 있다.

바이러스뿐만 아니다. 질병 및 환경이 악화되면 일반인들이 몸을 보호할 수 있는 유일한 수단은 개인위생을 철저히 하면서 감염원을 사전에 차단하는 것이 현재로서는 최선의 방법일 뿐이다.

공기 속에는 바이러스, 세균, 중금속, 미세먼지 등 우리 몸을 병들게 하거나 죽음에 이르게 하는 유해물질이 섞여있다. 우리는 4분 이상 숨을 쉬지 않으면 우리 뇌세포와 심장세포는 죽게 된다. 좋든 싫든 공기를 들여마셔야 하고, 들여 마시는 공기가 깨끗하면 몸은 건강하고, 공기가 오염됐으면 병들거나 죽게 된다. 앞으로 대기의 공기가 더욱 오염될 거라는 사실은 의심할 여지가 없다. 그 단적인 예가 환경오염, 자연재해, 기온이상, 변종 바이러스 출연 등과 비염환자, 아토피 환자, 각종 암과 뇌졸중, 심장질환 등이 지속적으로 증가한다는 점이다.

건강한 삶을 살아가기 위해서는 무엇보다 호흡하는 능력이 중요하다. 우리에게는 '자연 치유력(면역력)'이라는 엄청난 힘이 있기 때문이다. 이것이 없었다면 인류의 역사는 사라졌을 것이다.

인간은 장기 하나에 의존하여 살아가지 않는다. 각각의 장기가 밀접하게 유기적으로 어우러져 생명활동을 유지하고 있다.

상세한 내용을 책을 통해 차근차근 설명하겠지만 핵심을 먼저 말하자면, **'자연치유력(면역력)'을 높이는 가장 중요한 사항은 '호흡하는 능력을 향상시키는 것이다.'**

산소는 생명이다

건강에 아무리 자신 있다고 자부하던 사람이라도 30대 중반 정도부터는 '몸 생각'을 안 할 수가 없다.

대체로 건강하더라도 감기가 전보다 자주 걸린다든지, 피곤하다든지, 피부가 푸석푸석해지거나 얼굴에 잔주름이 늘어간다든지, 마음이 우울하다든지 하는 고민 한 두 가지는 다들 갖게 된다. 때문에 어릴 때는 쳐다본 적 없던 '건강식품' 또는 '보약'에 마음이 간다.

현대의학과 과학이 비약적으로 발전하고 있고 평균수명이 전과 비교할 수 없을 만큼 많이 늘어나고 있지만 우리의 생명을 지속적으로 위협하는 바이러스, 악성종양, 자가면역질환 등은 늘어만 가고 있고 이러한 질병들 앞에서 우리는 속수무책임을 고백할 수밖에 없다.

전문가들은 젊음을 위해서 무엇보다 중요한 것은 '산소와 자연치유력'이라고 한다. **어릴 때 누구나 에너지가 넘치고 유연한 몸을 갖는 것은 기본적으로 세포의 생성과 재생, 즉 신진대사가 활발하기 때문이다. 신진대사가 활발하려면 세포에 산소가 충분히 공급되야 한다. 그렇게 되려면 호흡하는 능력**(에너지 대사 능력)**이 좋아야 한다.**

세포가 건강하면 당연히 자연치유력도 활성화 되고, 몸은 젊어지게 된다.

> **입은 다물고 코로 호흡하여 호흡하는 능력을 향상시켜라.**
> **그러면 병들지 않는 젊은 몸으로 교정된다.**

우리에게는 자연 치유력이라는 엄청난 힘이 있다. 이것이 없었다면 수십만 년이라는 인류의 역사는 이어지지 못했을 것이다. 기아나 역병, 수많은 난관들을 선조들이 극복해 왔기에 우리는 이렇게 지구상에 존재하는 것이다.

인간이 어떻게 몇 백만 년이나 생명을 이어왔는지 알면, 약에 의존하지 않고도 건강한 생활을 영위할 수 있다. 건강의 비결은 너무도 당연한 것에 있다. 우리는 너무도 당연하기 때문에 그 고마움을 모르고 살아가고 있다. 그 고마움을 아는 사람들은 그것을 잃어버린 사람들뿐이다.

이 책을 끝까지 읽으면 알겠지만, 우리 몸 안의 자연치유력을 높이는데 가장 중요한 것은 **'입은 다물고 코로 호흡하여 호흡하는 능력을 향상시키는 것이다.'**

세계의 저명한 의학자들은 하나 같이 모든 질병은 '산소 결핍증'으로부터 비롯된다고 말한다.

다음은 저명한 의학자들의 주장이다.

- 모든 질병의 원인은 산소 결핍증에 있다.

  – 일본 의학박사 야마구치

- 암은 산소결핍증 때문에 발생시킨다.

  – 독일의 노벨 의학상 수상자, 오토 바르부르크

  (Warburg, Otto Heinrich: 1883.10.8.–1970.8.1)

- 암세포는 산소가 부족한 세포에 증식하며 뇌졸중, 심장병, 동맥경화, 고혈압, 당뇨병, 간장병, 자궁부종 등 모든 성인병은 산소 부족이 최대 원인이다.

  – 오야마우치 하쿠, 일본 전 노동과학연구 소장

- 산소 부족은 모든 병을 발생 시킨다.

  – 일본 의학박사 마쓰모토

- 산소는 혈행을 좋게 하는 기능이 있어 동맥경화를 예방한다.

  – 아사노 보쿠시게 의학박사. 국립 공중위생원 소장

- 산소는 노화방지와 치매를 저지하는 효과가 있다.

  – 요시마치 준이치 의학박사

- 고혈압의 예방과 개선에 산소는 매우 두드러진 효과가 있다.

  – 키쿠치 나가토쿠 동경여자대학 교수

- 천식, 피로회복에 산소는 아주 좋은 효과를 준다.

  – 요시후지 타카요시 쓰쿠나미대학 교수

- 산소를 충분히 섭취하면 폐기능이 좋아진다.

  – 타니모드 신이치 토라모몬병원 호흡기과 과장

- 모든 질병의 원인에 대해서 개별적인 연구를 해보면 이 같은 일절의 질병의 원인이 일산화탄소라는 무서운 명칭을 가진 독소가 원인이라는 것을 알 수 있다.

  – 오럴 에스트리보 프랑스 의학박사

- 암은 일산화탄소 중독이 원인.

  – 미국 컬럼비아대학 핸더슨 의학박사

- 만병은 한 가지 원인에서 발생한다. 그것은 바로 산소부족(hypoxia)이다.

  – 세계적 병리학자인 노구치 히데요 박사

- 자정능력이 제대로 발휘하려면 충분한 산소가 있어야 한다. 그렇지 않으면 질병에 걸리고 조기 노화를 겪는다.

  – 미국의 의학저널리스트 멕케비 박사

- 입을 다물고 수명을 연장하라(Shut your mouth and save your life)

  – 미국 의학박사, 화가 조지 캐틀린

- 암이 발생할 때는 항상 산소가 결핍되었다

  – 미국 과학자 맘그랜

탈모 인구 1,000만 명 시대

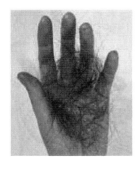

취업준비생인 이수성 씨(28·남)는 취업 스트레스로 인한 탈모가 시작돼 이만저만 속상한 것이 아니라며 한의원을 찾아왔었다.

정수리 부위와 뒷머리에 뜨거운 기운이 느껴지면서 두피가 따갑고 간지럽기 시작하더니, 머리카락이 원모양으로 조금씩 빠지고 있다. 남 일인 줄만 알았던 원형탈모를 젊은 나이에 경험하고 있는 이수성 씨는 취업고민에다 탈모 고민까지 쌓여 심한 스트레스로 우울증 초기증세까지 보이고 있었다.

어딜 가나 요즘은 나이가 드신 분만 아니라 젊은 층 심지어 여성분들도 탈모로 인해 걱정하고 고민한다. 지금 현재 탈모 인구가 1,000만 명이 넘은 것으로 통계 되었다.

왜 이런 고약한 탈모가 생기는 것인지 알아보도록 하자. 유전은30%미만이다. 외가20%, 친가10% 유전적으로 탈모될 확률은 그렇게 크지 않다는 연구결과다. 그럼에도 물구하고 탈모 1,000만 명 시대 왜 왔을까?

일반적으로 탈모는 중년 남성에게서 흔히 발생되는 것으로 알려졌으나, 이는 이미 옛날 일이 됐다. 여성 탈모도 급격히 늘었는데, 2013년 건강보험공단이 통계자료에 따르면 최근 5년간 탈모 환자가 25% 증가해 5명 중 1명이 탈모로 고민하고 있는 것으로 나타났다. 뿐만 아니라 탈모 연령대 또한 현저히 낮아지고 있다. 건강보험심사평가원 발표에 의하면 2007-2011년 5년간 병원을 찾은 탈모환자의 12.6%는 10대 이하 어린이인 것으로 밝혀졌다.

이처럼 남녀노소 불구하고 나날이 늘고 있는 탈모인구의 탈모 원인으로는 스트레스를 대표적으로 꼽을 수 있다. 현대사회와 떼려야 뗄 수 없는 스트레스로 인해, 탈모도 감기처럼 흔한 질환이 되는 것은 시간문제라는 것이 전문가들의 공통된 이야기다. 우리가 매일 무심코 하는 생활습관을 바꿔야하는 이유다.

대부분 사람들은 올바른 탈모 치료 방법을 몰라 증상을 더욱 악화 시키고 있다. 최근 머리 빠짐 증상이 심해지면서 효과적인 탈모 치료법을 찾는다면 먼저 탈모의 원인부터 이해하고 그에 맞는 치료 방법을 찾아 꾸준히 관리를 해주는 것이 중요하다.

남성의 경우 유전적인 소인으로 안드로겐이라는 남성 호르몬 작용 때문에 나타나기도 한다. 여성에게 나타나는 탈모는 스트레스나 과로, 출산, 심한 다이어트 등 외부적인 환경으로 인해 산소와 영양소 공급이 부족해 발생하는 것이 주요인이다.

여성형 탈모증은 남성형 탈모의 원인과는 다르게 유전법칙에 의해서 진행이 되기보다는 영양 부족이나 출산 후 탈모 등으로 인한 지루성 두피나 스트레스로 인한 정수리 탈모가 대부분이다. 유전성 탈모가 아니기 때문에 여성들은 비교적 치료하기가 쉽다.

결과적으로 탈모의 원인은 [그림]에서 알 수 있듯이 모발에 산소와 영양소 공급이 부족해서 발생된다. 즉 혈액순환 장애가 그 원인인 것이다. 혈액순환이 원활한 (a) 그림은 모발이 굵고 풍성하지만 (b) 그림은 모낭에 공급되는 산소와 영양소 결핍으로 인해 모발이 점차적으로 가늘어지고 빠지게 되는 것이다.

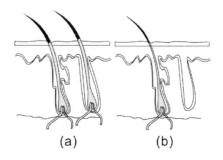

(a)   (b)

이렇게 모낭에 산소와 영양소 공급이 부족하게 만드는 원인이 뭘까? 답은 스트레스다. 즉 산소부족이다. 모든 질병의 원인이 산소 결핍증으로 보듯이 탈모도 동일하다.

스트레스는 활성산소를 생산해 인체의 정상적인 신진대사를 방해해 모발에 산소와 영양소 공급을 저하시킨다. 이를 위해서 긍정적인 사고방식과 휴식, 운동 등으로 신체의 피로를 풀어주고 정신적 스트레스를 완화시켜 탈모를 예방해야 한다.

따라서 충분한 수면과 휴식, 운동은 스트레스를 완화시켜 탈모를 예방하는 가장 최선의 방법이다.

고른 영양 섭취와 동시에 견과류와 해조류도 탈모에 도움이 되며 샴푸시 혈액순환을 촉진시켜주기 위해서 가볍게 지압을 해주는 것도 좋은 방법이다.

뿌리가 튼튼해야 나무가 잘 자라듯이 모발 또한 두피와 모낭이 건강해야 풍성하고 윤기 있게 자랄 수 있으므로 탈모를 예방하기 위해서는 혈액순환이 가장 중요하다고 하겠다.

두피도 자외선에 노출되면 세포나 조직에 화학적 손상을 입는다. 이는 염증을 유발할 뿐 아니라 모낭세포를 손상시켜 탈모를 일으킬 수 있다. 양산, 모자 등을 동원해 햇빛이 직접 내리쬐는 것을 막는 것이 좋다(단, 모자는 통풍이 잘되고 느슨한 것으로).

앞으로 필자가 제시하는 방법을 실천하기 바란다. 그러면 탈모 유전소인을 가지고 있는 분이나, 탈모에 관해 예민하신 분들은 이제 걱정하지 않아도 된다. 더 이상 당신이 탈모라고 생각하면서 고민 하지 마시라.

이 책을 열고 덮는 동안, 무릎을 탁 치며 마음속 응어리가 불현듯 떠올라 어두운 골방에 외롭게 처박아둔 자신을 세상에 당당히 드러내겠다는 결심이 마음속을 가득 채울 것이다.

당신의 탈모를 예방하고 치료하는 방법을 Part-4, Part-7에서 해결해 드리겠다.

이건희 회장도 당한 - 심장마비

한국인의 10대 사망원인 가운데 가장 빠른 속도로 증가하고 있는 질환은 무엇일까?

정답은 이건희 삼성회장을 쓰러뜨린 심장병이다. 전 세계 사망원인 1위도 심장마비다. 대표적 심장병인 관상冠狀동맥 질환의 경우 지난 20년 사이 무려 10배나 증가했다. 심장병 하면 병에 걸린 창백한 마리아가 애틋한 사랑을 하다가 세상을 떠나는 소설 『독일인의 사랑』이 떠오른다. 황순원의 소설 『소나기』에 등장하는 소녀도 심장병으로 추정되는 질환으로 숨졌다. 그러나 오늘날 한국인의 생명을 위협하는 심장병은 소설 속에서 그려진 모습과 판이하게 다르다. 요즘 문제가 되는 심장병은 대부분 관상동맥 질환이다.

관상동맥 질환이란 심장으로 혈액을 공급하는 관상동맥이 막히거나 좁아져 생긴 병이다. 좁아졌다가 다시 풀리는 가벼운 경우 협심증, 심장근육이 썩을 정도로 위중한 경우 심근경색증으로 분류한다. 관상동맥 질환이 늘고 있는 가장 중요한 이유는 운동부족과 활성산소다. 미국의 경우 심장병이 확고부동한 사망 원인 제1위 질환이다.

우리나라는 심장병 사망자가 암사망자의 3분의 1 수준이지만 미국은 심장병으로 죽는 사람이 암보다 많다. 미국 남성의 경우 인구 10만 명당 심장병 사망자 숫자가 2백30명이어서 우리보다 10배나 많다. 이렇게 해마다 50만여 명이 심장병으로 숨진다.

현재 암과 뇌졸중에 이어 사망원인 3위인 질환이지만 미국 등 선진국처럼 언젠가 이들을 제치고 1위로 올라설 것으로 전망된다. 엘리베이터와 자동차로 상징되는 운동부족 현상이 사회 곳곳에 만연하고 있기 때문이다. 심장병 발생률이 비만 인구의 증가와 비례하는 것도 이 같은 이유에서다. 많이 먹고 적게 움직이는 이른바 편리하고 안락한 생활은 필연적으로 콜레스테롤로 상징되는 잉여 영양물질을 만들어낸다. 이것은 피부 아래뿐 아니라 심장의 혈관에도 끼게 된다.

정상 심장은 분당 60-100회가량 뛴다. 하지만 건강한 삶을 살기 위해서는 분당 70회 미만으로 뛰어야 한다. 심장은 많이 뛰면 그 만큼 일을 많이 하게 된다는 뜻이다. 무리하면 언젠가는 문제가 발생될 수 있다는 것을 알아야 한다.

심장이 분당 70회 뛴다고 가정하면, 하루 평균 10만 회 이상, 평생 20억 회 이상 뛴다. 인체 구석구석에 위치한 모세혈관까지 포함해 10만km에 달하는 혈관에 매일 1만 5천 l 의 혈액을 펌프질해야 한다. 이렇듯 1초라도 멈추면 큰일 나는 심장에 산소를 제대로 공급받지 못하면 심장이 멈추게 된다. 이런 상황이 발생되는 근본 원인은 심근(심장의 벽)으로 보내는 산소량이 줄어들어 심근에 산소부족 상태를 초래하기 때문이다. 이로 인해 신근에 피가 모자라는 심근허혈증 상태가 되고, 끝내는 협심증이나 심근경색 등이 나타나게 되는 것이다.

다행인 것은 심장병은 평소 생활습관만 개선하면 예방이 가능하다는 것이다.

심장마비를 예방할 수 있는 효과적인 방법들이 있다. 이 방법들을 숙지하고 평소에 꾸준히 실천해 보자. 심장을 향해 날아오는 총탄을 막는 방탄조끼처럼 심장병과 심장마비를 방어할 수 있다.

* 가장 중요하고 확실한 방안은 코로 호흡하는 것이다. 평소에도 잠자는 동안에도 코로 편안하게 호흡해야 한다. 이 한가지만으로 관상동맥 질환을 최대 70%까지 예방할 수 있다. 흔히 미세먼지, 코골이, 수면 무호흡, 면역력 저하는 심장에 훨씬 더 악영향을 미친다. 우리가 쉬지 않고 지속적으로 호흡하는 공기속의 유해물질들은 혈액에 운반되어 심장과 심장혈관에 악영향을 미친다. 심장마비를 예방하려면 코로 숨 쉬는 방법을 익혀야 한다.

잠시 일을 중단하고 코로 천천히 편안하게 호흡을 해보라. 1분 동안 10번미만으로 수식호흡을 하는 게 좋다. 수식호흡을 할 때는 천천히 들이마시고 더 천천히 내쉰다. 즉, 4초 동안에 걸쳐 들이쉬고 6초 동안에 걸쳐 내쉬면 된다. 이렇게 하면 1분 안에 수축기 혈압을 4mmHg 낮출 수 있다. 연구에 따르면, 수식호흡을 꾸준히 하면 혈압이 낮아지는 효과가 오랫동안 지속되는 것으로 나타났다.

● **긍정적으로 살아라.** 미국 존스홉킨스대학 연구팀에 따르면, 밝은 인생관을 가지면 심장병 위험을 반이나 줄이는 것으로 나타났다. 이는 긍정적인 마음을 가지면 스트레스와 염증을 차단하기 때문이다.

● **맥박수를 측정하라.** 아침에 일어나서 맥박부터 재보라. 건강한 사람은 맥박수가 분당 70이나 그 이하여야 한다. 마라토너들은 평균 분당 60회 이하이다. 평소 심장이 많이 뛰면 뛸수록 심장에 무리가 오고, 활성산소도 많이 발생된다는 것을 기억하자. 유산소운동을 꾸준히 하면 맥박수를 낮출 수 있다. 맥박수가 일주일이나 그 이상의 기간 동안 점점 높아진다면 진단을 받는 게 좋다.

- **혈압을 관리하라.** 고혈압을 치료하면 관상동맥 질환을 21%까지 막을 수 있다. 고혈압이 해로운 이유는 혈압이 높을수록 심장이 펌프질하는 데 많은 힘이 들기 때문이다. 흔히 저혈압이 고혈압보다 해롭다고 알려져 있지만 이는 사실과 다르다. 의학적으로 저혈압이란 병명은 존재하지 않는다. 저혈압은 오히려 심장과 혈관에 압력을 적게 주므로 정상 혈압을 가진 사람보다 평균수명이 5년이나 길다는 연구결과도 있다. 혈압은 무조건 낮게 유지하는 것이 정답이다.

- **오염된 공기를 피하라.** 미세먼지로 오염된 공기를 마시면 경동맥(목동맥)의 벽이 두꺼워져 심장마비 위험이 커진다. 새벽에 먼지 농도가 가장 심하기 때문에 이때를 피해 운동은 오후에 하는 게 좋다.

- **금연하라.** 금연 한가지만으로 관상동맥 질환을 최대 41%까지 예방할 수 있다. 흔히 담배 연기는 폐에 나쁜 것으로 알려져 있지만 사망원인으로 따져보면 심장에 훨씬 더 해롭다. 담배 연기는 심장의 혈관을 수축시키고 동맥 경화를 유발하기 때문이다.

국민 질병 - 암

암은 국내와 일본 등 많은 나라에서 부동의 사망원인 1위이다. 평생 3명중 1명 이상은 암에 걸린다. 국민 질병인 셈이다.

국가암정보센터 자료에 따르면 2011년의 암

발생은 21만 8천17건으로 2001년의 11만 1천234건과 비교하여 10년 사이에 2배 이상 증가하였으며, 암 발생순위를 보면 전체적으로 갑상선암이 가장 많이 발생하고 위암, 대장암, 폐암, 간암, 유방암 순으로 발생하고 있다. 우리나라 국민들이 평균수명까지 생존할 경우, 암에 걸릴 확률은 36.9%이었으며, 남자는 5명 중 2명(38.1%), 여자는 3명 중 1명(33.8%)에서 암이 발생하고 있다.

먼저 암이 생기는 내적요인부터 살펴보자. 우리 몸은 약 60-100조억 개의 세포로 이루어져 있다. 그 중에 인체에 해로운 영향을 미치고 각종 질병을 일으키는 악성 세포가 3,000-1만 개가 생긴다고 한다. 하지만 이정도의 악성 세포로는 병이나 암을 일으킬 수가 없다. 정상적인 경우에는 우리 몸의 자연 치유력에 비해 그 힘이 아주 미약하기 때문이다. 자연치유력은 경계를 게을리하지 않고 늘 활동하면서 대소변과 땀을 통해 인체에 해로운 물질을 체외로 내보내 혈액과 세포, 각각의 기관들이 정성적인 기능을 할 수 있도록 끊임없이 작동한다.

하지만, 산소부족, 활성산소, 스트레스, 잘못된 식습관과 생활습관, 운동 부족, 바르지 못한 습관 등으로 인해 몸을 구성하는 세포가 돌연변이를 일으켜 정상적으로 조절되지 않아 과다하게 세포수가 증가할 뿐만 아니라 주변 조직 및 장기에 침입하여 종양 형성 및 정상 조직의 파괴를 초래하게 되는데, 이것이 바로 암세포이다.

안드레아스 모리츠 박사는 자신의 책 『암은 병이 아니다』에서 암의 원인은 마음과, 생활 습관에서 기인한다고 보고 그 치료법도 마음을 기쁘게 하고 생활 습관을 바르게 하면 완치할 수 있다고 소개한다. 이 책은 전 세계 20개국에서 건강분야 베스트셀러이다. 그의 책에 깊은 동질감을 갖는 부분이 있어 인용해 소개한다.

대부분의 암은 반복된 수차례의 경고 뒤에 생기는데, 여기에는 다음과 같은 것들이 포함된다.

* 계속 진통제를 사용해서 멈추게 해야 할 정도의 두통
* 커피 한 잔, 차 한 잔으로 억누르는 피로
* 계절마다 반복되는 감기
* 피하고 싶은 갈등
* 실제로는 그렇지 않은데 늘 괜찮은 척하기
* 자기 확신이 부족해서 늘 남들에게 자신을 증명하려고 애쓰는 것
* 몸에 힘이 없어 몸에 좋다는 음식을 먹는 것
* 신경과민
* 원치 않은 증상을 피하려고 먹는 약

이 모든 증상들과 그와 비슷한 증상들은 암이나 다른 질병들과 같은 심각한 위험을 알려주는 지표가 된다.

암을 일으키는 외적인 요인은 환경오염과 밀접한 관계가 있다. 현대인은 그 어느 때보다 과학문명과 의학의 비약적인 발전 속에서 살고 있다. 그럼에도 불구하고 공포와 불안을 안겨주는 새로운 질병들이 나날이 늘어나는 것처럼 보이는 것은 결코 우연이 아니다.

알레르기성 비염, 알레르기성 피부염, 천식, 아토피성 피부염, 류마티스성 질환, 폐질환, 폐암, 심장질환, 뇌질환, 악성 바이러스 등 생명에 직접적인 위협을 가하는 질병들 모두가 환경과 밀접한 연관을 가지고 있다.

날로 심해지는 환경 속에서 난치병이나 불치병은 더 이상 희귀질환이 아니다. 이것은 나날이 증가하는 아토피성 피부염과 알레르기성 비염환자만 보아도 쉽게 알 수 있다. 2014년 현재 아이들의 80%는 이들 난치병을

앓고 있다.

암을 비롯한 난치병과 불치병의 근본원인은 아직 명확히 규명되지 않았지만 주된 원인은 환경오염이라는 주장이 가장 설득력이 있다.

환경오염으로 발생하는 미세먼지, 중금속, 아황산, 방부제, 화학물질, 발암물질, 각종 식품첨가제, 몸에 바르는 화장품이나 약 등의 독소는 호흡이나 식품, 입, 피부를 통해 인체에 들어오는데, 이것이 대소변이나 땀으로 배출되지 않고 서서히 체내에 쌓이면 혈액과 세포, 조직, 기관의 변화를 초래하게 된다.

이렇게 해서 자연치유력(면역력)이 무너지면 돌연변이를 일으켜 암이 발생하는 것이다.

최근 영국 런던의 프린세스 그레이스 대학병원 연구팀이 진행하고 북미 방사선학회에 발표된 연구 결과에 의하면, 도시에 사는 여성들은 시골에 사는 여성들에 비해 유방암에 걸릴 위험이 매우 높은 것으로 밝혀졌다.

이러한 현상을 알아내기 위해 45-54세의 영국 여성 982명의 유방조직을 검사한 팀은 이 조사를 통해 도시에 살고 있거나 직장을 가진 여성들의 유방이 25% 이상의 치밀조직(유방을 구성하는 유선조직과 지방조직 중 유선조직의 분포가 높은 조직)을 가졌을 확률이 두 배 이상 높다는 사실을 발견했다.

연구팀은 도시 거주자들이 오염된 공기에 섞인 독성물질 때문에 호르몬을 생산하는데 지장을 받아 유방의 치밀도가 높아졌을 것이라는 가설을 세웠다.

한편, 주변에 보면 조부모나 부모가 특정 암이나 난치병으로 고생한 경우 그 후손에게도 같은 병이 생기는 경우도 많다. 이는 유전적 유인도 작용했겠지만 더욱 영향을 미치는 것은 성격, 식습관, 생활습관이 비슷하기 때문이다.

실제로 최근 국제암센터의 연구 결과에 따르면 암 발생 원인이 유전은

10%미만이고, 환경오염이 20%, 흡연이 20%, 생활습관 및 식습관이 50% 이상이라 밝혔다.

결과적으로, 암 발생의 원인으로 잘못된 생활습관(호흡, 운동, 비만, 흡연, 스트레스 등)이 간주되고 있으며, 이는 생활습관의 교정만으로 일부분 예방이 가능하다는 것을 의미한다. 실제, 세계보건기구(WHO)에서도 암 발생의 3분의 1은 예방이 가능하고, 3분의 1은 조기 진단 및 조기 치료로 완치할 수 있으며, 나머지3분의 1의 암 환자도 적절한 치료를 받으면 완화할 수 있다고 보고한 바 있다.

일본 나고야에 '이즈미회(생물모임)'라는 모임이 있다. 이 모임의 회장인 나카야마 다케시씨는 50대 중반에 진행된 빠른 경성(Scirrhous)위암에 걸려 치료될 확률은 3만 명에 한 명, 6개월 시한부라는 선고를 받은 분이다. 그는 "이대로 죽을 수 없다!"라며 현미 한 숟가락을 60번 이상 씹고 또 씹어서 결국은 암을 극복했다.

그가 2000년에 설립한 이즈미회는 회원 약 1,000명의 암환자들이 모인 자조모임이다. 이 단체가 놀라운 것은 회원들의 생존율이다. 회원 구성은 초기 암환자가 4분의 1이며, 나머지는 중기, 말기환자인데, 생존율이 연간 95%를 자랑한다.

이 생존율은 10년간의 평균치이다(나고야대 의학부 조사) 이즈미회 회원들이 암을 고치기 위해 특별한 것을 하는 건 아니다.

회원들이 지켜야할 것은 단 4가지이다.

1. 올바른 생활습관을 갖는다.
2. 암은 낫는다고 생각한다.

3. 채식을 한다.

4. 운동을 한다.

이 4가지만 철저히 실천하면 경이적인 생존율을 달성하는 것이다.

나카야마 회장은 "남한테 피해를 주지 않는 한 인생을 즐겨라"라고 회원들을 격려한다고 한다. 그리고 "우리 회원들은 동년배의 건강한 사람들보다 장수 한다"고 말한다. 그 이유는 마음을 새롭게 하고, 생활을 새롭게 하고, 식사를 새롭게 함으로써 다른 당뇨병, 심장병, 고혈압 등도 낫기 때문이라고 했다.

이 모임뿐 아니라 현제 세계 곳곳의 암 치료가 이처럼 대체요법, 자연요법으로 옮겨가고 있다. 2000년 미국 정부기관의 OTA 리포트에 따르면 암의 3대 요법, 즉 1. 항암제 2. 방사선 3. 수술은 대체요법 및 자연요법에 비교해 훨씬 열등하다는 결론을 내리고 암 치료에 대한 패배 선언을 했다.

이제는 암은 남의 일이 아니다. 암환자 150만 명 시대다. 매년 20만 명 이상의 암환자가 발생한다. 아직까지 완전히 정복되지 않은 질병인 암은 과거엔 걸리면 죽는 병이라는 인식이 있었지만, 현재는 다양한 요법들의 병행과 관리를 통해 일반인과 다름없이 생활할 수 있는 질병이 됐다.

현대의학은 암 치료에서 '면역'을 주목하고 있다. 질병의 제거에만 초점을 맞추던 수술, 항암, 방사선 등의 기존 치료법은 치료 과정 중 발생하는 통증, 불안, 후유증으로 인해 삶의 질이 저하되는 부분을 감수할 수밖에 없었다.

모든 질병뿐만 아니라 암 역시 예방이 최선이고, 설령 암이라는 진단을 받았더라도, 병이 아닌 몸 전체로 시각을 돌리면 자연치유력(면역력) 강화를 통해 통증을 줄이고 스스로 병을 이겨낼 수 있도록 면역체계를 개선해 재발까지 예방하는 효과를 기대할 수 있다.

이 책에서는 심장마비, 뇌출혈, 각종 암, 비염, 천식, 아토피 피부염 등 예방 및 치료, 그중에서도 자연치유력에 주목해 호흡하는 방법과 그로인해 호흡하는 능력(에너지 생산 능력)향상 하는 방법을 소개한다. 누구든 오늘부터 당장 시작할 수 있는 방법들이다.

그 효과는 상상을 초월한다고 감히 말할 수 있다. 부작용은 전혀 없고, 자연스럽게 '자연치유력'이 향상된다. 이런 방법들이 병을 예방하고 치료하는 의료의 중심이 되어야 한다.

소리 없는 살인마- 뇌졸중

뇌졸중과 같은 뇌혈관질환으로 인한 사망은 우리나라에서 암에 이어 2위이다.

뇌졸중 환자는 인구 고령화 등으로 매년 증가하고 있으며, 단일 질환으로 10여 년간 우리나라 사망원인 1위로, 생존하더라도 반신마비 등 심각한 후유장애가 남는 질환이다.

40대 이상에서만 발생하는 것으로 알려진 뇌혈관 질환인 뇌졸중이 최근 뇌졸중 환자 중 20-40대 이하의 비중도가 1990년대에 비해 3배 이상 급증하고 있다. 또 19세 이하 소아청소년들에

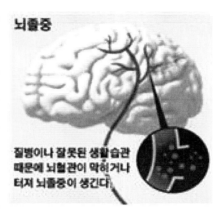

게도 매년 만여 명 이상 발병하는 것으로 나타났다.

건강보험심사평가원 자료에 따르면 2013년 뇌졸중으로 진료를 받은 19세 이하 청소년이 2005년 8천556명에서 2013년 1만 4천81명으로 나타났다.

이 같은 수치는 2013년 기준 우리나라 19세 이하 인구를 1천2백여만 명으로 볼 때 19세 이하 소아청소년 백 명 중 한명이 뇌졸중을 앓았거나 앓고 있다고 해석돼 소아청소년이라고 하여 뇌졸중에 대해 결코 안심할 수 없다는 뜻이 된다.

미국 캘리포니아 대학 연구팀이 최근 '미 순환기학회 저널'에 소아청소년 뇌졸중의 경우 실제 발병률보다 추정발병률이 2-4배 높다는 연구결과를 발표한 점을 감안할 때, 소아청소년 뇌졸중의 추정발생 건수는 연 4만여 명을 상회할 것으로 보인다. 이 같은 소아청소년기 뇌졸중은 감염, 유전 등을 포함한 다양한 원인으로 알려졌으며 원인불명인 경우도 전체의 40%가 되는 것으로 나타났다.

산소공급이 중단되면 뇌는 바로 활동을 멈춘다. 이런 상태로 30초 이상 지속되면 뇌세포가 파괴되기 시작하고, 2-3분이 지나면 재생불능세포가 나타나기 시작한다. 앞에서 언급한 바와 같이, 인체는 60-100조억 개의 세포로 이루어져 있다. 이 각각의 세포에는 생체에 필요한 에너지를 만들어 내는 미토콘드리아가 있다. 이 미토콘드리아가 정상적으로 활동하려면 산소가 필요하고, 산소를 충분히 공급하려면 혈액순환이 원활해야 한다.

혈액순환이 원활하지 않아서 산소와 영양분이 각각의 세포에 충분히 공급되지 않으면 심근 허혈증(신체조직에 이상하게 혈류가 감소한 상태)이 생긴다.

뇌졸중은 바로 심근 허혈중으로 인해 뇌세포에 산소가 공급이 끊겨서 나타나는 죽은 뇌세포 때문에 생기는 병이다. 죽은 뇌세포가 뇌혈관의 혈액 흐름을 방해하거나 또는 혈관이 막혀 혈관의 압력이 증가하여 터졌을 경우에 뇌졸중(중풍)으로 이어진다.

현재 암 다음으로 뇌졸중 사망자가 많다. **이는 현대인들이 얼마나 산소 부족 현상에 처해있는지를 단적으로 보여주는 증거다.**

> 자연치유력을 활성화
> 시키는 것은 우리의 삶,
> 즉 올바른 생활습관이다.

내 몸 안의 자연치유력을 활성화 시켜라!

"진정한 명의는 내 몸 안에 있다. 내 몸 안의 명의가 고치지 못하는 병은 하늘이 내린 명의도 고칠 수 없다."

역사상 가장 유명한 의사이며 의학의 대명사인 히포크라테스가 한 말이다. 히포크라테스는 왜 내 몸 안에 의사가 있다고 했을까? 이제 그 의미를 간단히 예를 통해 알아보자.

지난겨울 직장인 이 모씨는 눈이 왔을 때 염화칼륨을 뿌리는 작업을 한 뒤로 손에 붉은 발진이 나타나기 시작했다. 처음 며칠은 별일 아닐 것이라 여기고 방치했지만, 시간이 지날수록 두꺼워지고 흰 각질이 겹겹이 쌓여 병원을 찾았더니 '건선'이란 진단이 나왔다.

대표적 난치성 피부질환인 건선은 먼저 생성된 각질세포가 완전히 탈락하지도 않은 채 계속해서 각질세포가 생겨 피부가 붉어지고, 두터워지며, 진물이 흐르는 증상을 보인다. 정상적인 피부는 28일 주기로 신구 각질세포가 교체되는 반면 건선 환자의 각질은 주기가 4-5일에 불과하다. 정확한 원인이 밝혀지지 않았지만 면역세포인 T세포, 유전, 생활습관 등과 관련돼 나타난다.

이럴 경우 피부과에서는 스테로이드제제를 활용한 치료를 한다. 하지만 스테로이드제제나 면역억제제는 지나친 면역억제 효과로 각질세포의 재생력(세포주기)을 떨어뜨려 결국엔 환부 자리에 건강한 피부세포가 올라오는 것을 방해한다. 결국 이런 약물의 치료효과는 일시적이고 면역력의 조화를 깨뜨린다. 해법은 '면역기능의 조화로운 복원'이다. 무너진 면역체계를 바로잡아 인체의 면역 시스템을 살리는 것이다. 현대의 약과 기술로는 건선이라는 질환을 치료하기 매우 힘들다.

Part-2에서 자세히 설명하겠지만, 암을 비롯하여, 피부 트러블, 상처, 골절 등에 이르기까지 인체에 병든 유전자 및 세포가 나타나면 **'자연 치유력'**은 이를 수리하기 위해 고군분투한다. 예컨대 건강한 사람도 60~100억 개의 세포에서 분열 오류가 나타난다. 하루에도 수백 개의 암세포가 나타나지만 대부분 나타나자마자 인체면역 시스템 즉 자연치유력에 의해 섬멸된다.

그리고 스스로 치유하기 어려울 정도로 망가진 세포나 조직이 생겨나면 인체에서는 '아포토시스'가 발동해 차라리 죽음을 택한다. 예를 들면, 조그만 피부 트러블이 피부 전체로 확대되지 않고 고름이나 딱지 등 이물질로 변하며 자연스럽게 사그라지는 과정을 생각하면 쉽다.

피부의 상처를 아물게 하는 힘, 부러진 뼈를 붙게 만드는 힘, 면역세포를 만들어내어 암세포와 악성 바이러스 등을 퇴치하는 힘, 암을 비롯하여, 피부 트러블, 상처, 골절 등에 이르기까지 치료하는 힘은 오직 내 몸 안에만 존재한다. 이 인체의 면역 시스템이 바로 '**자연치유력**'이다. 그 때문에 우리 몸 안에 명의가 있다고 히포크라테스는 자신 있게 말했던 것이다.

자연치유력은 스스로 생성되고 저절로 작동한다. 누가 시키지 않아도 내 몸이 알아서 스스로 치유한다. 그래서 스스로 자自**, 그럴 연**然**자를 붙여 '자연치유**自然治癒**'다. 그리고 질병을 치유하는 힘을 한자로 '자연치유력'이라고 한다.**

스스로 하는 치유는 약이나 기술을 사용하여 하는 것이 아니다. 치유는 내 몸 안에 있는 자연치유력이 스스로 활성화하여 이루어진다. 이 자연치유력은 가장 효율적이며 가장 빠르고 가장 강력하다. 그 어떤 치료법보다도 단순하면서 강력한 것이다. 이 책을 펼친 분 중에는 암 선고를 받으신 분도, 심장마비나, 뇌졸중, 감기, 비염, 아토피, 천식, 폐질환 등의 질병을 갖고 계신분도 계실 것이다. 이런 분들 입장에서는 "별거 아니네, 그저 그렇네." 하고 그냥 책을 덮을 수도 있을 것이다.

그러나 단호히 장담하건데, 이 자연치유력의 활성화에 따라 당신을 그토록 괴롭히는 그 병의 치료가 결정된다.

안타깝게도 암의 경우, 2000년 미국 정부기관의 OTA 리포트에 따르면 환자들이 그토록 믿고 신봉하는 암의 3대 치료법인 항암제, 수술, 방사선치료는 모두 실패했다고 선언했다. 도대체 암이 어떻게 발병하고 어떻게 치료해야 하는지 도저히 알 수 없다는 것이다.

의사도, 병원도, 가족도 우리 자신보다 우리 몸을 더 보살필 수는 없다. 우리 몸을 무관심하게 방치하는 것은 우리 책임이고 우리 잘못이다. 왜 빨리 늙으려고 하는가? 왜 빨리 병들려고 하는가? 왜 병들고 나서야 후회하는가? 건강과 젊음은 우리가 가진 가장 소중한 재산이다. 건강할 때 우리 모두는 아름답다. 우리는 우리 몸을 잘 보살피고 건강한 몸과 정신을 유지할 의무가 있다.

자신의 몸을 돌보지 않는 사람은 자기 몸 때문에 많은 피해를 입는다. 다른 사람을 돌본다는 핑계로 스스로를 돌보는 일에 소홀히 하면 안 된다. 자기 자신을 사랑할 줄 아는 사람이 남도 사랑할 수 있다. 잘 관리되지 않은 집은 아무도 좋아하지 않는다. 사람도 마찬가지다. 지금 자신의 모습을 들여다보고 아름답게 가꾸자. 아름다운 모습을 갖고 싶어 하는 것은 사치가 아니라 자기 존중의 문제다. 아름다움은 노력으로 얻어지는 것이며, 아름다움을 얻으려는 행위는 태초부터 있었다.

그리고 아름다움은 건강과 자신감에 기초한다. 몸이 건강해야 더 적극적인 사람이 되고 자기 자신도 더 사랑할 수 있다.

내 몸 안에 존재하는 강력한 자연치유력을 활성화 시키자. 그렇게 하면 모든 질병은 당신을 괴롭히지 않을 것이며, 설령 현재 질병을 갖고 있다 치더라도 그리 어렵지 않게 싸워 이길 것이다.

자연치유력을 활성화시키는 유일한 방법은 바로 우리 삶, 즉 생활습관이다. 굳이 특별한 운동을 하고 많은 돈을 쓸 필요도 없다. 올바르게 호흡하고, 올바로 음식을 섭취하고, 충분히 자고, 운동하고, 긍정적인 마음을 갖는 것으로 충분하다. 이런 생활습관이 당신의 하루하루 삶의 기본 바탕이 되지 않으면, 그 어떠한 치료도 당신의 생명을 지켜주지 않는다는 것을 명심하자! 건강하고 아름다운 모습을 유지하기 위해 노력하는 것은 그 어떠한 일보다도 소중하고 가치 있는 일이다.

다음 장부터는 호흡에 대해서 구체적으로 다룰 것이다. 호흡이 당신의 삶을 어떻게 변화시키고 결정하는지 살펴볼 것이다. 호흡이 당신의 삶의 지배자가 되어 삶과 죽음을 마음대로 조정하는 이유를 알게 될 것이다.

PART 2

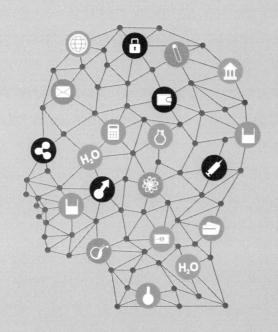

모든 질병을
치유하는 힘은
분명히 있다

사람은 태어날 때부터 노화되지 않도록 만들어져 있다

Part-1에서 탈모, 암, 심장마비, 뇌졸중, 심장질환 등 우리를 아프게 하고 힘들게 하는 질병들에 관하여 알아봤다. 우리를 죽게 만드는 이런 질병들은 모두 동일하게 공통점을 갖고 있다. 당신도 그 공통점을 단번에 알아차렸을 것이다. 그렇다.

그것은 바로 '**산소부족**'이다. 우리는 산소의 고마움을 모르고 살아가지만 산소가 우리의 생명을 결정하는 것이다.

건강하게 오래 살고 싶은 것은 인류의 소망이다. 동서고금을 막론하고 많은 과학자들이 노화의 수수께끼를 풀기 위해 밤낮을 가리지 않고 연구에 힘써왔다.

이 분야는 최근에 눈부신 발전을 하면서 노화의 윤곽이 어렴풋하게 모습이 드러나고 있다. 그 결과 2003년 인간의 유전자 DNA가 모두 해석되었고 장수 유전자도 밝혀졌다.

뒤이어 노화 원인의 열쇠를 쥐고 있는 미토콘드리아의 기능이 밝혀지면서 유전자에 관한 분야는 눈부시게 발전하고 있다. 그 과정에서 미토콘드리아가 어떠한 역할을 하는지 밝혀지고 있다.

인간의 본래 수명은 120세라고 한다. 필자가 추구하는 진정한 노화방지는 120세 까지 아름답고 활기차게 살아가는 것이다. 단순히 생명 연장만을 목표로 하는 것이 아니라 기미, 검버섯, 주름 등을 예방하는 것에서부터 시작하여 탈모, 암, 고혈압, 당뇨, 심장질환, 뇌질환 등을 예방하는 것이 필자가 추구하는 진정한 노화방지인 것이다. 이는 필자뿐만 아니라 모든 사람이 꿈꾸는 바람이다.

태어나서 살아온 나이는 비록 같더라도 노화는 각기 다르다. 몸을 젊게 유지하는 것이 무엇보다 중요하다. 젊음은 노화에 대항하는 몸을 만드는 것이며, 질병에 걸리지 않는 몸으로 만드는 것이다.

그럼 젊은 몸을 만들려면 어떻게 해야 할까?

"그것은 호흡하는 능력을 향상시키는 것이다."

당신이 매일 매일 활성산소, 환경오염, 발암물질 등으로 유전자가 매일 손상되는데도 건강하게 살 수 있는 것은 늙지 않도록 메카니즘이 작동되기 때문이다.

사람이 늙지 않도록 작동되는 메카니즘은 크게 보면 2가지가 있다. 미국 MIT대학 생명공학연구센터에서는 2가지를 이렇게 설명하고 있다.

> **첫번째는, 활성산소를 없애는 효소다.** 슈퍼옥사이드디스뮤타제(SOD), 카타라제, 글루카키온, 페록시다제 등의 분해효소가 있어 활성산소를 불활성화시키고 물로 변환하여 무독화시킨다.
>
> **두 번째는, 유전자 회복 능력이다.** 우리는 세포의 생성과 재생 과정에서 실수로 잘못 재생되거나, 환경오염, 발암물질 등으로 손상된 유전자는 고칠 수 있으면 고치고, 고칠 수 없으면 폐기처분하는 기능을 갖고 있다. 이런 메카니즘이 제대로 작동되므로 유전자가 신속하게 복원된다는 것이다.

미국 MIT대학 생명공학연구센터 관계자의 말에 따르면 **이 2가지 메카니즘이 작동되기 때문에 사람은 쉽게 병에 걸리지 않고 살아갈 수 있다는 것이다. 즉, 사람은 활성산소를 없애는 효소가 작동하여 활성산소를**

제거하고, 활성산소에 의해 손상된 유전자는 신속히 회복시켜 건강을 유지한다는 것이다.

이것은 활성산소가 만드는 노화의 구조를 젊음의 구조로 해소하고 있다고 말할 수 있다. 우리는 태어날 때부터 젊어지는 메카니즘을 갖고 있는 것이다. 이러한 젊어지는 메카니즘은 앞으로 자세히 설명하겠지만 호흡하는 능력 즉, 에너지 생산능력에 따라 결정된다.

우리 몸은 태어날 때부터 젊어지도록 만들어져 있다. 젊어지는 기술만 익히면 죽을 때까지 질병에 걸리지 않고 젊게 살 수 있다.

각종 암, 심장마비, 뇌졸중, 고혈압, 당뇨, 탈모 등 각종 질병에 걸리고 싶지 않다면 지금 이 말이 이 책을 읽는 당신에게 가장 중요한 충고가 될 것이다.

"호흡하는 능력 즉, 에너지 생산 능력을 향상시켜라."

젊음과 노화는 호흡하는 능력에 따라 결정된다

이렇게 우수한 젊음의 메카니즘도 나이가 들수록 기능은 저하된다. 기능저하로 유전자 손상은 해가 지날수록 누적되어 조직의 기능이 떨어지게 되는데, 이러한 현상이 '**노화**'다.

유전자는 세포안의 부속들을 설계하는 설계도이다. 사람의 몸에는 유전가가 2만여 개 있는데, 안타깝게도 유전자 회복 능력이 아무리 뛰어나도 모든 유전자를 완벽하게 회복시키지는 못한다고 한다. 하루에 조금씩이라도 유전자가 손상돼 손상된 유전자가 20년 이상 누적되면 우리 몸의 기능은 아무래도 저하될 수밖에 없다.

그리고 몸의 기능이 저하되면 유전자 회복능력도 저하되므로 회복되지 못하는 유전자는 계속적으로 누적된다. 이렇게 유전자 손상이 나이가 들면서 누적되는 '노화과정'에 접어들게 되는 것이다.

이러한 노화과정은 사람마다 다르게 나타난다. 50대의 사람이 40대로 젊게 보이는 사람도 있고 같은 50대인데 70대로 보일 정도로 노화된 사람도 있다.

그렇다면 이러한 차이는 무엇 때문에 생기는 걸까?

그것은 유전자 손상에 비해 노화방지기능이 더 빨리 떨어지는가 아니면 서서히 떨어지는가의 차이로 결정된다. 이것이 개인차가 생기는 이유다.

그런데 여기서 중요한 것은 나이가 들면서 '왜 노화를 방지하는 기능이 떨어지는가?'이다.

노화를 방지하는 기능이 떨어지지 않으면 우리는 노화되지 않을 것이다.

노화를 방지하는 기능이 떨어지는 중요한 이유는 호흡하는 능력 즉, 에너지 생산능력이 저하되기 때문이다.

에너지가 부족하면 생명유지에 필수적인 물질을 만들지 못한다. 에너지라는 예산이 부족해졌다면 그 예산에 맞추어 일을 할 수밖에 없다.

이러한 상황에 따라 신체는 지금 무엇을 만들어야 하는지 실시간으로 정확한 판단을 내리는 능력도 갖추고 있다.

우리 몸은 잠을 자거나, 음식을 먹거나, 활성산소를 제거하는 효소를 만들거나, 유전자를 회복하는 데도 많은 에너지를 필요로 한다. 우리가 생명을 유지하는데 필요한 에너지는 미토콘드리아에서 만든다.

문제는 여기에서 발생한다. 우리 몸이 충분히 활동할수록 미토콘드리아에서 많은 양의 에너지를 생산하면 좋지만 안타깝게도 미토콘드리아는 필요할 때마다 에너지를 만든다는 것이다. 즉 철저히 수요에 따른 에너지 생산인 것이다.

예를 들어 모 방송국 만원의 행복이란 코너에서 출연자들은 만원으로 하루를 생활해야 하기 때문에 먹는데, 자는데 등 생존에 필요한 곳에만 돈을 쓰게 된다. 그렇다보니 화장품이나 옷 등의 구입은 어렵게 된다. 만약 꾸미기 위해 옷을 구입하면 하루 종일 굶어 많이 지치고 피곤해질 것이다.

우리 몸에서도 동일하다. 호흡하는 능력이 부족하면 에너지 생산이 부족할 수밖에 없다. 에너지는 우리가 사용하는 돈처럼 그 액수가 정해져 있어서 그 범위 안에서만 사용이 가능하다.

그렇기 때문에 우리가 호흡하고, 잠자고, 심장이 규칙적으로 활동하고, 소화하고, 체온을 유지하는 등의 생명을 유지하기 위한 필수적인 활동에 우선순위로 에너지가 사용된다.

그렇다보니 자연치유력, 유전자 회복, 세균이나 바이러스를 퇴치하는 활동, 질병치료, 피부재생 등에는 에너지 사용을 못하게 된다. 이러한 현상이 누적되면서 노화되고 병에 걸리며 죽게 되는 것이다.

이렇게 보면, 산소야 말로 우리가 생명을 유지하는데 절대적인 것은 분명하다.

자연치유력, 유전자 회복, 질병치유, 피부재생 등의 '젊어지는 기술, 건강해지는 기술'을 제대로 작동시킬 것인가는 호흡하는 능력이 얼마나 뛰

어나느냐에 결정된다고 보면 맞다.

필자가 이 책을 통해 강력하게 전하고자 하는 내용은, 이러한 호흡능력이 '피부뿐만 아니라 건강과 젊음'의 비밀을 결정하는 매우 중요한 사항이자, 생명공학과 의학, 피부과학의 가장 핵심이라는 점이다.

호흡呼吸
이란?

우리가 물에 빠지면 어떻게 될까? 당연히 물에 빠져 죽겠지? 왜일까? 인간이 산소 없이 살 수 없듯이 우리 몸을 구성하는 세포도 산소 없이는 살아갈 수 없기 때문이다.

모든 생명 있는 개체가 맨 처음 하는 일이 호흡을 하는 것이며, 마지막으로 하는 일은 호흡을 거두는 것이다.

우리는 음식을 먹지 않고도 35일을 견딜 수 있고, 물을 마시지 않고는 7일을 견디지만, 숨을 쉬지 않고는 5분을 넘기기가 어렵다.

그만큼 호흡을 한다는 것은 생명과 직접적 연관이 있으며, 이는 우리의 건강을 유지하고 또한 질병의 예방과 치료에도 매우 중요한 관계가 있음을 쉽게 예측할 수 있다.

정확하게 말하면, 호흡을 어떻게 하느냐에 따라 병을 치료할 수도 있고 병에 걸려 죽을 수도 있다는 것이다.

보통 우리는 '호흡은 코로 숨 쉬는 것'으로 생각한다. 하지만 그림에 나타낸 바와 같이. 호흡은 크게 숨 쉬는 기체 교환의 과정인 폐호흡과, 에너지를 생산하는 과정인 세포호흡 2가지 과정으로 이루어진다.

폐호흡과 세포호흡

세포호흡

ATP, 열 에너지

물, 땀 / 이산화탄소

폐호흡

포도당 / 산소

공기

화학반응 / 헤모글로빈이 운반 / 산소

이산화탄소 노폐물

미토콘드리아

산소 / 폐

세포

폐에서 산소만 걸러짐

호흡의 목적은 우리가 생명을 유지할수 있도록 에너지를 만드는 것이다

먼저, 폐호흡은 코를 통해 공기 중 산소를 폐로 들이마시고 다시 공기 중으로 이산화탄소를 내보내는 기체 교환을 말한다.

다음으로, 세포호흡은 혈액에 녹아 세포에 전달된 산소가 세포내의 미토콘드리아에서 ATP라는 에너지를 생산하고 이 과정에서 생긴 이산화탄소, 노폐물을 혈액에 주는 것을 말한다. 이것은 폐에서 이루어지는 폐호흡과 다르게 세포에서 이루어지기 때문에 '세포호흡'이라고 부른다.

이 책에서는 '미토콘드리아'라는 단어가 많이 나온다.

그러면, 여기서 젊음과 건강의 비밀을 결정하는 미토콘드리아를 한 번 살펴보자.

　　필자는 책을 쓰면서, 객관적인 연구 자료들을 예로 들어서 '원숭이도 읽을 수 있는 글'을 쓰겠다고 다짐하지만, 미토콘드리아, 에너지(ATP)란 단어들은 어렵기만 하고 책을 덮고 싶은 충동이 일어날 수도 있다. 하지만 이제는 상식으로 쓰게 되는 말이니 너무 어렵다 여기지 말고 가까워지기 바란다.

　　"낯선 것을 두려워하지 마라!"라고 하지 않는가. 적극적이고 긍정적으로 사는 사람들은 여태 들어보지 않은 것, 먹어 보지 않은 것에 흥미를 느끼고 가까이 다가간다. "피할 수 없는 일이면 마냥 즐겨라"라고 한다.

　　현대과학이 눈부시게 발전을 거듭하여 밝혀낸 분야가 미토콘드리아의 기능과 역할이다. 왜냐하면 미토콘드리아가 우리의 생, 노, 병, 사의 열쇠를 쥐고 있기 때문이다. 건강하고 젊게 살고자 한다면 미토콘드리아를 반드시 기억해 두기 바란다.

　　우리의 몸은 세포로 이루어져 있다. 세포는 우리 몸의 가장 작은 단위이며, 앞서 설명했듯이 호흡을 한다. **세포 안에서 호흡을 하는 주체가 바로 '미토콘드리아'이다.**

　　미토콘드리아를 갖고 있는 세포 하나하나가 모여 (대략 60조 개의 세포) 우리 몸이 만들어진다. 미토콘드리아는 산소호흡을 하는 생물(식물, 동물, 인간 등을 포함한 모든 생명체)에게 없어서는 안 되는 것이며 모든 세포 안에 100~3,000개 들어 있다.

　　미토콘드리아의 가장 중요한 기능은 몸을 움직이거나 기초대사를 유지하기 위한 '에너지'를 만들어 내는 것이다. 따라서 호흡이 활발한 세포일수록 많은 미토콘드리아

를 가지고 있다. 미토콘드리아는 ATP 즉 에너지를 생산하는 공장으로 불린다. 자동차로 비유하자면 엔진인 셈이다. 자동차는 엔진에서 기름과 산소를 이용하여 에너지를 만든다. 사람은 미토콘드리아에서 산소와 영양소를 이용해서 에너지를 만든다.

따라서 미토콘드리아에서 에너지를 만들 때 반드시 필요한 것이 **'산소'**이다. 산소가 없다면 에너지를 만들 수 없고 사람은 죽게 된다. 그렇기 때문에 미토콘드리아는 당신의 **'생, 노, 병, 사'**를 결정하는 열쇠를 갖고 있다. 미토콘드리아가 얼마나 중요하면 그 연구과정에서 노벨상이 9개나 나왔을까. 어렵다고 피해 도망가지 말고 맞부딪쳐보라!

이렇듯, **'세포호흡을 통해 세포에 도착한 산소를 사용하여 영양소를 연소하여 우리 몸에 필요한 ATP라는 에너지가 생성된다. 이렇게 우리가 생명을 유지하는데 필요한 에너지를 만드는 것이 호흡을 하는 최종목적이다.'**

그리고 호흡하는 능력은 에너지를 만드는 능력이라고도 말할 수 있다. 호흡하는 능력이 향상되려면, 폐호흡과 세포호흡 두 과정 모두 올바르게 이루어져야 한다는 것은 더 이상 강조하지 않아도 알 것이다. 따라서 폐호흡과 세포호흡이 제대로 이루어지려면 좋은 환경이 조성되어야 한다.

그 좋은 환경조성이란?

"바로 우리 몸속에 산소가 많이 공급되어 산소가 충분하도록 만드는 것이다."

당신은 제대로 호흡을 하고 있는가?

미국 국가생물공학센터(National Center for Biotechnology Information)는 "건강한 사람은 몸 속 에너지의 95%를 호흡을 통해서 만든다. 그리고 우리 몸속의 노폐물과 독소 중에 약 75%가 호흡을 통해서 배출된다. 하지만 올바르게 호흡하는 사람은 10%에도 못 미친다."고 하였다. 이어서 "이러한 호흡을 잘 조절함으로 인해 우리 몸 세포의 호흡하는 능력이 향상될 수 있으며, 혈액 순환이 좋게 되고, 체액을 약알칼리로 바꾸며, 각 조직 세포 안의 미토콘드리아가 에너지 생산을 원활하게 할 수 있다."고 하였다.

또한, 미국 국가생물공학센터는 "매우 큰 분노, 슬픔, 불안, 긴장, 공포 등으로 사로잡혀 있을 때에는 호흡을 빨리, 그리고 크게 들이 마시고 내쉬게 된다. 이렇게 되면 혈액 내 산소는 많아지고 이산화탄소는 적어지게 된다. 이산화탄소 농도가 낮아지면 혈액 내 산소가 많음에도 불구하고 오히려 혈액순환이 되지 않고, 또한 혈액 내 산소가 조직 내 세포로 들어가지 못해 우리 몸은 산소결핍에 빠지게 되고 활성산소가 대량으로 만들어진다. 혈액에 산소는 많은데 이를 이용하지 못하는 것이다. 극심한 풍요 속의 빈곤이 된다." 고 하였다.

우리 몸속에서는 산소와 이산화탄소가 적절하게 균형을 이루어야 한다.

이렇게 뇌 조직이 극심한 산소결핍이 되면 의식을 잃어 실신하게 되며, 심장이 산소결핍이 된다면 협심증이나 심근경색의 증상을 초래하여 생명이 위험하게 될 수 있고, 근육이 산소결핍이 된다면 근육경련이 올 수 있다. 이러한 현상은 드물지 않게 우리 주위에서 일어난다.

예를 들면 TV 등에서 뉴스가 될 만큼 큰 사건을 당한 사람들이 실신하거나 경련을 일으키고 쓰러지는 것을 목격하게 된다.

이러한 절체절명의 어려운 때에 현명한 사람들이 가장 먼저 하는 일이 숨을 가다듬는 것이다. 즉, 숨을 가라앉히는 수식호흡을 하는 것이다. 숨을 코로 천천히 들이마시고 또한 이보다 더 천천히 내쉬면, 혈액 내 이산화탄소가 많아지게 된다.

이렇게 하면 부교감신경의 우위로 폭발할 것 같은 감정이 가라앉고 일을 그르치지 않으며 사리에 맞게 판단할 수 있게 된다.

이것은 '이산화탄소가 혈관을 확장시키고, 진정작용이 있으며 혈액순환을 촉진하고, 산소가 뇌세포 및 기타 세포에 원활히 공급되게 하기 때문이다.'

이러한 호흡의 비밀은 우리의 상식과는 달리, 혈액 내에 이산화탄소의 농도를 높이는 데 있다. 단순히 이산화탄소를 독毒이나 노폐물로 여긴다면 이는 큰 오산이다.

미토콘드리아가 ATP를 만드는 과정에서 이산화탄소가 배출된다는 것은 매우 중요하다.

'세포에서는 끊임없이 신진대사가 이루어진다. 미토콘드리아가 ATP를 만드는 과정에서 이산화탄소를 배출한다. 이 때, 발생하는 이산화탄소를 표적으로 삼아 산소가 혈액의 헤모글로빈에서 분리되어 나온다. 산소나 이산화탄소는 기체이므로 미토콘드리아 내막을 자유롭게 통과할 수 있다. 산소가 찾아오는 궁극적인 이유는 이산화탄소가 있기 때문이다.'

즉, 이산화탄소는 정맥을 포함한 모든 혈관을 확장시켜 혈액순환을 돕고, 산소가 각 조직 세포에 들어갈 수 있도록 하며, 혈압을 안정시킨다.

감염성 질환이든, 퇴행성 질환이든, 대사성 질환이든, 또한 암이든, 모든 질환의 근본 원인은 조직 세포 내의 산소부족이다.

특히 암의 예방 및 치료에는 산소가 절대적이다. 그러나 이러한 질환이 심하면 심할수록 환자는 더 가쁘고 빠르게 색색하며 숨을 쉰다.

성인은 분당 12-13회, 건강한 사람은 1분당 6L, 아픈 사람은 12-15L의 숨을 쉬게 된다.

이렇게 자주 호흡하면 혈액 속에 산소는 많아지는데 반해 이산화탄소가 부족해 혈액속의 산소가 조직 내 세포로 재대로 공급되지 못해 세포 호흡이 원활하지 않게 된다.

그러면 더욱 산소가 부족해지는 것이다. 그렇게 되면 질병을 예방하거나 질병에서 회복할 수 없다.

젊은 몸으로 교정하려면 천천히, 꾸준히, 그리고 규칙적으로 호흡해야 한다.

숨을 더 많이 세게 쉬는 것이 아니라, 더 적게 더 천천히 그리고 규칙적으로 제한하는 것이다.

1분에 6-10회로 수식호흡을 할 것을 추천한다. 하지만 극도로 건강이 안 좋은 분이라면 무리하게 시도하지 말고 조금씩 개선하여야 할 것이다.

수식호흡 포인트

숨을 내쉴 때	숨을 들이쉴 때
하—나, 두—울, 세—엣, 네—엣, 다—섯, 여—섯, 일—곱을 세면서 천천히 들이 쉰다	하나, 둘, 셋, 넷, 다—섯을 세면서 천천히 들이 쉰다
⇩	⇩
부교감신경 우의	교감신경 우위
⇩	⇩
이완, 확장	긴장, 수축

- 자율신경의 균형을 잡기 위해서는, 숨을 들이 쉴 때보다 내쉴 때 더 천천히 수를 세면서 의식을 집중하여 부교감신경의 우의를 유도한다.

- 숨을 들이 쉬고 내쉴 때는 구강건조증 및 발암물질, 중금속, 미세먼지 유입을 예방하기 위해 코를 통한 호흡이 이루어져야 한다.

- 숨을 들이 쉴 때는 배를 볼록 나오게 하고, 내쉴 때는 나온 배를 완전히 들어가게 한다.

미토콘드리아, 산소, 이산화탄소

사람은 태어나 어머니 젖을 먹기 시작해 죽음에 이르기까지 삼시 세끼 빼지 않고 밥을 먹고, 또 명이 끝나는 순간까지 숨을 쉰다. 왜 이렇게 끊임없이 먹고 숨을 쉬는가?

먹은 음식은 소화기관에서 소화가 돼 세포로 가고, 코로 들어간 공기는 폐에서 산소만 걸러져 피(헤모글로빈)에 녹아 역시 세포로 간다.

그들의 종착역은 세포(細胞, Cell)라는 곳이다. 거기에 가서 무슨 일이 일어나는 것일까?

바로 세포호흡細胞呼吸을 하는 것이다. 어쨌든 호흡하면 **'미토콘드리아, 산소, 이산화탄소'**가 주인공이다.

그러면 세포호흡을 살펴보자. 한 사람의 몸을 구성하는 세포 수는 60-100조 개나 된다. 물론 사람에 따라 그 수는 달라서 키가 크고 체중이 무거운 사람은 많다. 먹어 소화된 양분(포도당, 아미노산, 지방산 등)은 녹아 세포로 들어가고, 산소 역시 세포에 들어온다.

세포 안에 있는 여러 세포소기관들 중에서도 미토콘드리아(Mitochondria)에 산소와 영양소가 모두 들어간다. 결국 산소와 영양소가 여기서 만나고, 만나 양분의 산화酸化가 일어난다. 천천히 양분이 타서(일종의 연소임.) 열과 ATP(에너지), 이산화탄소, 땀, 오줌을 내게 되는데 이를 세포호흡이라 한다.

다시 말하면 양분이 세포에서 산화하여 열을 내어서 우리의 체온을 유지하고, 에너지를 내니 그것으로 운동하고 여러 대사기능을 한다. 물론 세포호흡 때 나오는 부산물인 이산화탄소는 피를 타고 허파로 나가 밖으로 내보낸다.

여기서, 미토콘드리아가 생산하는 ATP는 무엇인가?

ATP(아데노신 3인산)란 아데노신(아데닌+리보오스)에 3개의 인산이 붙어있는 구조로 인산 하나가 떨어지면서 7.3kcal(Cal) 에너지를 내게 된다. 마치 충전지와 같은 역할을 하기에 화학적인 에너지 저장고라고 보면 된다. 다시 말하지만 ATP는 에너지의 대명사다. "아, 힘들다!"란 말은 "아, ATP를 다 썼다!"라고 해도 된다. 일을 하거나 운동을 하면 ATP가 ADP(아데노신 2인산)으로 바뀌면서 에너지가 나오지만, 음식을 먹고 푹 쉬면 다시 ADP가 ATP로 재합성된다.

허 참, 에너지라는 눈에 보이지도 않는 것이 있었다니!? 나에게 힘(ATP)을 다오! ATP에 저장된 에너지는 각종 물질의 합성, 물질의 분해, 근육운동 등 다양하게 이용된다. 충전지를 전구에 연결하면 빛이 나오고 전동기에 연결하면 회전운동을 하는 것처럼 말이다.

손가락을 오므렸다 펴 보아라. ATP가 ADP로 바뀌면서 나오는 힘, 에너지가 그렇게 운동을 하게 한다. '아…!' 하고 소리를 내질러 보자. 그 소리도 그렇게 나온 에너지다. 잠을 자는데도, 일을 하는데도, 숨을 쉬는데도, 지금 이 글을 읽는데도 어디 하나 아데노신 3인산(ATP)이 쓰이지 않는 것이 없다.

ATP는 생물의 에너지대사에서 매우 중요한 역할을 한다. 이 때문에 ATP는 에너지원이라고도 한다.

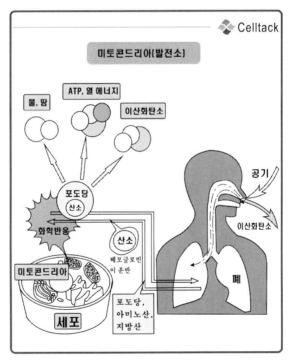

미토콘드리아에서 생명활동에 필요한 에너지를 생산한다

에너지는 바로바로 소실된다

앞장에서 설명한바와 같이 우리가 사용하는 에너지는 철저히 수요에 따라 생산된다. 즉 일해서 받는 월급처럼 일을 않으면 공급이 제한되는 것이다.

우리는 무엇을 하든 에너지가 필요하다.

우리는 자고 있는 동안에도 호흡을 하는데, 이렇게 생명을 유지하기 위해 소비되는 에너지를 '기초대사'라 한다. **기초대사는 호흡을 하거나, 체온을 유지하고, 심장을 뛰게 하는 등 생명을 이어가기 위한 최소한의 에너지이다.**

우리 몸은 삶을 최우선으로 하므로, 만들어진 에너지는 대략 70%는 살아가는데 꼭 필요한 일인 기초대사에 소비된다.

나이가 들수록 살이 찐다. 그리고 각종 질병에 걸리기 쉽게 된다. 그 이유는, 나이가 들면서 기초대사가 점차적으로 줄어들기 때문이다. 보통 사람은 성장을 멈추는 20세를 정점으로 기초대사가 감소하고 40세를 전후로 급격하게 감소한다. 여자는 남자보다 기초대사가 10%정도 낮은 것으로 알려졌다.

한편, 장시간 공부를 하거나, 화를 내거나, 운동을 할 때에도 에너지가 필요하다. 이런 경우에는 쉽게 지치는데 그 이유는 에너지를 많이 사용하기 때문이다.

세포안의 미토콘드리아에서 에너지를 만들려면 반드시 산소가 필요하다고 했다.

특이한 점은, 한 세포에서 만들어진 ATP는 그 세포에서만 사용된다는 점이고, 영양분처럼 저장이 안된다는 것이다. 때문에 근육이나 신경 같은 에너지를 많이 필요로 하는 조직에는 미토콘드리아가 많고, ATP도 많이 만들어져 산소도 많이 필요로 한다.

이렇게 ATP는 만들어지면 바로 소비된다. 따라서 우리 몸은 생존을 위해 24시간 쉬지 않고 ATP를 만들어야 한다. 이렇게 쉬지 않고 ATP를 만들려면 산소도 쉬지 않고 끊임없이 미토콘드리아로 공급돼야 한다. 이러한 이유로 우리가 생명을 유지하기 위해 끊임없이 호흡을 해야 하는 이유다.

수식호흡(완전호흡)은 내 몸을 젊게 만든다

모 사이트에서 '눈앞에 버스가 떠나려할 때 달리면 탈 수 있을까?'에 대한 설문조사가 있었다.

— 전력질주로 달려서 탄다.(975명)

— 그냥 포기, 다음 차타지 뭐.(1,320명)

— 달릴까 말까 고민하다 놓친다.(652명)

나는 과거 같으면 "전력질주를 해서 탄다."였지만, 지금은 그냥 "다음 차 타지 뭐."로 바뀌었다. 당신은 어느 쪽인가?

'왜 생각이 바뀌었을까?'라는 해답에 동물들의 시간에 해답이 있다.

거북의 수명은 150년이라 한다. 카롤라이나 하코 거북은 128년, 유럽 습지 거북은 120년 이상이란다.(동물박물관 자료에 따르면) 거북이 이렇게 장수할 수 있는 것은, 철저하게 소비에너지를 절약하고 호흡을 적게 하기 때문이다. 잘 아는 대로 거북의 움직임은 다른 동물에 비해 매우 느리다.

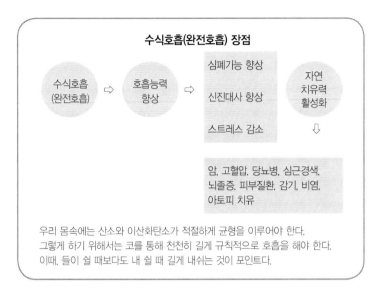

수식호흡(완전호흡) 장점

수식호흡
(완전호흡) ⇨ 호흡능력
향상 ⇨ 심폐기능 향상

신진대사 향상

스트레스 감소

자연
치유력
활성화

⇩

암, 고혈압, 당뇨병, 심근경색,
뇌졸증, 피부질환, 감기, 비염,
아토피 치유

우리 몸속에는 산소와 이산화탄소가 적절하게 균형을 이루어야 한다.
그렇게 하기 위해서는 코를 통해 천천히 길게 규칙적으로 호흡을 해야 한다.
이때, 들이 쉴 때보다도 내 쉴 때 길게 내쉬는 것이 포인트다.

에너지 소비와 호흡수가 적으면 그만큼 몸 노화의 원인이 되는 활성산소 발생량도 적어지므로, 병에 걸리지 않고 장수한다는 것이다.

혼가와 타츠오가 지은 『코끼리의 시간과 쥐의 시간』이 일본에서 베스트셀러가 되었다. 이 책에 따르면 동물은 크기에 따라 민첩함과 수명이 다르다. 작은 동물일수록 쪼로록 재빠르게 움직이며, 심장박동수도 빠르다.

작은 동물의 시간은 우리가 느끼는 시간보다 빠르며, 대체로 크기가 큰 동물이 수명이 길고, 크기가 작을수록 단명한다. 작은 동물은 큰 동물보다도 더 빠른 템포로 일생을 산다. 호흡은 더 빠르고 심장은 더 빨리 뛰며 다리는 더 빠르게 움직인다. 모든 것이 큰 동물보다 빠르다.

얼마 전 EBS에서 동물들의 심장박동수에 대한 프로그램이 반영된 적이 있다.

그 프로그램에 따르면 모든 포유동물들의 심장박동수는 평생 대략 15억 회 정도로 비슷하다고 한다.

예를 들면, 쥐는 분당 1,000회 이상 심장이 뛰는 데에 비해 코끼리는 분당 30회에 지나지 않는다. 코끼리 심장이 1,000회 뛰려면 30분 이상 소요된다. 다른 생리적 기능도 이와 마찬가지다. 작은 동물들의 삶은 아주 빠르게 전개되며 그래서 오래 살지 못하고 빨리 죽는다.

쥐는 분당 150회 호흡하고, 3년의 일생동안 2억 회 호흡한다. 코끼리는 분당 5회 호흡하고 60년 일생 동안 대략 쥐와 비슷한 수의 호흡을 한다. 포유동물들은 심장박동수, 호흡수가 빠르면 에너지 소모와 더불어 활성산소가 많이 발생해 수명이 단축된다는 결론이다.

반면에 새의 경우를 보자. 잉꼬 등의 작은 새를 기르고 있는 사람에게 새가 장수한다고 말해도 그다지 감히 잡히지 않을 수 있으나 실제로 몸 크기를 생각하면 새의 수명은 매우 길다.

잉꼬를 잘 관리하면 10년 이상 사는 종도 많다고 한다. 비둘기는 25년 이상을 산다고 한다. 일반적으로 사육하는 새의 평균수명은 10-20년이라고 알려져 있다.

이것은 새의 크기를 생각해보면 매우 장수하는 것이다. 잉꼬와 비슷한 크기의 쥐는 평균수명이 3년 정도이다. 새 중에서도 특히 대표적으로 장수하는 학의 수명은 더욱 길어 동물원에서 사용하면 50-80년이나 된다고 한다.

사실 생물학적 관점에서, 새의 장수는 경이적이다. 몸 크기에 비례해서도 그렇지만 라이프 스타일을 고려해보면 더욱 놀랍다. 거북의 장수는 철저하게 에너지 절약생활이지만 새의 생활은 하늘을 날기 때문에 에너지를 많이 사용한다.

게다가 학의 경우는 철새이므로 에너지 소비 정도는 최고 수준이다.

이렇게 에너지 소비가 많은 새가 장수하는 이유는 바로 그들의 세포에 있는 '미토콘드리아가 호흡하는 능력 즉 에너지 생산능력'이 좋기 때문이다.

필자는 우리가 노화가 되어 병에 걸리는 이유는 몸속의 에너지가 부족하기 때문이라고 생각한다. 이 이론은 생명과 노화를 연구하는 모든 과학자들의 공통된 의견이다.

때문에 필자는 미토콘드리아에서 에너지를 많이 생산하려면 미토콘드리아가 기능을 최대한 발휘할 수 있도록 그 환경을 만들어 줘야 한다고 생각한다.

그 환경이라 함은 '세포에 충분한 산소 공급'이다.

새의 미토콘드리아에서는 상당한 에너지가 만들어지지만, 그 과정에서 발생되는 활성산소의 양이 매우 적다. 다시 말하자면, 새는 에너지 생산 능력이 좋아 에너지를 많이 소비하면서도 활성산소가 적게 발생되기 때문에 병을 방지하여 장수를 가능하게 한다는 사실이다.

사람도 새의 미토콘드리아와 비슷한 성능 좋은 미토콘드리아를 갖고 있다.

젊음의 비결은 심장에 있다

앞에서 철새는 단번에 대륙을 횡단하기 때문에 많은 에너지가 필요한데, 미토콘드리아에서 활성산소는 적게 만들어지면서 에너지를 효율적으로 생산한다고 설명을 했다.

사실 우리 몸에도 이렇게 훌륭하게 에너지를 생산하는 기관이 있다.

그것은 바로 '심장'이다.

심장은 근육으로 이루어져 있다. 심장은 단 1초도 쉬지 않고 쉴 새 없이 평생 동안 계속해서 움직인다.

우리는 심장이 단 1초도 쉬지 않고 계속해서 움직인다는 사실을 크게 의식하지 않고 살아간다. 그러나 신장근육은 정말로 대단한 일이 아닐 수 없다. 심장은 다른 신체부위와 달이 재생되지 않기 때문에 태어나서 죽을 때까지 바뀌지 않는다. 그렇게 일을 많이 해도 피곤함을 모른다.

이런 일이 가능한 이유는 뭘까?

심장근육은 산소를 많이 소비하도록 만들어져 있기 때문이다. 산소를 소비하는 유산소활동을 하기 때문에 쉬지 않고 평생 일을 할 수 있는 것이다. **즉, 철새처럼 산소를 이용하여 활성산소를 적게 만들고 많은 에너지를 만드는 것이다.**

심장은 지치지 않는다. 그 이유는 심장근육은 산소를 원활하게 공급받기 때문이다. 우리가 호흡하는 산소는 가장 먼저 심장과 뇌에 공급된다. 이유는 간단명료하다. 심장이 멈추면 우리는 죽게 되니까. 이러한 심장도 단 4분만 산소 공급이 안 되면 심장은 멈추고 죽음에 이른다고 하니 참으로 산소의 힘을 절대적이다.

산소가 충분히 공급되면 노화가 방지된다

많은 과학자들도 그랬듯이, 필자도 노화의 근본 원인이 체내에 산소부족이라고 판단하고 있다. 이것은 필자가 스마트 마스크 개발과 노화를 연구하는데 있어 밑바탕으로 삼는 본질이기도 하다.

때문에 노화를 방지하기 위해서는 세포 안에 있는 발전소에 충분한 산소공급이 이루어져야 한다. 여기서 발전소란 '미토콘드리아'를 말한다.

다시 한 번 강조하지만, 미토콘드리아가 에너지를 만들 수 있도록 좋은 환경을 만들어줘야 한다는 것이다.

그럼 왜 산소가 풍부한 환경을 만들어 줘야 하는 것일까?

질문의 답은 심장근육에서 찾을 수 있다.

이건희 삼성 회장을 쓰러트린 원인이 심장에 산소공급이 중단됐기 때문이다. 이렇게 어떠한 이유로 심장에 갑자기 산소공급이 중단되면 심장근육세포가 점차로 죽게 되는데, 이것이 급성심근경색이다. 이 급성심근경색은 우리나라 돌연사의 가장 큰 원인으로 꼽히는 질환이다. 이러한 무서운 병을 예방하는 방법은 단 하나다.

끊임없이 산소가 공급되어야 한다.

그리고 심장은 우리의 일생 동안 한시도 쉬지 않고 끊임없이 박동하면서도 결코 피곤함을 모른다는 것이다. 이는 우리 몸의 그 어떤 근육도 흉내 낼 수 없는 것이다. 이렇게 우리 몸의 일반 근육들과는 다른 특수한 능력을 지닌 심장은 휴식 상태를 기준으로 정상 성인에서는 1분에 보통 60~100번씩 수축하고 있다. 평균적으로 볼 때 심장은 하루에 약 10만 번을 뛰게 되고 80세를 기준으로 할 때 사람의 일생 동안 무려 30억 번을 주인을 위해 묵묵히 그리고 충실히 뛰고 있는 셈이다.

어떻게 심장은 한 순간도 쉬지 않고 평생 움직일 수 있는 것일까?

그것은 미토콘드리아와 밀접한 관련이 있는 것이 과학계의 공통된 의견이다.

심장은 몸 전체에 혈액을 보내는 매우 중요한 일을 하고 있다. 쉬지 않고 일을 하기 때문에 근육세포에 미토콘드리아가 많이 분포되어 있어 에너지를 대량으로 만들어야 한다.

만약 **심장이 피로를 느끼면 큰일이 나기 때문에 피로하지 않도록 하기 위해 산소가 우선적으로 공급된다.**

이때, 산소가 충분히 공급되면 젖산이라는 피로하게 만드는 물질이 발생되지 않게 된다. 그렇기 때문에 심장 근육은 피곤을 모르고 끊임없이 박동할 수 있는 것이다.

그리고 **심장근육에 있는 미토콘드리아는 호흡하는 능력이 좋아 활성산소가 적게 발생된다는 것이다.**

즉, 심장근육에 있는 미토콘드리아는 풍부한 산소를 이용하여 활성산소를 비교적 적게 발생시키면서 효율적으로 에너지를 대량으로 생산할 수 있으며, 충분한 에너지 생산이 가능하기 때문에 비교적 적게 발생되는 활성산소일지라도 제거하는 능력이 있다는 것이다.

다시 말하면, 심장세포에 있는 미토콘드리아는 산소가 풍부한 좋은 환경에서 최대한의 기능을 발휘하여 대량의 에너지를 생산이 가능하다는 것이다. 이렇게 많은 에너지 생산이 가능하기 때문에 혈액을 온몸으로 보내는 본질적인 일에 사용하고 남은 여유 있는 에너지로 활성산소를 제거할 수 있는 것이다.

쉽게 설명하면 이렇다. 우리가 일해서 월급을 타서 생활한다고 하자. 월급이 많으면 기초생활에 사용하고도 돈이 여유가 생기니까 큰 집을 사거나 자신을 꾸미는 데에도 돈을 쓰게 된다. 그렇게 하면 집도 깨끗하고 자신도 깨끗하게 유지될 것이다.

심장도 마찬가지다.

심장이 많은 돈(에너지)을 벌어야 혈액을 온몸에 규칙적으로 보내는 일을 제대로 할 수 있게 된다. 그리고 남는 에너지로 활성산소, 노폐물 등을 제거하여 젊은 심장을 유지하게 되는 것이다.

결과적으로, 산소공급이 원활하도록 환경을 만들면 효율적으로 에너지 생산이 가능하고, 충분한 에너지를 바탕으로 활성산소를 제거할 수 있는 자연치유력이 활성화된다.

심장처럼 우리 몸에 산소가 충분히 공급되면 우리는 지치지 않게 되고, 노화되지 않을 수 있다. 이러한 이론이 스마트 마스크를 개발하는 밑바탕이 되었다.

호흡하는 능력(에너지 생산 능력)을 향상시켜 자연치유력을 높여라

우리는 산소만을 원하지만, 공기 중에는 산소가 17~20%에 불과하고 다른 기체들과 오염물질로 오염돼 있다.

폐는 이러한 오염물질들을 걸러내고 산소만을 혈액에 공급한다. 산소는 폐에서 혈액속의 헤모글로빈과 결합해 몸 구석구석으로 이동하며, 60조개의 모든 세포에 전달된다. 산소는 미토콘드리아에서 포도당과 화학반응을 일으켜 ATP 즉, 아데노신3인산이라는 물질과 함께 오줌, 땀, 이산화탄소를 만든다.

ATP는 생물의 에너지대사에서 매우 중요한 역할을 한다. 산소와 영양소의 화학반응으로 만들어진 에너지는 세포가 제 기능을 하도록 하는 것뿐 아니라, 세포의 재생과 생성에 중요한 역할을 한다. 이러한 이유로, 피부에 상처가 나면 일정 시간이 지나면 상처가 아물고, 태아가 유아를 거쳐 성인으로 성장할 수 있는 것이다.

이러한 활동이 바로 신진대사인데, 원활한 신진대사를 위해서는 많은 질 좋은 에너지가 소모된다.

사람은 60조 개의 세포가 정기적으로 재생과 생성 과정을 통하여 생명을 유지한다. 사람이 건강하게 생명을 유지하고 살려면, 매일매일 새로운 세포가 만들어져야 한다.

자동차로 비유하자면, 사용해서 기능이 떨어지는 부품은 정기적으로 새로운 부품으로 교체해 자동차 성능을 유지하는 것이다. 자동차의 경우에 기능이 떨어지는 부품을 계속 사용하면 자동차는 고장이 나게 된다. 사람의 경우도 이와 비슷하다.

세포가 정기적으로 재생과 생성의 과정을 거쳐 아이가 성인으로 성장한다. 성인이 되어 젊은 몸을 유지하면 좋겠지만 안타깝게도 노화의 과정을 밟게 된다.

미국 MIT대학 생명공학연구센터에 따르면 **"사람의 세포는 나이에 따라 차이가 있지만, 대략 200개 중에 1개꼴로 새로운 세포로 바뀐다. 말하자면 어제의 자신과 오늘의 자신이 겉모습은 거의 같아 보이지만 몸을 구성하고 있는 세포의 0.5%는 새로운 것으로 교체되어 어제와는 달라진 몸이 된다."**는 것이다.

이 말은 아기들을 보면 쉽게 이해할 것이다. 아기들은 세포의 생성과 재생이 빠르기 때문에 하루가 다르게 쑥쑥 크는 것이다.

하지만 세포가 정기적으로 생성과 재생과정을 거치면서 실수가 발생되기도 한다. 사람은 누구나 실수를 하듯이 세포도 실수를 하는 것이다. 이런 실수는 유전자를 손상시켜 노화와 병을 일으킨다.

산소를 충분히 섭취하려면 수식호흡^{數植呼吸}을 하라

산소가 생명에 절대적이란 것을 알았을 것이다.

이 장에서는 산소를 세포 안의 미토콘드리아에 충분히 공급하는 방법을 알아보자.

방법은 크게 3단계다.

첫 번째는, 코로 호흡하여 폐 기능을 강화시키는 단계고

두 번째는, 미토콘드리아가 최대한의 기능을 하도록 하기 위한 환경을 조성해주는 단계이며

세 번째는, 미토콘드리아의 수를 늘리는 것이다.

먼저, 코로 호흡하여 폐 기능을 강화시키는 단계.

코로 호흡하면 엄청난 장점이 있다. 여기서는 호흡은 입이 아닌 코로 해야 된다는 정도만 인지하고 다음 장에서 자세히 설명하겠다.

아기들은 아랫배를 움직여 숨을 쉰다. 그 말은 우리는 태어날 때부터 배를 이용하여 호흡을 하도록 만들어져 있다는 증거가 된다. 하지만 당신은 가슴을 움직여 숨을 쉴 것이다.

그런지 아닌지 바로 확인해 보자.

한 손은 가슴에 대고 또 한 손은 아랫배에 얹고 호흡을 해보면 알 수 있다. 나이가 든 사람일수록 가슴을 더 많이 움직이는데 이것이 흉식호흡을 하고 있다는 증거다.

인생을 살아가면서 잘못된 생활습관으로 인해 가슴근육을 사용하는 흉식호흡으로 바뀐 것이다. 때문에 흉식호흡이 편하게 느낄 것이다. 그러나 아기처럼 배를 이용하여 **'수식호흡**(數植呼吸, number breathing)'을 하면 자세가 올바르고 호흡이 천천히 길게 규칙적으로 교정되게 되어 결과적으로, 당신 몸의 세포에 산소가 많이 전달되게 된다.

호흡을 하는데 있어 가장 중요한 근육은 횡격막이다. 횡격막은 돔(dome)모양으로 폐가 속한 윗부분과 내장이 들어 있는 아랫부분을 구분하는 근육이다.

평상시 아무 생각 없이 하는 짧은 호흡은 횡격막이 옆으로만 늘어나는 데 비해 수식호흡(완전호흡)은 횡격막을 위아래로 움직이게 하면서 폐 깊숙이 공기가 공급되므로 첨부된 그림과 같이 호흡량과 심폐능력을 키워준다.

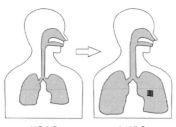

얕은호흡　　　　수식호흡

수식호흡을 하면 폐활량이 향상된다.
이는 폐렴, 폐암 등의 폐질환을 예방하게 된다.

이렇게 되면, 당연히 산소를 많이 섭취하게 되고 내장이 부드럽게 마사지된다. 그러면 몸의 신진대사와 혈액순환이 활발해져 호흡하는 능력이 향상되고 노폐물이나 독소도 몸 밖으로 신속히 배출된다.

미국 폐 협회(The American Lung Association)에서는 "횡경막의 움직임을 아래쪽으로 조금만 더 내리면 아랫배에 있는 장을 마사지하여 좋은 영향을 주고 폐가 받아들이는 공기의 양도 크게 증가한다. 횡격막을 1cm 아래로 내리면 폐가 받아들이는 공기의 양은 대략 300cc 늘어난다. 깊고 천천히 호흡을 하는 사람들은 횡격막을 4㎝ 더 내릴 수 있고 호흡할 때마다 공기를 1,000cc 이상을 더 마실 수 있다. 그리고 노폐물을 많이 내보낼 수 있다는 뜻이다."라고 하였다.

한의학에서도 비슷한 설명을 하고 있는데, 천지天地의 정기精氣가 들어오고入 나가는出 것을 호흡呼吸이라고 하면서 이 호흡으로 말미암아 우리 몸의 기가 법도에 맞게 움직인다氣以度行고 했다. 그리고 토고吐故 납신納新이라고 하여 묵은 것을 토해내고 새로운 것을 받아들인다고 하였다. 이는 우리 몸을 매 순간, 매일매일 새롭게 하는 일의 가장 중요한 핵심은 호흡呼吸이라 할 수 있다.

> 호흡하는 능력을 향상시키는 방법은 아랫배를 이용하여 호흡을 천천히 길게
> 호흡하는 것이다

호흡수는 동물의 경우를 보면 바로 이해가 될 것이다.

1분 동안 호흡수는 쥐는 150회, 사람은 12~15회, 거북은 2~3회인데 쥐의 수명은 3~4년, 사람은 80~110년, 거북은 250~300년이다. 이처럼 숨을 길게 쉴수록 오래 산다는 것을 알 수 있다.

그런데 현대인들은 일상생활에서 1분 동안에 12~15번, 하루에 약 20,000번의 호흡을 하고 있다. 앞에서도 설명했듯이, 분당 6~10회로 하는 것이 이상적이다. 호흡을 천천히 길게 쉬면 우리 몸의 부교감신경이 우위로 작용해 일상에서 받는 스트레스가 줄어 활성산소가 적게 발생되고 심신이 안정된다. 그러나 숨을 빨리 쉬면 혈중 이산화탄소의 농도가 지나치게 낮아져 혈관이 수축하고, 심장과 뇌에 보내는 산소가 부족하면서 생명을 단축하는 요인으로 작용한다. 이는 과학적으로 증명되고 있다.

반드시 천천히 길게 규칙적으로 호흡하는 수식호흡으로 산소와 이산화탄소가 적절하게 균형을 이루어야 호흡하는 능력이 향상된다는 것을 기억해야 한다.

운동에서도 호흡법은 매우 중요하다. 모든 운동의 핵심은 호흡을 어떻게 하는 것에 달려 있다.

호흡을 올바르게 수행하면 운동의 효과는 그만큼 향상된다. 5,000년 역사의 요가, 명상, 에어로빅, 유산소 운동도 핵심은 호흡이다.

태권도에서도 호흡의 중요성을 다음과 같이 가르친다.

"호흡은 생명을 연장시켜 주는 것이며, 생명 그 자체라고 할 수 있다."

그 만큼 호흡은 생명과 직결된다는 것이다.

우리나라 고유의 심신 수련법인 단전호흡은 폐로 호흡하지 않고 심신의 중심인 단전(아랫배)을 통해서 깊은 호흡을 해서, 천지의 기운을 전신으로 받아들여 온몸에 기를 유통시킴으로써 건강한 심신을 만든다고 한다.

호흡방법	분당환기량($V_T \times f$) − 분당사강환기량($V_D \times f$) = 분당폐포환기량(V_A)		
얕은호흡	6000(150×40)ml	6000(150×40)ml	0
보통호흡	6000(500×12)ml	1800(150×12)ml	4200
수식호흡	6000(1000×6)ml	900(150×6)ml	5100

위 표를 보면 매우 생소한 단어들이라는 것을 알 것이다. 도표 오른쪽에 표기된 분당폐포환기량이 점점 증가한다는 점을 눈여겨봐야 한다. 이 도표가 당신에게 전하고자 하는 요점을 알게 된다면, 당신은 살아가는데 있어서 가장 유익한 지식을 습득한 것이다.

당신은 평상시에 외부의 공기가 우리 몸에 들어와 폐호흡이 이루어지는 것에 대해 크게 관심을 두지 않는다. 하지만 조금만 신경을 써도 그 효과는 엄청나다. 호흡을 어떻게 하느냐에 따라 당신의 건강과 젊음이 결정된다는 것을 기억해 두자.

평상시에 당신이 숨을 쉴 때 들여 마신 공기가 모두 폐 깊숙이 전달되면 좋겠지만 그 중 30~60%는 아무 기능도 수행하지 못하고 그대로 다시 배출된다. 다시 말하면 들이 마신 공기는 폐까지 도달하지도 못하고 다시 배출된다는 것이다.

이런 현상을 인지하지 못하고 당신이 노화된다면 결국에는 폐로 인해 힘든 시기를 보내게 될 것이다. 이것이 당신이 생명을 유지하는데 있어서 의미하는 바는 무엇일까?

그럼, 지금부터 그 궁금증을 해소해 보자.

사람은 안정될 때 1분에 호흡하는 횟수는 12~13회 정도이며 1회 호흡량은 약 500~600㎖라고 한다. 또한, 스트레스를 받으면 분당 호흡수가 20~40회 또는 그 이상으로 증가하며 1회 호흡량도 1000~1500㎖까지 늘어난다.

우리가 숨을 들이 쉬면 공기 중의 산소는 폐의 폐포와 폐포관에서 폐호흡이 이루어진다.

이때, 안정될 때 들이 쉰 공기 중에서 150~200㎖는 폐포에 도달하지 않아 가스교환이 이루어지지 않는데, 이렇게 호흡에 사용되지 않는 분당 환기량을 사강환기량(dead space ventilation)이라고 한다.

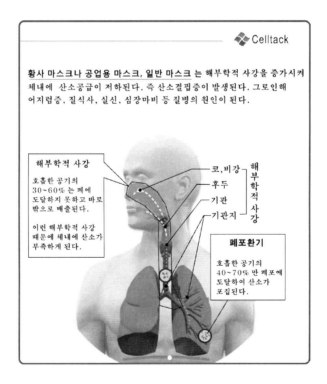

위 그림에 나타낸 바와 같이, 사강환기량이 차지하고 있는 부위, 즉 코를 거쳐 인두, 기관, 기관지 등의 공간을 통틀어 **해부학적 사강**(anatomic dead space)이라고 하고 총 용적은 140ml이다. 이 용적은 상황에 따라 축소되기도 하고 늘어나기도 한다.

사강을 거쳐 폐포와 폐포관에 도달하여 폐호흡이 이루어지는 공기의 용적은 폐포환기량(alveolar ventilation)이라고 한다.

폐포환기량은 호흡의 횟수, 깊이, 해부학적사강에 영향을 받는데, 분당환기량이 6000ml로 일정하게 유지되더라도 수식호흡부터 얕은 호흡으로 분당호흡수가 증가하게 되면, 사강환기량이 증가하게 되어, 폐포환기량은 감소하게 된다.

이때, 중요한 점은 분당환기량보다는 폐포환기량이 높아야 한다는 점이다.

다시 말하면, 평상시 또는 스트레스를 받을 때도 수식호흡(천천히 하는 호흡)을 하는 것이 얕은 호흡을 여러 번 하는 것보다 폐호흡을 높일 수 있다. 이는 생리학적인 측면에 있어서, 천천히 길게 규칙적인 호흡을 통해 호흡수를 감소시키고 사강환기량을 줄임으로써 폐포환기량을 증가시켜야 폐호흡을 향상시킬 수 있다.

호흡을 천천히 길게 규칙적으로 쉬면 산소와 이산화탄소가 많아지게 된다. 이산화탄소는 정맥을 포함한 모든 혈관을 확장시켜 혈액순환을 돕고, 산소가 각 조직 세포에 들어갈 수 있도록 하며, 혈압을 안정시킨다.

그리고 우리 몸의 부교감신경이 우위로 작용해 일상에서 받는 스트레스가 줄어 활성산소가 적게 발생되고 심신이 안정된다.

이와는 반대로 호흡수가 지나치게 많아진다면, 해부학적사강이 늘고 폐포환기량 줄어든다. 결과적으로는 산소결핍증으로 이어져 근육, 심장, 뇌 등의 인체 기관과 조직으로 적절한 산소운반이 이루어지지 않게 되어 어지러움증 또는 실신, 심장마비 등의 신체 이상증세를 초래할 수 있다.

결과적으로 코와 아랫배를 이용하여 천천히 길게 규칙적으로 호흡하여 호흡수를 감소시키는 것이 일차적으로 중요하며, 다음으로 사강환기량을 줄이고 폐포환기량을 증가시키는 호흡법이 적용될 때, 당신의 몸을 구성하는 세포가 활발히 활동할 수 있도록 하기 위한 좋은 환경이 조성되는 것이다.

두 번째로, 미토콘드리아가 최대한의 기능을 하도록 하기 위한 환경을 조성해 주는 단계이다.

코와 아랫배를 이용하여 천천히 길게 규칙적으로 호흡하여 폐호흡이 향상되면 혈액 속에 산소가 풍부해져 산소가 많이 필요한 환경이 조성된 것이다. 이렇게 폐호흡을 통해 혈액에 산소가 풍부해지면 세포 내의 미토콘드리아에 제대로 전달되어야 한다. 즉, 미토콘드리아가 최대한의 기능을 하도록 하기 위한 환경을 조성해 줘야 하는 것이다.

그렇다면 어떻게 좋은 환경을 조성해야 할까?

그 비결은 이산화탄소에 있다. 필자가 이렇게 난해한 미토콘드리아에 관심을 갖고 연구하게 된 계기는 이산화탄소 때문이다.

이산화탄소는 세포가 산소와 영양소를 이용하여 ATP(에너지)를 만든 **뒤 발생하는 부산물로 배출된다는 것은 이미 설명했다. 이 때 발생한 이산화탄소는 혈액 속에 노폐물로 회수되면서 산소를 헤모글로빈에서 분리한다. 곧바로 혈액속의 이산화탄소 농도가 올라가면 그것을 해소하기 위해 산소가 대량으로 운반되어 온다.**

그 결과 우리 몸은 신진대사가 활발해진다.

즉, 사람이 생명활동을 이어가기 위해서는 미토콘드리아가 산소와 음식물을 이용하여 ATP(에너지)를 만들고, 이산화탄소를 배출한다.

이 때, 발생하는 이산화탄소를 표적으로 삼아 산소가 혈액의 헤모글로빈에서 분리되어 나온다. 이산화탄소가 있기 때문에 이산화탄소를 탐지하여 산소가 세포로 공급되는 것이다. 이 말은 산소가 풍부한 환경이 조성되려면 이산화탄소도 풍부해야 한다는 말과 동일한 의미다.

이 메카니즘을 잘 이용하면 산소를 필요한 지점으로 재대로 운반할 수 있다.

당신의 일상생활을 돌이켜보면 쉽게 이해할 것이다.

예를 들면 쉬는 날 하루 종일 티브이를 보고 뒹굴뒹굴 누워 있다가 월요일에 출근하면 몸이 가볍기보다는 피곤하다는 것을 느낄 것이다. 그러면서 '하루 종일 휴식을 취했는데 왜 피곤하지.'라고 의아해 할 것이다.

왜 푹 휴식을 취했는데 몸은 더 피곤한 걸까?

"한마디로 말해서 당신의 몸에 에너지가 부족해졌기 때문이다."

앞에서 세포 내의 미토콘드리아는 철저하게 수요에 따라 에너지를 생산한다고 설명했다. 이러한 이유로 당신이 평소 일할 때는 에너지가 충분히 생산되므로 피곤을 못 느끼지만, 당신이 일을 않고 누워만 있었기 때문에 세포 내의 미토콘드리아는 에너지 생산의 필요성을 못 느껴 에너지를 생산하지 않았던 것이다.

쉬기만 하면 오히려 호흡하는 능력은 떨어지게 된다. 결국 몸이 더욱 피곤해지는 것이다.

노화의 원인 중 하나는 세포가 활발하게 활동하지 못한다는 점이다. 쉽게 말하면 신진대사가 쇠퇴한다는 뜻이다.

에너지가 부족하면 생명유지에 필수적인 물질을 만들지 못한다. 에너지라는 예산이 부족해졌다면 그 예산에 맞추어 일을 할 수밖에 없게 된다. 이러한 상황에 따라 신체는 지금 무엇을 만들어야 하는지 실시간으로 정확한 판단을 내리게 된다.

자연치유력, 세포의 생성 및 재생, 유전자 회복은 장기적으로는 매우 중요하다. 하지만 이러한 활동은 곧바로 생사와 관련되는 것이 아니기 때문에 예산집행순위에서 밀리게 된다.

자연치유력 보다는 생명활동에 반드시 필요한 '호흡이나 심장박동'이 항상 예산집행순위가 높다.

사용할 수 있는 예산이 많으면 할 수 있는 일이 많은 것처럼, **몸도 호흡하는 능력이 향상되면, 더욱 향상될수록 우선순위가 낮은 곳까지 사용될 수 있게 된다. 하지만 예산이 충분하지 않으면 기초대사에 사용하고 젊음의 힘인 '자연치유력'까지 사용되지 못한다.**

이처럼 진정으로 몸을 위한 휴식을 하고 싶다면, 즐거운 마음으로 무리하지 않도록 적당히 움직이는 무언가를 해야 한다는 것이다.

다시 한 번 강조하지만, 노화를 근본적으로 늦추는 방법은 미토콘드리아를 일하게 하는 것이다. 미토콘드리아를 일하게 하는 방법은 몸을 꾸준히 움직이는 것이다.

"미토콘드리아가 최대한의 기능을 하도록 하기 위한 환경은 몸을 꾸준히 움직이는 것이다."

세 번째, 미토콘드리아의 수를 늘리는 단계.

코와 아랫배를 이용하여 천천히 길게 규칙적으로 호흡하면 폐호흡이 향상된다는 것을 알았다. 그리고 미토콘드리아가 최대한의 기능을 하도록 하기 위한 환경을 조성해 주는 방법도 알았다.

이제 미토콘드리아를 늘리는 방법만 알면 활기가 넘치는 젊은 몸을 유지할 수 있게 된다.

일반적으로 에너지가 충분하면 DNA 복제는 분열시 미토콘드리아의 분열도 많아진다. 따라서 미토콘드리아의 수도 증가한다.

미토콘드리아가 늘어나면 에너지를 더욱 효율적으로 쓸 수 있고 풍부한 에너지도 얻을 수 있다.

미토콘드리아는 몸의 모든 세포에 존재하지만 특히 많이 존재하는 곳이 있다.

에너지를 많이 사용하는 곳이다. 우리 몸이 가장 에너지를 많이 사용하는 곳은 생각하는 곳과 움직이는 곳 즉, **뇌와 근육이다.** 따라서 미토콘드리아는 뇌세포와 근육세포에 많이 들어있다.

뇌와 근육 중에 몸의 젊음을 결정하는 것은 근육에 있는 미토콘드리아다.

그러므로 미토콘드리아 수를 늘리는 좋은 방법은 바로 '**운동**'이다.

근육은 2가지로 분류된다. 그 중 하나는 산소를 이용하지 않고(해당계) 수축하는 속근이다. 속근은 무산소 운동을 할 때 사용되며, 힘이 강하고 순발력이 요하는 근육이고, 쉽게 피곤해진다. 100m 경주처럼 순발력을 요구될 때에는 속근이 사용된다.

나머지 하나는 산소를 이용하는 근육인 지근이다. 지근은 걷거나 달리기 등 지구력이 요구되는 유산소 운동을 할 때 사용되는 근육이다.

여기서, 미토콘드리아를 늘리기 위해서는 지근을 단련해야 한다.

지근은 적근으로 불리고 유산소 운동을 할 때 적합한 근육이다. 적근은 산소를 축적하기 위해 철이 많이 포함되어 있기 때문에 붉은색을 띤다. 적근을 가지고 있는 대표적인 동물이 앞에서 설명한 '철새'다.

철새는 이동할 때가 되면 대륙과 대륙사이를 이동해야 하기 때문에 엄청난 에너지를 생산해야 한다. 때문에 지구력이 요구되는 적근을 가지고 있다. 그렇기 때문에 철새의 근육에는 미토콘드리아가 다량으로 포함되어 있다. 사람도 매우 뛰어난 적근을 가지고 있는데, 앞에서 설명한 '심장'이다.

그럼 미토콘드리아를 늘리기 위해 지근을 효과적으로 단련하는 몇 가지 팁을 제안한다.

◆ 유산소 운동을 하라.

산책처럼 느린 것, 에어로빅처럼 중간적인 것, 마라톤처럼 심한 운동, 이들 모두 유산소운동이다. 운동을 별도의 시간을 내서 한다는 것은 어려운 일이다. 때문에 운동을 하기에 적당한 시간이 정해져 있는 것은 아니다. 어느 시간에나 자신이 편하다고 느끼는 시간에 하면 되고, 일상생활과 관련해서 하면 더욱 좋을 것이다.

예를 들면 방송인 송해 씨는 주위에서 장수비결을 물으면 늘 'BMW'를 강조한다고 한다. 항상 버스(Bus)나 지하철(Metro)을 이용하고 걷기(Walking)를 생활화한다는 것이다.

다만, 지치지 않으면서 운동 효율을 높이기 위해 빨리 걷기를 추천한다. 빨리 걷기로 20분 정도면 충분하다.

◆ 운동은 공복상태로 하라.

모든 운동은 공복상태에서 하는 것이 최고다. 특히 미토콘드리아를 늘리기 위한 운동은 더욱 그렇다. 이는 미토콘드리아는 '**에너지가 필요하다.**'고 느껴질 때 그 수가 늘어난다고 한다.

건강하고 젊게 살려면 적절한 운동이 필요하다는 것은 누구나 인정하는 부분이다. 가만히 앉아 있기만 하고 누워만 있으면 건강을 유지하는 것은 어렵다.

물론 격렬한 운동은 건강에 도움이 되지 않을 것이다. 격렬하지 않는 유산소 운동이 건강을 유지하는데 가장 적합하다고 할 수 있다.

수식호흡은 완전호흡이다

'**수식호흡**(數植呼吸, number breathing)'**의 정점은 숨을 들이 쉬고 내쉬는 행위자체에 '의식'을 두는 데 있다.**

특히, 숨을 들이쉬는 행위보다는 내쉬는 행위에 더 의식을 집중하는데 있다. 숨을 들이쉬고 내쉬는 행위에 의식을 두면 신체를 조정하는 자율신경계가 교감신경 우위에서 부교감신경 우위로 바뀌게 됨으로써, 폐 깊숙이 공기가 공급되고 노폐물과 독소를 많이 배출시킨다.

그러면 우리 몸 안에 충분한 산소가 공급되어 산소와 이산화탄소가 적절하게 균형을 이루게 되어 호흡하는 능력(에너지 생산 능력)이 향상된다.

이는 우리 몸이 혈액순환이 원활해지고 체온이 올라가게 되므로 신진대사를 촉진시킨다.

그리고 스트레스를 방지하여 활성산소 발생을 줄이게 되고 자연치유력이 향상됨으로써 질병 예방으로 이어진다.

선禪을 수행하시는 스님이 계신데, 그 분은 필자에게 호흡하는 법을 가르쳐주셨다. 그분이 가르쳐주신 호흡법은 간단히 말해서 '수를 세가면서 호흡하는 것이다.' 숨을 들이쉬고 내쉴 때 수를 세는 것이다.

그래서 셀 수數, 수립하다 식植자을 붙여 '수식호흡數植呼吸'이다. 매우 쉽다. 우리가 숨 쉬는 것과 똑같다. 다만 무의식적으로 숨을 쉬는 것이 아니라 숨 쉬는 행위에 수를 세가면서 의식을 집중한다는 것이다.

수식호흡은 당장 시작할 수 있다. 코로 천천히 숨을 들이 쉬고 내쉬면서 수를 세는 것으로 명상 그 자체가 된다. 이는 심신이 가장 조화로운 상태로 접근하려는 것이다.

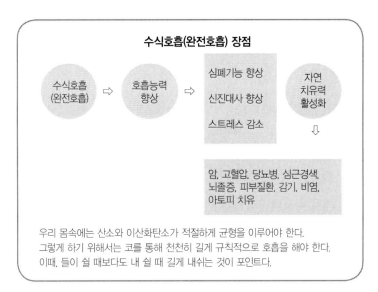

수식호흡(완전호흡) 장점

수식호흡
(완전호흡) ⇨ 호흡능력
향상 ⇨ 심폐기능 향상
신진대사 향상
스트레스 감소 　자연
치유력
활성화
⇩

암, 고혈압, 당뇨병, 심근경색,
뇌졸증, 피부질환, 감기, 비염,
아토피 치유

우리 몸속에는 산소와 이산화탄소가 적절하게 균형을 이루어야 한다.
그렇게 하기 위해서는 코를 통해 천천히 길게 규칙적으로 호흡을 해야 한다.
이때, 들이 쉴 때보다도 내 쉴 때 길게 내쉬는 것이 포인트다.

평상시에 호흡을 하면 1분에 12~13회 정도다. 수식호흡(완전호흡)을 하면 1분에 10회 미만으로 호흡수가 줄어든다.

처음에는 4까지 세는 것으로 목표로 하고 익숙해지면 점점 세는 수를 늘려 가면 된다. 자 시작해 보자!

수식호흡(數植呼吸)

등줄기를 곧게 펴고 전신을 편안하게 한 다음 살며시 눈을 감고, 입은 다물고 코로 숨을 들이쉰다.

숨을 들이쉴 때는 하-나, 둘, 셋, 넷, 다섯 하고 멈추고, 다시 내쉴 때에도 하-나, 두-울, 세-엣, 네-엣, 다-섯, 여-섯, 일-곱하고 세면서 내쉬면 되는 것이다.

이때 숨을 들이쉴 때보다도 내쉴 때에 더 천천히 쉬는 게 중요하다. 그리고 하복부 배꼽 아래에 힘을 주어 숨을 들이쉴 때는 배가 볼록 나오고, 내쉴 때는 배가 쑤-욱 들어가면 된다.

즉, 가슴과 어깨는 움직이지 않고, 오르지 배만 올라오고 들어가면 되는 것이다.

이 책을 읽는 많은 분들이 "왜 수를 세는가?"라고 물을 것이다.

수를 세면 잡념이 사라지게 되기 때문이다.

명상에서는 마음을 비우라고 가르친다. 여러 상념이 뇌 안에 떠오르면 자율신경에 의해 신체는 그 이미지대로 반응한다. 좋지 않았던 일을 떠올리면 체내에는 아드레날린이 분비된다.

그러면 교감신경의 우위로 혈관이 축소되고, 심장이 빠르게 뛰며, 혈압이 올라가고, 근육에 힘이 들어가고, 동공이 커지는 한편 입이 바짝 타는 그런 상태가 된다. 즉 흥분 상태가 된다.

그런데 수식호흡은 수를 세면서 집중하므로 잡념이 떠오를 겨를이 없게 되고, 부교감신경의 우위로 아세틸콜린이 분비되어 혈관이 확장되어, 혈액순환이 원활해지고, 신체는 안정되고 감정적으로 편안해 지는 것이다. 이는 명상과 같은 원리인 것이다.

"왜 하복부 배꼽 아래에 힘을 주나?"라고도 물을 것이다.

하복부 배꼽 아래에 힘을 주면 건강을 얻을 수 있어서다. 요가 및 복식호흡, 단전호흡, 각종 운동 등에서도 호흡법으로 의식을 집중하는 곳이다.

그곳에는 대장과 소장의 창자간막에 있는 엄청난 양의 신경은 태양신경총이라고 불리는 신경조직을 형성한다. 태양신경총은 의학적으로 제2의 뇌라고도 불리고 있고, 인체 **'자연치유력'**의 80% 이상을 담당하며 생명활동에 매우 큰 작용을 한다고 한다.

그래서 하복부에 힘을 주어 움직이는 수식호흡을 하게 되면 장 건강에 많은 도움이 된다. 대장에 자극을 줘서 연동 운동이 활발해지고 변비에도 효과를 볼 수 있다.

평소 쓰지 않는 배 근육을 쓰면 복부 관리도 되고, 스트레스나 운동 부족 등으로 약해진 심폐 기능도 강화시킬 수 있다. 무엇보다 태양신경총과 함께 오장육부가 마사지되면서 신진대사도 향상된다.

수식호흡을 꾸준히 해서 호흡하는 능력이 향상되면 세포에 많은 양의 산소가 공급되고 많은 양의 탄산가스 및 유해한 가스가 배출되어 복부 내의 온도가 상승된다.

그로 인해 몸의 **'자연치유력'**이 향상되고, 그렇게 됨으로써 병에 걸리지 않는 몸으로 교정되게 된다. 자율신경계가 지배하는 생리활동 중에서 호흡만이 노력으로 조절할 수 있다. 호흡을 제어하여 우리 몸을 가장 이상적인 심신心身상태로 교정할 수 있는 것이다.

이런 식으로 수식호흡을 하게 되면 1분에 6-10회 정도 숨을 쉬게 된다.

코로 수식호흡을 하면 산소 흡입량이 20% 이상 증대되어 세포에 공급되는 산소가 많아져 호흡하는 능력이 향상된다. 그로인해 손과 발이 따뜻해진다.

말초혈관이 확장되어 혈액순환이 촉진되는 것을 느낄 수 있다. 만병의 근원인 혈액순환 장애를 아주 쉽게 개선시키는 것이다.

스님은 "평소에 수식호흡을 생활화 하면 흰머리, 감기, 암, 심장마비, 뇌졸중, 고혈압, 당뇨, 비만 등이 걸리지 않는다. 또, 어깨 결림, 냉증 등은 단번에 낫는다."며 단호하게 말씀하셨다. 이런 질병은 모두 혈액순환이 좋지 않기에 생기는 질병들이기 때문이다.

필자는 평소 1분에 6-7회 정도 호흡을 한다. 특히 피곤할 때나 스트레스 받을 때 수식호흡을 하면 희한하게도 심신이 안정되고 편안해진다. 노화의 원흉은 활성산소다. 길고 편안한 숨은 활성산소의 생성을 줄여준다. 의학적으로도 입증된 사항이다. 그래서 그런지 질병은 전혀 없다.

나의 심장은 1분에 60회 정도 뛰고, 혈압은 110-60을 유지하고 있다. 감기에 걸려 본지 10년은 된 것 같다 그만큼 자연치유력이 뛰어나다는 뜻이다.

나는 운전대를 안 잡는다. 출퇴근은 언제나 자전거를 이용한다. 왕복 10㎞를 매일 같이 자전거로 이동하니 호흡하는 능력이 뛰어나 몸이 좋아질 수밖에 없다. 이렇게 움직임이 생활화되어 있어 에너지를 만드는 능력이 뛰어나다.

"에너지가 충분히 만들어지니까 유전자 복원, 자연치유력 등에 에너지를 쓸 수 있게 되므로 질병에 걸리지 않게 되는 것이다."

40대 후반이지만 20대 후반의 체력과 건강상태를 유지한다고 당당하게 말할 수 있다. 2년에 한 번씩 정밀검사를 받아 몸 상태를 확인하는 것도 빼먹지 않는다.

필자가 경탄한 것은 스님이시다. 스님은 93세이신데 60대 후반으로 보이신다. 90년 이상을 살아온 분이라고는 전혀 믿기지 않는 외모를 갖추고 계신다. 스님은 1분에 5번 호흡을 한다고 하신다. 처음 스님을 뵀을 때 "장수 비결이 무엇이냐?"고 물었었다. 스님은 웃으면서 천천히 대답해 주셨다.

"숨을 천천히 가늘게 들이쉬고 오래 내쉬면 돼" 그리고 이어서 "밥은 한 주먹만큼만 꼭꼭 씹어서 먹어야 한다."라고 하셨다.

스님은 숨이 길면 생명도 길어진다며 그 이유도 설명해 주셨다. 역시 수행하시는 분의 지혜와 연륜은 존경할 만하다. 그 이후로 식성이 좋은 나는 밥은 한주먹보다는 더 먹지만 천천히 먹고 꼭꼭 씹는다.

그리고 천천히 깊이 편안하게 호흡하려고 노력한다. 필자가 운영하는 회사는 점심시간이 1시간 반이다. 식사를 천천히 하라는 회사의 배려인 것이다.

수식호흡이 삶의 질을 향상시킨다. 수식호흡은 생명이고 생명은 수식호흡이다. 호흡하는 능력을 향상시키면 심장 박동 수와 혈압과 혈당도 조절할 수 있다.

때문에 수식호흡은 호흡하는 능력을 향상시켜 모든 질병에 대한 예방 및 치료에 놀라울 정도로 효과가 뛰어나다. 부작용도 전혀 없다.

근무 중에 해도 좋고, 잠시 휴식 시간에 해도 좋고, 서서해도 좋고, 앉아서 해도 좋고, 누워서 해도 좋다. 형식은 전혀 중요한 게 아니다. 젊어지고 싶다는 의지만이 중요하다.

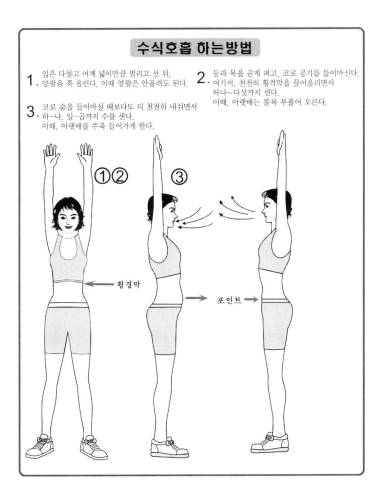

수식호흡 하는방법

1. 입은 다물고 어깨 넓이만큼 벌리고 선 뒤, 양팔을 쭉 올린다. 이때 양팔은 안올려도 된다.

2. 등과 목을 곧게 펴고, 코로 공기를 들이마신다. 여기서, 천천히 횡격막을 끌어올리면서 하나~다섯까지 센다. 이때, 아랫배는 볼록 부풀어 오른다.

3. 코로 숨을 들이마실 때보다도 더 천천히 내쉬면서 하─나, 일─곱까지 수를 센다. 이때, 아랫배를 쑤욱 들어가게 한다.

①②　③

횡경막

포인트

스마트 마스크는 세포가 좋아하는 환경을 조성한다

건강하고 젊게 살려면 호흡을 천천히 길게 규칙적으로 해야 한다는 것은 알았을 것이다.

우리가 의식이 있는 낮 동안에는 호흡이 규칙적으로 하는 일은 사실 어렵지 않은 일이다.

문제는 우리가 잠자는 동안이다. 잠의 중요성은 제 5장에서 설명되어 있기 때문에 여기서는 자세한 설명은 생략하기로 하고, 잠자는 동안에도 호흡은 입을 다물고 코로 천천히 규칙적으로 해야 한다는 것이다.

"모든 질병의 원인이 되는 것은 벌어진 입을 통해 들어온다."

잠자는 동안에 입을 다물고 자야 하는 이유다. 입을 다물고 잘 수만 있다면 삶의 질은 개선된다.

그럼 어떻게 하면 잠자는 동안에도 호흡을 천천히 길게 규칙적으로 할 수 있을까?

간단한 방법이 있다.

그것은 바로 '**스마트 마스크**'이다.

스마트 마스크는 잠자는 동안에 호흡을 천천히 길게 규칙적으로 할 수 있도록 교정해 준다. 그러면 당신이 잠든 사이에 호흡하는 능력이 향상되어 노화의 구조를 젊음의 에너지로 교정시켜 주게 된다.

'각종 암, 탈모, 뇌졸중, 심근경색, 감기, 비염, 아토피, 고혈압, 당뇨, 퇴행성관절염, 충치, 풍치, 코골이, 탈모, 여드름, 주름개선, 피부 트러블, 피부질환, 얼굴축소 등등 60여 가지의 질병'

스마트 마스크를 착용하면 예방 및 치료가 가능한 질병들이다.

"말도 안 돼!, 이건 사기야! 마스크가 암을 치료 한다는 게 말이 돼?"

이러한 질문을 하시는 분들이 많으실 거다. 생전 처음 보는 마스크가 탈모, 고혈압, 당뇨, 암 등을 치료한다니… 아마도 많은 분들이 야유와 조롱을 보내실 수도 있다.

이런 분들을 힘들게 설득할 생각은 전혀 없다. 질병을 부르는 분노를 살 수 있기 때문이다.

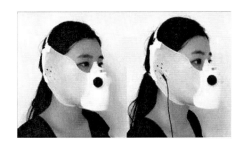

필자는 스마트 마스크를 착용하면 각종 질병 예방 및 치료가 가능하다는 것을 제 7장 및 제 8장, 제 9장, 제 10장을 통해서 증명할 것이다.

실제로 짧은 시간 안에 질병에서 치유되는 분들이 많고, 그 치유 확률은 경이롭기까지 하다.

왜냐하면 스마트 마스크를 착용하게 되면, 입이 다물어져 구강을 건조하지 않도록 촉촉하게 유지하여 구강을 건강하게 만들어준다. 나아가 충분한 산소공급으로 세포호흡이 원활해져 호흡하는 능력이 향상되기 때문이다.

더욱 정확히 말하자면, 스마트 마스크가 구강을 건강하게 만들어주고 우리 몸의 호흡하는 능력 즉 에너지 생산능력을 향상시키므로 자연치유력이 활성화된다. 그렇게 되면 우리 몸은 젊어지게 되는 것이다.

"노력은 하지만 예전처럼 힘이 나지는 않는다."

"계단을 조금만 걸어 올라가도 숨이 차온다."

"쉽게 지치고 피곤하다."

"배가 나오고 쉽게 빠지지 않는다."

"얼굴에 주름이 생기고 탄력이 떨어졌다."

"머리가 많이 빠진다."

"혈압과 당수치가 높다."

"충치, 풍치, 입 냄새가 난다."

"암 선고를 받았다."

"코골이를 한다."

이런 몸의 노쇠함을 느꼈을 때 당신은 어떻게 하는가?

이 질문의 답은 지금까지 알아본 '호흡'에 있다. 우리는 4분 이상 호흡을 멈추면 죽는다. 그리고 우리 몸은 어떤 일을 하던 호흡을 통해 에너지를 만들어야 한다는 것은 이제는 누구나 다 알 것이다.

그런데 그 호흡이 원활하지 않으면 에너지가 부족하게 돼 쉽게 피곤하고 지치며 머리가 빠지고 피부에 주름이 생긴다. 이런 상태가 지속되면 암에 걸리게 되는 것이다.

다시 한 번 강조하지만, 입은 다물어야 하고, 호흡할 때 코를 통하여 배를 부풀려 천천히 길게 규칙적으로 해야 한다.

동의보감에서도 호흡법의 중요성을 다음과 같이 말하고 있다. "단전(아랫배)을 부풀려 숨을 들이마시되 발뒤꿈치까지 채운다는 생각으로 천천히 규칙적으로 들이마시고, 단전을 수축하여 숨을 내뿜되 발뒤꿈치에 남아 있는 숨마저도 뿜어 버린다는 생각으로 호흡을 한다고 하여 보통 사람은 목구멍으로 하지만 진인眞人은 발뒤꿈치로 호흡을 한다."고 하였다. 발뒤꿈치로 숨을 쉰다는 것은, 숨을 깊게 길게 쉰다는 것을 의미한다.

보통 사람은 30대 후반부터는 '호흡하는 능력'이 급격하게 저하되게 된다. 이때쯤부터 배가 나오며 쉽게 지치고, 살이 찌기 쉽고 각종 질병이 생기게 된다. 그 이유는 호흡하는 능력이 약해져서 신진대사가 원활하지 않기 때문이다. 병이 생긴다는 것은 미토콘드리아에서 호흡하는 능력이 약해져서 자연치유력, 세포의 생성과 재생에 에너지를 사용하지 못한다는 것이다.

그런데, 이점을 반대로 생각해보면, **'호흡하는 능력**(에너지생산 능력)**'**을 향상시킬 수만 있으면 **'자연 치유력, 유전자 복원, 신진대사'**가 활성화 되므로 탈모, 암, 심장마비, 당뇨, 고혈압 등 질병에 걸리지 않고, 젊어지고, 살도 안찌고, 피부질환도 안 생기는 몸으로 교정된다는 것을 의미한다.

실질적으로 호흡하는 능력은 '노화를 방지하여 몸을 젊게 만드는 기술'의 가장 중요한 핵심이다. 그리고 착용하면 알겠지만, 호흡하는 능력을 향상시키는 것이 바로 '스마트 마스크'이다.

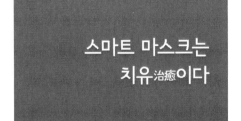

스마트 마스크를 착용하면, 천천히 길게 규칙적으로 호흡하게 교정해주므로 결과적으로 호흡하는 능력(에너지 생산 능력)이 향상되게 된다.

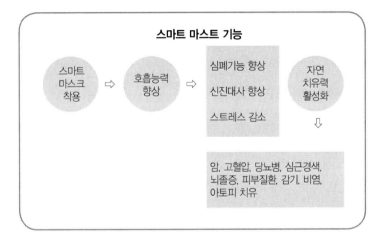

질병을 치유할 때나 젊음을 유지할 때 환경은 빼놓을 수 없는 보물이다.

환경하면 떠오르는 게 있다. 숲, 계곡, 나무, 물, 시골 등이다. 이것들이 우리 몸과 마음을 편안하게 하여 건강하게 하는 것은 분명한 사실이다. 자연이 주는 혜택은 참으로 크고 많다.

맑은 공기, 따사로운 햇살, 바람소리, 향기 등 헤아릴 수 없을 정도로 자연이 우리의 건강을 지켜주고 있다. 그런 자연을 누구나 마다하지 않을 것이다.

스마트 마스크는 항시 자연의 풍요로움을 접할 수 있도록 그런 환경을 조성해 줄 것이다.

스마트 마스크를 착용하면 자연스럽게 수식호흡(완진호흡)을 하게 된다.

명상에 빠져드는 것이다. 청아한 새 소리와 함께 희망이 들린다. 흐르는 물소리에 세포가 새로 태어난다. 지금 살아 있는 것에 대한 감사하는 마음이 생긴다.

그런 마음으로 스마트 마스크를 착용하고 잠을 자거나 운동을 하면 몸이 젊어지는 것을 실감할 것이다. 그 효과는 바로바로 나타난다.

스마트 마스크는 필자와 각계의 최고의 전문가들이 인생과 열정을 바쳐 개발해낸 참으로 놀라운 기능을 발휘하는 마스크이다.

그 어떤 치료법과 치료기구들보다 효과가 뛰어나다. 전혀 부작용이 없다. 가장 단순하고 실용적이다. 또한 가볍고 작아서 가방이나 호주머니에 휴대하고 다니며 필요할 때마다 착용하면 된다.

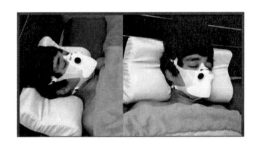

단지, 자주 착용하기만 하면 된다. 특히, 잠자는 동안에 착용하면 그 효과는 상상을 초월한다.

"스마트 마스크는 우리 몸 안에 산소와 이산화탄소를 적절하게 유지시켜주는 것으로 지구상에서 유일하다."

가장 과학적이고 의학적인 관점에서 개발되었기 때문이다. 병이 있는 사람들은 병을 치료해주고 건강한 사람들은 더욱 건강하게 해준다. 그 뿐만이 아니다. 얼굴을 작게 만들어 주기도 하고 여드름, 피부 트러블, 기미, 잡티, 얼굴주름을 사라지게도 해준다.

스마트 마스크를 착용하면 알겠지만, 스마트 마스크를 착용하면 입은 다물어지고 코로 호흡하게 해준다. 즉, 입안을 언제나 촉촉하게 해주고, 코로 천천히 길게 규칙적으로 호흡하게 교정해 주는 것이다. 결과적으로 충치, 풍치, 잇몸질환, 입 냄새 등을 치료해주고 우리 몸에 충분한 산소를 공급하고 노폐물을 배출시켜 호흡하는 능력을 향상시켜 '자연치유력' 향상으로 이어진다.

하지만 입은 오픈되어 있어 자유롭게 말을 할 수 있고, 음식물 섭취도

가능하다. 지극히 자연스럽게 교정해주기 때문에 전혀 불편하지 않다.

이 책을 든 당신이 조금이라도 '젊어지는 기술, 건강해지는 기술, 아름다워지는 기술'을 실천해 보기를 진심으로 바란다. 실천하는 그 순간부터 몸은 젊어진다. 장담할 수 있다.

스마트 마스크는 산소가 세포에 충분히 공급될 수 있도록 하여 호흡하는 능력을 향상시키기 위해 생물학적 관점에서 개발되었다.

미토콘드리아에서 에너지를 생산할 때, 활성산소 발생을 최소화하고 자연치유력을 향상시키는 유일한 방법은 **세포 내의 미토콘드리아가 새나 심장의 미토콘드리아처럼 호흡하는 능력**(에너지생산 능력)**을 향상하는 것**이다.

그렇게 하기 위해서는 쥐처럼 숨을 쌕쌕 하고 더 자주 더 빨리 쉬는 것이 아니라, **코를 통해 천천히, 길게, 그리고 규칙적으로 호흡을 해야 한**다. 스마트 마스크는 천천히, 길게, 규칙적으로 호흡을 할 수 있도록 교정해주는 역할을 수행하는 것이다.

스마트 마스크는
생명이다

스마트 마스크는 마스크 그 이상이다.

진정 인생을 걸고 열정을 다 바치고 있기 때문이다. 그 덕분에 가장 신뢰성 있고, 매우 가치 있는 스마트 마스크를 개발할 수 있었다.

스마트 마스크는 전문성을 존중하고 협력한 결과물이다. 그동안 많은 시장조사와 사람들의 니즈를 파악하는데 노력했는데, 그 과정에서 건강과 얼굴에 관한 많은 질문을 받았다.

그런데, 그 많은 사람들이 거의 같은 질문만 이어졌다. 결국, 많은 사람들이 같은 문제로 고민을 하고 있다는 것을 알게 되었다. 이 스마트 마스크는 바로 이러한 물음에 대한 대답이다.

일상생활에서 **'건강과 젊음 그리고 얼굴 때문에 고민하는 모든 사람들을 위한 것.'**

스마트 마스크는 종례의 건강용품과 치료용품과는 확연히 다르다. 다년간에 쌓아온 전문지식은 물론 건강과 질병의 최전선에서 얻은 경험과 노화우가 이 스마트 마스크에 집결되어 있기 때문이다.

스마트 마스크는 우리가 갖고 있는 엄청난 힘인 '자연치유력'을 향상시키는데 그 목적이 있다.

스마트 마스크를 어떻게 사용할지는 고객들에게 전적으로 달려 있다. 잠자는 동안에 착용할 수 있고, 시간 날 때마다 사용할 수 있고, 실내에서 공부, 집안일, 음악, 휴식을 취할 때에도 착용할 수 있으며, 등산, 골프,

조깅, 걷기 등 야외에서 운동을 할 때도 착용할 수 있다.

스마트 마스크는 당신을 건강하고 젊게 만들어 줄 것이다. 부작용은 전혀 없고, 간단히 원하는 대로 젊음을 지켜주거나 노화에 대항하여 젊게 만들어주고, 호흡하는 능력을 향상시켜 자연치유력을 활성화 시킨다.

따라서 **이 스마트 마스크를 항시 곁에 두고 착용한다면 젊음과 건강을 가지실 수 있다. 나아가 더욱 아름다운 삶을 누리실 수 있다.**

스마트 마스크는 우리 몸과 얼굴을 보기 좋게 교정해 준다

스마트 마스크는 크게 다음과 같은 기능을 가지고 있다.

1. 입을 자연스럽게 다물게 하여 코로 천천히 길게 규칙적으로 호흡을 할 수 있게 해주어 '호흡하는 능력' 을 향상시킨다(25-35% 증가).
2. 신선한 공기를 공급하여 기관지와 폐를 보호하는 기능을 한다.
3. 깨끗한 얼굴피부로 가꾸어주는 기능을 한다.
4. 보기 좋은 얼굴로 교정해주는 기능을 한다.
5. 코골이 및 수면무호흡증 예방 및 치료 기능을 한다.

6. 탈모, 비염, 아토피, 천식, 고혈압, 당뇨병, 동맥경화, 심장마비, 뇌졸중, 우울증, 갱년기 우울증, 퇴행성관절염, 폐렴, 암 등의 질병을 예방 및 치료 기능을 한다.

7. 여드름, 피부 트러블 등의 피부질환을 예방 및 치유하는 기능을 한다.

8. 충치, 풍치, 잇몸 질환, 위염, 위장질환을 예방 및 치유하는 기능을 한다.

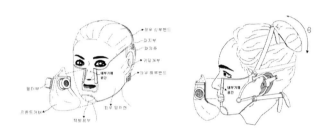

마스크를 착용하고 잠을 자게 되면, 코는 '**내부기체공간**'에서 외부 환경과 완전히 격리된다.

이렇게 되면, 착용자는 언제나 가온/가습된 깨끗한 공기만 천천히 길게 규칙적으로 호흡하게 된다. 이는, 호흡하는 능력 향상으로 이어진다. 그렇게 되면 자연치유력이 활성화되어 활성산소를 억제하고 탈모, 감기, 비염, 아토피, 호흡기 질환, 심장질환, 뇌질환, 각종 질병을 예방 및 치료하는 매우 뛰어난 기능을 발휘하게 된다.

결과적으로, 병에 걸리지 않는 몸으로 바뀌고, 삶의 질을 향상시킨다.

단지, 잠을 자는 동안에, 운동하는 동안에, 스마트 마스크를 편안하게 착용하기만 하면 된다. 그러면, 몸은 젊어진다. 얼마나 놀라운가!

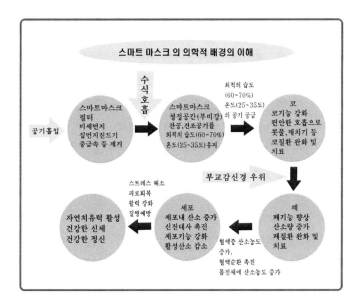

몸을 젊게 교정해 주는 내부기체공간

스마트 마스크는 전 세계에서 유일하게 매우 특별한 공간을 제공한다.

그것은 오직 착용자 코만 위치되는 작은 '**내부기체공간**'이다. 내부기체 공간은 오로지 착용자 코만 들어갈 수 있도록 코와 비슷한 크기로 작게 만들어져 있다. 이러한 내부기체공간으로 인해, 스마트 마스크를 착용하면 착용자 코는 외부와 완전히 격리된다.

그렇기 때문에 내부기체공간 좌/우측 양측에 구비되는 필터를 통해서만 외부공기가 흡입된다.

이러한 구성은 착용자에게 매우 특별한 기능을 선사한다. 이런 특별한 기능이 작동되기 때문에 착용자는 감기를 비롯해 모든 병의 예방 및 치료가 가능해진다.

그 특별한 기능은 다음과 같다.

> 착용자로 하여금 일정한 온도와 습도를 유지한 깨끗한 공기를 호흡할 수 있도록 하는 공간을 제공한다. 그렇게 함으로써 산소와 이산화탄소를 적절하게 유지해 세포가 좋아하는 환경이 조성된다. 따라서 착용자는 호흡하는 능력 즉, 에너지 생산능력이 향상되는 것이다. 결과적으로 착용자는 '자연치유력'이 활성화 된다.

"미치도록 심플하게"

고 스티브 잡스가 줄기차게 고수한 디자인 철학이다. 스티브 잡스는 필자가 롤 모델로 삼고 있는 개발자다. 때문에 스마트 마스크는 미치도록 심플하게 만들어져 있다.

스마트 마스크를 착용하는데 2초면 충분하다. 벗는데도 2초다. 가방이든, 호주머니든 휴대가 간편하다. 세탁도 필요 없다. 물에 헹구어 뚝뚝 털어 착용하면 된다. 무엇보다 중요한 것은 뛰어난 피부순응성을 갖고 있고, 가장 간단하고 가장 간결하게 만들어져 있다.

필자가 그랬듯이 당신도 스마트 마스크를 착용하는 순간, 무릎을 탁 치며 반갑고 놀라운 감탄이 온몸을 휘감거나, 마음속 응어리가 불현듯 떠올라 어두운 골방에 외롭게 처박아둔 자신을 세상에 당당히 드러내겠다는 결심이 마음속을 가득 채울 것이다.

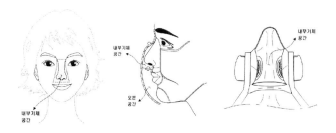

　그리고 숨을 들이 쉴 때는 편안한 호흡을 할 수 있고, 내쉴 때는 인체에서 생성되는 이산화탄소를 신속히 외부공간으로 배출하도록 구성됐다. 이는 곧 해부학적 사강을 방지한다. 이러한 매우 과학적인 구성 때문에 임산부, 노약자, 호흡기 질환자 등의 면역력이 저하된 환자들뿐만 아니라 장시간 마스크를 착용하는 근로자 등이 편안하게 호흡을 할 수 있도록 교정해 호흡하는 능력을 향상시킨다.

　또한, 상기도에서 하기도로 유입되는 공기의 습도를 일정 수준으로 유지시킴과 동시에 찬 공기가 유입되지 않도록 하는 가습/가온 기능을 갖고, 기도 내에 직경이 축소되지 않도록 일정한 기압을 유지시킨다.

　이러한 기능은 코골이, 수면무호흡증이나, 알레르기 증상 및 구강 내 염증 증상을 완화시킨다.

　결과적으로, 유아에서 노인에 이르기까지 착용할 수 있고 암환자, 뇌질환 환자, 심장질환 환자, 코골이 환자, 비염 환자, 호흡기 환자, 노약자 등이 증상의 완화 및 치료의 목적으로 간편하게 착용할 수 있는 것이 스마트 마스크이다.

스마트 마스크에 적용된 소재의 특징

스마트 마스크는 우리 피부와 가장 비슷하게 만들어져 있다. 따라서 '피부 순응성(skin conformability)**'을 갖는다.**

즉, 그림에 나타낸 바와 같이, 산소 및 습기는 통과하면서도 액체, 수분, 바람, 자외선, 오존 등은 차단한다. 때문에 피부를 유해환경으로부터 철저히 보호해준다. 또한 피부에 대한 보들보들한 촉감을 가지며 부작용이나 자극이 없다.

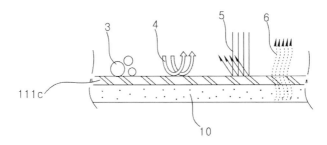

〈111c: 스마트 마스크, 3: 수분, 4: 바람, 5: 자외선, 오존 6: 공기, 몸에서 발생하는 습기 10: 얼굴피부〉

소재: −실리콘 하이드로겔

　　−산소투과율 25%(소재: 실리콘 하이드로겔(산소가 통과됨, 몸 안에 넣어도 인체에 거부반응이 없을 정도로 안전한 소재임, 유방 성형수술에 사용하는 실리콘과 유사함)

　　−두께: 0.2−0.3mm(신문지 두께, A4용지 두께와 비슷하다)

　　−산소가 투과되고, 두께가 얇기 때문에 피부에 트러블 등 부작용이 없다.

　　−자외선 99.9% 차단, 바람, 추위, 수분차단(자외선, 바람, 추위 등을 차단하여 얼굴피부를 보호한다)

　　−습기 투과율 37%(습기가 투과되므로 덥지가 않다)

　　−신축률: 700%, 탄성률: 85%(매우 잘 늘어난다)

-섭씨 300도, 영하 40도에서 연속적으로 사용가능하다.(반영구적 사용이
 가능하다)

-피부를 투명하고 부드럽게 가꾸어 준다.

-여드름, 피부 트러블, 각질 등의 피부질환에 매우 놀라운 효과를 발휘한다.

호흡하는 능력을 향상시키는 '가, 우, 리, -네' 운동

이제 스마트 마스크를 착용하면 우리 몸이 얼마나 좋아지는지를 알았을 것이다.

그리고 입을 닫고 입안이 촉촉해지게 유지되면, 아름답고 건강하고 젊어진다는 것을 깨달았을 것이다. 코로 숨을 쉬려 하면 답답하고 힘들지도 모른다.

아무래도 오랫동안 습관화된 입 호흡을 단번에 바꾸기란 쉽지 않다. 그러나 코로 숨을 쉬겠다는 마음만 있으면 간단하고 편하게 코로 숨을 쉴 수 있게 된다.

코 호흡을 하려면 가장 중요한 것은 의식적으로 입을 다무는 것이다. 혀를 윗니 또는 입천장에 대고 있으면 저절로 입은 다물어 진다. 그렇게 하면, 자연스럽게 코 호흡을 하게 된다. 얼마 지나지 않아서 코 호흡에 익숙해질 것이고, 코 호흡이 가져다주는 놀라운 일들을 알게 될 것이다.

다시 한 번 강조하지만, 입을 다물고 코로 숨을 쉬면 매우 놀라운 일들이 벌어진다.

다음에 소개하는 '가, 우, 리, -네' 운동은 얼굴 스트레칭 운동이다. 이 운동을 하루 50회씩만 하면 이완된 구강근육을 바로잡아 자연스럽게 코 호흡으로 전환된다. 특히 잠자는 동안에 코골이와 수면무호흡증을 방지한다.

뿐만 아니라 노화방지, 탈모방지, 코골이 방지, 구강질환 방지, 장 질환 방지, 폐렴방지가 된다. 그리고 V라인이 되며, 기미 및 주름이 방지되어 투명한 피부로 교정해 준다.

운동을 해보면 알겠지만 '가, 우, 리, -네' **운동을 하게 되면 타액이 많이 분비되는데, 타액을 뱉지 말고 자연스럽게 삼키면 된다.**

그 타액이 당신을 젊고 건강하게 만든다는 사실을 잊지 말자!

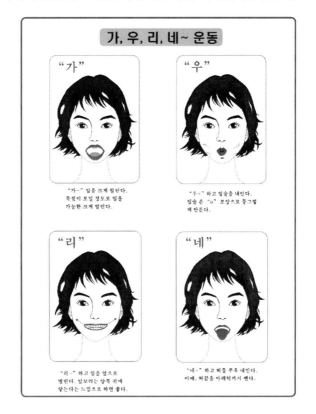

'가, 우, 리, -네' 운동의 놀라운 효능

'가, 우, 리, -네' 운동은 시간과 장소에 구애받지 않고 쉽게 할 수 있도록 하여 '호흡하는 능력'을 향상시키기 위해 필자가 오랜 경험과 연구를 통해 필자가 발명한 것이다.

소리를 내어도 좋고, 소리를 내지 않고 조용히 해도 좋다. 아침에 해도 좋고 잠들기 바로 전에 해도 좋다. 똑바로 서서해도 좋고 앉거나 누워서 해도 좋다. 하루일과 중 편한 시간에 하면 되는 것이고, 꾸준히 하기만 하면 매우 놀라운 효과를 볼 수 있다.

다음은 '가, 우, 리, -네' 운동의 효과다

* 호흡하는 능력이 향상된다.
* 혀끝이 입천장에 닿아 있다.
* 타액이 잘 나온다.
* 머리가 적게 빠지고 많이 난다.
* 입이 건조하지 않다.
* 코막힘이 없어졌다.
* 코골이가 사라졌다.
* 숙면을 취한다.
* 관절염이 완화됐다.
* 입 냄새가 없어졌다.
* 변비가 호전됐다.
* 체력이 좋아졌다.

* 얼굴이 작아졌다.

* 얼굴이 V라인이 됐다.

* 얼굴피부가 좋아졌다.

* 기미, 주름이 완화됐다.

* 얼굴 주름이 개선되었다.

* 얼굴 피부가 UP되었다.

얼굴 근육과 혀 근육이 단련되면, 자연스럽게 코 호흡을 하게 되고 코골이, 수면장애, 변비, 입 냄새, 얼굴 교정 등이 개선된다는 것은 이미 과학적으로 밝혀진 사실들이다.

놀라운 효과들만 있고 부작용은 전혀 없다. 간단히 몇 번 해보기만 하면 알 수 있는 것이 바로 '가, 우, 리, -네' 운동이다.

모든 병의 근본 원인은 활성산소다

"옷장 문을 열고 복식 호흡으로 소리를 지른다."

'SBS 힐링캠프'에서 10년째 화장품 모델로 활동하고 있는 김희애에게 비결을 묻자 자신만의 스트레스 해소법이란다. 나는 김희애 씨가 10년 동안이나 최고의 피부미인이 한다는 화장품 모델을 할 수 있는 이유는 스트레스를 바로바로 해소하는 데에 그

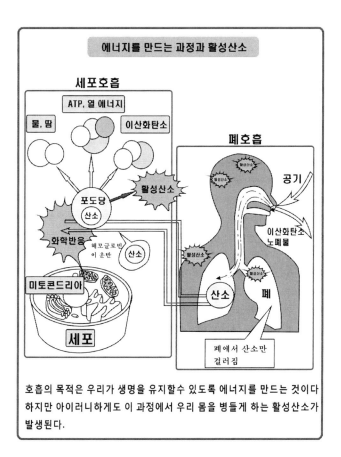

비결이 있다고 생각한다. 우리가 생활하면서 받는 스트레스가 노화의 원흉 활성산소를 가장 많이 만들어낸다는 사실은 이미 오래전에 밝혀졌다.

피로와 노화는 물론 각종 질병의 원인으로 알려진 활성산소는 섭취한 음식물이 소화되고 에너지를 만들어 내는 과정이나 체내에 침투한 세균이나 바이러스를 없애는 과정에서 생성된다. 정상 상태에서 활성 산소는 필요한 만큼 생성되거나 제거되면서 균형을 이루고 있지만 활성 산소의 생성이 많아지고 활성산소를 제거하는 능력(항산화 기능)이 감소하게 되면 체내 활성 산소의 농도가 증가한다.

활성산소가 몸속에서 산화작용을 하면 세포와 단백질, DNA가 손상되어 세포 구조나 기능 신호 전달 체계에 이상이 발생한다. 또한 체내 유전자에 상처를 내고 지방분을 산화해 산화콜레스테롤을 만들며 암, 당뇨, 심장질환, 고혈압 등 각종 성인병은 물론 피로와 노화를 촉진하는 원인이 된다.

이러한 활성산소를 대부분 만들어내는 것이 스트레스다. 그리고 앞으로 상세히 설명하겠지만, 스트레스를 받는다는 것은 곧 체내 산소가 부족해서 호흡하는 능력이 저하된다는 것과 같은 말이다. 그래서 스트레스를 만병의 원인이라고 부르기도 하고, 모든 병의 원인은 산소부족에서 온다고 과학자들이 말하는 것이다.

> **스트레스, 코콜이 등은 우리 몸의 호흡하는 능력을 저하시켜 활성산소를 발생시킨다.**

그럼 우리 몸에서 활성산소가 만들어지는 과정을 살펴보자. 결론부터 말하자면, 활성산소는 다음과 같은 4가지로 발생된다. 이런 것들은 우리가 매일하는 것들이다. 때문에 우리는 매일같이 노화되고, 그로인해 암세포가 생기고 자라고 있다고 보면 틀림없다.

- **스트레스와 산소결핍**
- **코콜이와 수면무호흡**
- **빨리 먹는 식사**
- **환경오염**

활성산소는 '미토콘드리아'에서 발생되기 때문에 앞장에서 설명했지만 더욱 구체적으로 미토콘드리아를 설명하고자 한다. 미토콘드리아는 우리의 삶을 결정한다고 보면 맞다. 이러한 미토콘드리아를 아는 것이 우리 몸을 젊게 만드는 핵심기술이라 하겠다.

필자는 미토콘드리아를 전문적으로 연구하는 사람이 아니기 때문에 세계적 석학들의 저서를 참고하여 설명을 하고자 한다.

왜냐하면 미토콘드리아에서 하는 많은 일들 중에 특히 에너지를 만드는 과정이 우리의 생명을 결정하기 때문이다. 그리고 미토콘드리아가 에너지를 만들어내는 능력은 필자가 주장하는 호흡하는 능력과 같은 의미라고 밝히고자 한다. 에너지를 만드는 능력이 곧 호흡하는 능력이다.

『미토콘드리아의 힘』은 '오타 시게오 박사'의 저서이다. 오타 시게오는 1994년부터 일본의과대학 교수로 있고, 30년 이상에 걸친 연구를 통해 미토콘드리아가 가진 기능이 심신의 건강과 밀접하게 관계되어 있는 것을 발견했다. 미토콘드리아 연구의 세계적 일인자이다.

그리고 '우시키 다쓰오'『누구나 세포』와 '닉 제인 박사'의 『미토콘드리아』와, 『복잡계의학-미토콘드리아, 에너지, 생명』 '이홍규 박사'의 저서도 참고했다. 이홍규 박사는 우리나라 최초로 학술적 가치를 인정받은 당뇨병 역학조사를 실시해 한국인의 당뇨 치료 지침을 마련했고, 세포 내 소기관인 미토콘드리아의 이상이 당뇨병 발병의 주요 원인임을 최초로 규명한 의사이다.

오타 시게오 박사는 미토콘드리아를 다음과 같이 설명한다.

"미토콘드리아는 우리가 노화되고 병들고 죽는 생로병사를 주관한다. 몸속 가장 깊은 곳에서 소리 없이 우리의 삶을 지배하는 생명 에너지의 발전소이기 때문이다. 때문에 미토콘드리아를 아는 것이 곧 병에 걸리지 않고 건강하고 젊게 사는 비결이라 하겠다. 미토콘드리아는 3가지 키워드로 요약되는데 '**산소, 에너지, 활성산소**'가 그것이다."는 것이다.

이어서 "걷거나 뛰거나, 일을 하거나, 사랑을 하거나 우리들은 무엇을 하든지 에너지가 필요하다. 이 에너지가 없어지면 생각도 할 수 없고 뇌의 집중력도 떨어지고 체력이 저하되어 결국 몸의 '자연치유력'도 저하된다. 그러나 에너지를 만드는 능력을 향상시키면 체력이 생기고 젊어지고 건강해진다. 이 에너지를 만드는 능력이야말로 몸을 젊게 만드는 기술이다. 이 에너지를 만드는 것은 바로 '미토콘드리아'이다." 라는 것이다.

또한, "미토콘드리아에서 에너지를 만드는 과정에 반드시 필요한 것이 코로 호흡하는 산소와 입으로 섭취하는 음식이다. 산소와 영양분이 없으면 에너지 생산이 불가능하기 때문이다. 미토콘드리아에서 산소와 영양분을 이용해 에너지를 만드는 과정에서 생기는 것이 활성산소이다. 즉, 미토콘드리아라는 공장에서 산소를 이용하여 에너지를 만드는데, 에너지를 만들 때 나오는 유해한 폐수나 매연이 활성산소."라는 것이다.

활성산소는 매일 대략 30리터가 만들어진다고 한다. 이러한 활성산소는 질병의 90%이상을 일으키고, 우리 몸의 세포를 손상시킨다. 그 중에서도 가장 심각한 피해는 유전자를 손상시키는 것이다. 이렇게 활성산소가 유전자를 손상시킴으로써 우리 몸은 점차적으로 첨부된 그림과 같이 노화가 되고 암, 뇌졸중, 심장마비 등을 일으킨다는 것이다.

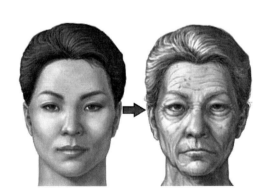

그렇다면 미토콘드리아에서 에너지를 만드는 이상 활성산소가 나오는 것은 어쩔 수가 없다는 이야기다. 하지만 반대로 생각하면 새의 미토콘드리아와 심장의 근육처럼 미토콘드리아에서 에너지를 효율적으로 만들고 활성산소는 적게 배출하는 방법은 우리의 생활습관을 개선하면 가능하다는 것이다.

오타 시게오 박사는 그 해결책을 다음과 같이 제시한다. **"스트레스와 산소결핍, 코골이와 수면무호흡, 환경오염, 빨리 먹는 식사 등을 개선함으로써 호흡하는 능력을 향상시켜 체내에 활성산소를 억제해 젊은 몸으로 교정이 가능하다."** 는 것이다.

그럼 어떻게 스트레스와 산소결핍, 코골이와 수면무호흡, 환경오염, 빨리 먹는 식사가 활성산소를 만드는지 알아보자.

먼저, **스트레스와 산소결핍이다.** 심리적으로나 신체적으로 불쾌한 상태가 지속되면 부신피질에서 스트레스 호르몬이 분비된다. 스트레스 호르몬이 분비되면 혈관이 수축하여 혈압이 상승되고 동시에 혈당도 올라간다. 혈압상승은 산소공급에, 혈당상승은 당분공급에 관련되어 있으므로, **혈압과 혈당상승은 산소와 당분이 급속하게 온몸으로 공급되는 것을 의미한다.**

왜 이런 현상이 일어날까? 우리 몸은 스트레스가 생기면 스트레스를 이겨내려고 싸울 준비를 하기 때문이다. 이 상태는 갑자기 운동을 시작했을 때와 비슷하다.

스트레스 호르몬의 작용으로 혈압이 높아지면 일시적으로는 혈류가 빨라지지만 혈관이 수축하므로 곧바로 산소가 부족하게 된다. 게다가 스트레스 호르몬은 불쾌한 상태를 이겨내려고 전투태세에 들어가지만, 스트레스가 지속되면 지속적으로 전투태세를 유지하기 어려워 오히려 그 긴장을 푼다.

그렇게 되면 산소가 부족한 상태에서 산소가 풍부한 상태로 급격히 변화되어 미토콘드리아에서 활성산소가 만들어지는 것이다.

예를 들면, 이건희 삼성회장은 심장이 정지된 후에 저체온치료를 받았다.

이건희 회장을 살린 저체온치료는 활성산소 발생을 최소화시키기 위해 실시하는 것이다. 즉, 심장마비는 혈액순환이 멈춘 상태를 말한다. 심장이 다시 뛰면 멈춘 혈액이 다시 순환하게 되는데, 이때 엄청난 양의 활성산소가 생기고 이 활성산소가 환자의 장기를 공격해 더욱 악화시키는 것이다.

때문에 활성산소 생성을 최대한으로 줄이기 위해 저체온으로 세포의 신진대사 능력을 감소시키는 것이다.

세포가 신진대사가 감소되면 활성산소도 그만큼 감소한다. 심장마비 치료뿐만 아니라 뇌경색, 뇌출혈 등의 치료에 저체온치료가 사용되는 이유다.

또 수술할 때는 외과 의사들도 활성산소와 싸운다. 수술할 때, 혈류가 정지되어 산소 결핍상태였다가 갑자기 혈액이 흐르면 산소가 대량으로 유입되어 대량의 활성산소가 발생된다, 그러면 환자가 위험해지므로 의사는 특별히 주의해야 한다.

일상생활 속에서도 이러한 상황은 매우 흔하다.

오랫동안 쪼그리고 앉아있다 일어날 때, 정좌를 했을 때, 갑자기 운동할 때, 근육 경련이 일어날 때, 흥분할 때, 스트레스 받을 때, 화낼 때 등 혈액순환이 느리다가 갑자기 빨라질 때 활성산소가 대량으로 발생된다는 점을 잊지 말자.

그럼 어떻게 해야 할까? 피부미인 김희애 씨처럼 스트레스를 바로바로 풀 수 있는 해소법을 가지고 있어야 한다. 예를 들어 설명한 것처럼 활성산소는 심장이 갑자기 빨리 뛰기 시작할 때 및 혈액이 갑자기 흐를 때 대량으로 발생한다.

"암, 고혈압, 당뇨, 심장마비, 뇌졸중 등 모든 질환은 이 때 발생된다고 봐야 한다. 이처럼 혈관이 수축되고 심장이 빨리 뛰는 것을 방지하는 방법은 심호흡이 유일하다. 즉 수식호흡이 가장 중요하다는 것이다."

다음, **빨리 먹는 식사.** 식사를 하면 위나 장에서 소화효소가 대량 분비된다. 이러한 소화효소를 만드는데도 에너지가 필요한데, 문제가 되는 것은 한 번에 많은 양을 먹었을 때다. 음식이 위나 장에 도달하면 소화액이 분비되는데, 소화관에 있는 미토콘드리아서는 급하게 에너지를 빨리 공급한다. 그만큼 소화액 분비와 소화시키는 데에도 많은 에너지가 필요한 것이다.

스트레스를 받을 때와 같은 현상이 소화과정에도 똑같이 발생되는 것이다. 즉, 처음부터 많이 먹게 되면 그 만큼 급속하게 에너지가 필요해서 활성산소가 많이 발생하는 것이다. 스트레스와 식사는 상황이 똑같다. 식사는 천천히 해야 활성산소를 줄일 수 있다.

다음, **코골이와 수면무호흡,** 코골이와 수면무호흡증도 활성산소를 대량으로 발생시킨다. 그 이유는 호흡이 불규칙적이기 때문이다. 코골이 환자는 공통적으로 입을 벌리고 잠을 잔다. 입 호흡을 하는 것이다. 이렇게 무의식 상태에서 입을 벌리고 호흡을 하다보면 산소가 대량으로 유입되어 이산화탄소는 적게 된다. 산소는 많아지는데 이산화탄소는 부족하게 되어 세포에 산소 공급이 부족하게 된다. 즉, 세포호흡이 저하되어 산소결핍 상태가 된다.

거기에 발암물질, 유해물질 등이 산소와 함께 공급된다. 게다가 코골이로 인해 중간 중간 호흡이 끊어지게 되고 그로인해 불규칙적으로 산소가 공급되게 된다. 이런 상황들이 반복되면서 활성산소가 대량으로 발생되는 것이다.

수면무호흡은 호흡이 멈추는 질환이다. 여러 이유로 기도가 막히고 산소 공급이 중단된다. 그러면 산소 결핍상태가 되고, 그 후 괴로워서 호흡을 시작하면 산소가 대량으로 들어온다. 이렇게 되면 활성산소가 많이 발생해서 다양한 성인병의 원인이 된다.

다음, **환경오염**. 우리가 쉬지 않고 지속적으로 호흡하는 공기 속의 납, 중금속, 카드뮴, 발암물질 등의 유해물질들과 우리가 먹는 약, 우리가 바르는 화장품 속의 화학물질들은 혈액에 운반되어 미토콘드리아에 공급되며, 미토콘드리아에서 에너지 제조과정에 악영향을 끼쳐 활성산소를 만들어 낸다.

"우리의 삶과 죽음을 결정하는 미토콘드리아는 150년 전에 발견되었다"

1850년대 광학현미경으로 세포를 관찰하던 과학자들은 세포 내에 작은 과립과 같기도 하고 실과 같기도 한 무엇이 존재한다는 것을 발견하였다. 그리고 이러한 구조물은 동물과 식물 모두의 세포에서 발견된다는 것도 알게 되었다.

1900년경 벤더(Benda)는 실과 같은 과립이라는 의미를 담아 이 구조물을 '**미토콘드리아**'라고 명명하였다.

1940년대 중반 유진 케네디와 앨버트 레닌저 등은 미토콘드리아 내부에서 호흡효소를 발견하였고 미토콘드리아에서 지방산 산화와 TCA 회로가 수행되며 이로 인하여 ATP가 합성(산화적인 산화)된다는 매우 중요한 결과를 발표하였다.

미토콘드리아가 세포의 에너지 요구에 반응하여 세포에 에너지를 공급하는 소기관이라는 것이 밝혀지면서 이는 과학계에 커다란 반향을 일으킨다.

1960년대 초 미첼(Mitchell)은 ATP 생성과정에서의 화학삼투작용을 밝혀내어 1978년 노벨화학상을 수상하였으며, 1990년대 중반 보이어(Boyer)와 월커(Walker)는 ATP 생성효소의 작동기작을 설명하여 1998년 노벨화학상을 수상하였다.

그런데 1990년대 중반 미토콘드리아는 전혀 다른 기능으로 주목을 받기 시작한다. 미토콘드리아가 세포의 생사를 조절하는 결정적인 기관이라는 연구결과들이 발표되었기 때문이다.

1995년 나우팔 잠자미와 귀도 크리머 등은 호흡을 통하여 만들어진 양성자 기울기가 세포 죽음의 시작을 알리는 방아쇠임을 규명해 냈다. 이어 1996년 왕샤오동은 호흡에서 전자를 전달하는 일을 하는 시토크롬c가 미토콘드리아 막에서 떨어져 나오면 세포는 돌이킬 수 없는 죽음에 이른다는 '모두를 깜짝 놀라게' 하는 발견을 하게 된다.

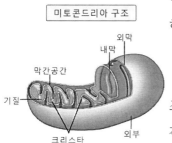

미토콘드리아 구조

외막
내막
막간공간
기질
크리스타
외부

이후 미토콘드리아는 세포의 죽음을 조절하는 중추 소기관으로 급격하게 부각되기 시작했다. 에너지를 생산하여 세포의 생존을 결정적으로 지원하는 미토콘드리아가 세포를 죽음에 이르게 하는 죽음의 천사로 다시 재림한 것이다.

비슷한 시기부터 미토콘드리아는 단순히 에너지를 생산하는 역할 외에 여러 가지 생명현상을 조정하는 중추 소기관이라는 증거들이 잇따라 발표되었다. 미토콘드리아는 생명현상의 거의 전반에 걸쳐 매우 중요한 기능을 담당한다는 연구결과들이 이어진 것이다.

이처럼 미토콘드리아 발견 150년 만에 미토콘드리아는 새로운 중요성으로 생명과학계의 주목을 받게 된 것이다.

1999년 세계적인 권위를 인정받는 사이언스 283호는 이러한 현상을 들어 미토콘드리아를 떠오르는 스타라고 불렀다.

최근에 이루어진 이런 연구들을 통하여 미토콘드리아는 암, 당뇨병, 염증, 노화를 비롯한 중요한 생명을 담당하는 중추 소기관으로 인식되고 있다. 생명과학연구자들은 오늘도 미토콘드리아가 관할하고 관여하는 생명현상을 밝히는 데 매진하고 있다.

PART 3

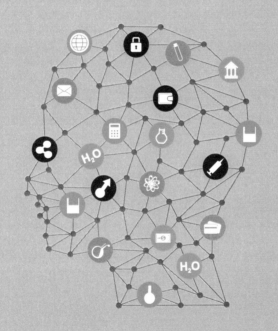

병은
벌어진 입에서
시작된다

호흡을 잘해야 한다

최근 프랑스 소설가 베르나르 베르베르가 한국을 방문했다.

소설 '개미'로 대중적 인기를 얻은 이후 프랑스인보다 한국인에게 더 큰 사랑을 받고 있는 작가다. 3,000명 이상의 사람들이 그를 만나기 위해 한자리에 모였다. 그 자리에서 '어떻게 살 것인가'라는 질문에 베르베르는 웃으며 말했다.

"호흡을 잘해야 합니다."

심오한 대답을 기대한 사람들에게는 맥 빠지는 답일 수 있다. 삶의 의미와 목적을 심각하게 고민하는 사람들에게는 농담처럼 들렸을 수도 있다. 하지만 잘 생각해보자. 매일 호흡을 잘하며 사는 것보다 중요한 일이 있을까. 세상의 부와 명예를 다 가졌다 하더라도 단 몇 분간만 숨을 쉬지 못하면 생명을 잃게 된다. 이렇게 보면 짧게는 오늘 하루, 길게는 한 인생을 그럭저럭 별 탈 없이 숨 쉬며 살아가는 것만으로도 참 감사한 일이다.

호흡은 감정과 직결된다. 화가 났을 때 사람들은 씩씩거리며 가슴 위에서 짧고 얕은 호흡을 한다. 사랑에 설렐 때도 가슴이 요동치며 호흡이 급해진다. 행복하거나 안정감을 느낄 때 호흡은 깊고 차분하다. 감정의 기복에 따라 호흡이 좌우되는 셈이다.

반대로 호흡을 다스려 감정과 생각을 정돈할 수도 있다. 코로 호흡하며 수식호흡을 하면 몸이 따뜻해지고 마음이 안정된다. 그래서 숨을 잘 쉬는 사람들이 대체로 더 건강하고 행복하다.

이제는 100세 시대라는 말이 낯설지 않다. 100세 또는 그 이상까지 사는 사람들이 그만큼 많아졌다는 얘기다. 그동안 인생을 60-70년 정도의

116

호흡에 맞춰 살아왔는데, 이제는 몇십 년을 더 살게 된 것이다.

단거리 경주하듯 가쁜 숨을 쉬며 살아온 사람들에게 100세 시대는 당황스러울 수 있다. 짧은 호흡의 시대를 살다가 긴 호흡의 시대로 적응하는 게 쉽지만은 않아서다. 프랑스 태생의 명상가이자 승려인 마티유 리카르는 "행복은 훈련으로 얻을 수 있다."고 했다. 마찬가지로 길어진 인생에 맞는 **호흡하는 방법을 훈련하면 우리는 한층 더 행복해질 수 있다.**

사람의 90%는 입으로 숨을 쉰다

코는 냄새를 맡기도 하고, 숨을 쉬는 중요한 일을 담당한다.

사람의 90%는 입으로 숨을 쉰다고 한다. 그러나 숨을 쉬는 기관은 입이 아니라 코다. 숨은 입으로 쉬는 것이 아니라 코로 쉬어야만 한다.

세계보건기구(WHO)의 쿠르트 스트라이프 박사는 "우리가 숨 쉬는 공기는 암을 유발하는 물질로 오염됐다며 대기 오염은 건강 자체에도 큰 위협이지만 암을 유발해 사망케 하는 가장 큰 환경 요인"이라고 말했다.

공기 중에는 산소와 각종 미세먼지, 세균, 바이러스, 다른 기체들이 섞여 있다. 코로 숨을 쉬면 공기 중 먼지와 세균, 바이러스 같은 유해물질을 걸러주지만, 입으로 숨을 쉬면 이 유해물질들이 그대로 몸속으로 들어간다. 또 입으로 숨을 쉬면 공기의 온도와 습도 조절이 안 되기 때문에 감기, 비염, 천식, 알레르기 질환, 구강질환(충치, 풍치, 입 냄새, 잇몸병), 전신 권태

감, 각종 폐질환, 심장마비, 뇌졸중, 우울증, 각종 암 등의 원인이 되고, 때로는 죽게 된다. 이러한 치명적인 위험에서 당신을 지켜주는 것이 바로 코로 숨을 쉬는 것이다.

콧구멍 안에는 섬모라는 눈에 보이지 않는 가는 털이 있다. 또한 끈적한 점막이 형성돼 있다.

공기 중의 미세먼지, 바이러스 등은 콧구멍 안에서 걸러지게 된다. 이러한 이유로, 이물질이 들어오면 재치기를 하게 되고, 누런 콧물이 나오기도 하는 것이다. 이런 누런 콧물이 건조하면 코딱지가 된다.

공기가 차갑거나 건조하면 폐에서는 산소가 제대로 걸러지지 않는다. 콧구멍 안쪽에는 부비강이라는 통로가 존재하는데, 이곳에서 공기를 체온과 같은 온도와 습도로 만든다. 이렇게 데워지고 가습된 공기는 폐로 들어가게 된다. **그리고 코로 숨을 쉬면 입으로 숨을 쉴 때보다 20% 이상 산소공급이 증가하게 된다.**

이처럼 코로 숨을 쉬면, 먼지나 바이러스 등이 몸으로 침투를 못하게 되고, 적절하게 데워지고 촉촉한 공기가 폐로 들어가게 되고, 폐는 충분한 산소를 걸러낼 수 있게 되는 것이다.

그럼 어떻게 해야 할까?

입은 음식을 섭취할 때, 말을 할 때를 제외하고 항시 다물어져 있어야 한다. **특히 잠자는 동안에 입이 다물어져 있어야 호흡능력이 향상되어 피로가 회복되고 신진대사가 원활히 이루어져 피부가 새롭게 태어나며, 병마와 싸워 이길 수 있는 몸으로 교정되는 것이다.**

당신은 코로 숨을 쉬는가? 입으로 숨을 쉬는가?

지금 한번 숨을 쉬어보자.

당신은 보통 숨을 입으로 쉬는가? 코로 쉬는가?

상당히 많은 사람들이 입으로 호흡한다.

특히, 잠자는 동안에 성인 90% 이상 입을 벌리고(입 호흡) 잔다. 하지만, 입으로 숨을 쉬게 되면, 모든 질병의 원인이 된다는 것도 알고 있는가?

당신의 혀끝은 어디에 닿아 있을까?

1. 위턱(입천장)에 닿아 있다.
2. 아래 치아 뒤에 닿아 있다.
3. 1과 2에 해당되지 않는다.

간단하게 몇 가지 항목을 체크해 어디로 숨을 쉬는지 파악해 보자.

* 어떤 일을 할 때 입이 반쯤 벌어져 있다.
* 아침에 일어나면 입안이 건조하다.
* 아침에 일어나면 목이 칼칼하다.
* 아침에 일어나면 잠이 부족한 것 같다.
* 코골이를 한다.
* 얼굴이 비대칭이다.
* 치열이 고르지 못하다.
* 돌출입이다.
* 아래턱이 길다.
* 만성적인 소화불량이다.
* 항시 피곤하다.
* 탈모 현상이 있다.

모두 입으로 호흡할 때 일어나는 증상들이다. 하나라도 해당된다면 평소에 자신도 모르게 입으로 호흡을 한다고 봐도 무방하다.

입 호흡이 이미 습관처럼 돼버린 사람은 평소에도, 잠자는 동안에도, 입을 벌리고 있다. 혀 근육이 약해지면 혀는 중력에 의해 아래로 축 늘어지고 아래턱을 지탱하지 못해 입이 벌어진다.

입을 다물면, 혀끝은 입천장에 닿게 되고, 코 호흡을 하게 되며, 결과적으로 건강에 이롭다.

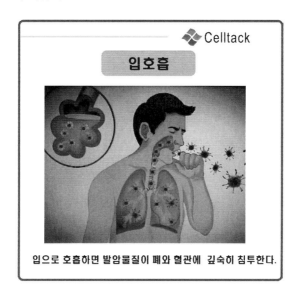

입으로 호흡하면 발암물질이 폐와 혈관에 깊숙히 침투한다.

우리의 생명을 단축시키는 것들은 입을 통해 들어온다

입 호흡은, 말 그대로 입을 통해서 숨을 쉬고 내뱉는 것이다.

입은 말을 하고 음식물을 섭취할 수 있도록 만들어진 기관이지 근본적으로 호흡을 하라고 만들어진 기관이 아니다. 그렇기 때문에 입으로 호흡을 하면 건강상에 문제가 되는 것이다.

공기는 사람이 생명을 유지하는데 없어서는 안 되지만, 공기 중에는 산소뿐만 아니라 사람의 생명을 위협하는 각종 중금속, 바이러스, 세균 등이 섞여 있다. 이런 유해물질들은 코를 통해 호흡을 하면 걸러지지만 입은 무방비 상태이다. 입으로 호흡을 하면 유해물질이 폐로 들어가고 우리 몸을 병들게 하는 원인을 제공하게 된다.

입 호흡을 하게 되면, 돌출 입 등 구강구조에 문제가 생기게 된다. 대부분 입 호흡은 어렸을 때 고쳐주지 않으면 자라면서 무의식적으로 입 호흡을 하게 된다. 하루에 1만 3,000-1만 4,000L의 공기가 호흡을 할 때 필요하고, 20,000번 이상을 호흡을 하게 되는데, 그것을 다 입으로 마시고 쉬게 되면 당연히 치아에도 계속적인 악영향을 주게 된다.

이것뿐만 아니다. 입 호흡을 하게 되면, 공기는 백혈구를 만드는 편도선을 지나 폐로 들어가게 된다. 보통 편도선에서 만들어지는 백혈구는 세균을 죽이는 역할을 하게 되는데, 입이 건조해져 공기 중의 세균과 바이러스에는 무용지물이 된다. 또 입에는 코의 부비강처럼 공기를 데우고 가습하는 역할을 하는 기능이 없기 때문에, 차갑고 건조한 공기가 곧바로 폐에 들어가게 된다. 폐는 이러한 차고 건조한 공기를 싫어하므로 공기 중에서 제대로 산소를 걸러내지 못하게 된다. 그렇게 되면, 세포에 충분한 산소를 보내지 못하게 되고 에너지 생산은 물론 세포활동에도 문제를 일으키게 된다.

정상적인 세포활동이 안 되면, 우리 몸 구석구석에서 병이 생기게 되는 것이다.

다음은 입 호흡 때문에 발생되는 질병들이다

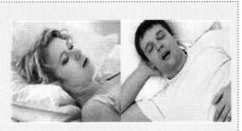

* 심장질환(협심증, 심근경색)
* 폐암, 폐기종, 폐렴
* 뇌졸중, 뇌경색
* 고혈압
* 당뇨병
* 코골이, 수면 무호흡증 유발
* 졸음, 우울증, 공황장애, 무기력감
* 자연치유력 저하
* 돌출 입
* 주걱턱
* 얼굴 비대칭
* 피부노화와 트러블, 여드름, 각질
* 알레르기성 질환(아토피성 피부염, 기관지 천식, 꽃가루 알레르기, 알레르기성 비염)
* 교원병(관절 류마티즘, 전신성 홍반성낭창, 다발성 근염 등)
* 위장질환(위염, 궤양성 대장염, 크론병, 치질, 변비 등)
* 구강질환(구강건조증, 치열부정, 악관절 장애 등)
* 만성피로, 집중력 저하, 성적하락
* 신장병, 냉증, 인플루엔자
* 비만

병은 벌어진 입에서 시작된다

도대체 벌어진 입하고 병하고 무슨 관련이 있단 말인가?

이런 질문을 하는 사람이 많을 것이다. 지구에는 중력이라는 힘이 작용한다.

우리가 음식을 섭취하면 음식은 위에서부터 아래로 흐르게 된다.

예를 들면, 입, 인두, 식도, 위, 십이지장, 소장, 대장은 하나의 관으로 연결되어 있는데, 깨끗하고 건강한 장을 만들려면 가장 효율적인 방법은 무엇일까?

당연히 입을 깨끗하게 하는 것이다. 입이 깨끗하지 않고서는 장을 튼튼하게 유지하기는 결코 쉽지는 않다는 사실을 명심하자.

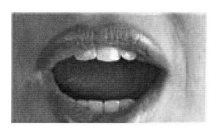

이처럼 병의 근원이 되는 부분을 인지하는 것은 매우 중요하다. 증상이 일어난 곳의 치료도 중요하지만, 근원이 되는 부분을 명확히 알고, 그렇게 하여, 근원이 되는 부분과 증상이 일어난 부분을 적절하게 치료하는 것이 더욱 중요하다.

입을 깨끗이 하는 것은 곧 장을 깨끗이 하는 것과 같은 것이다. 장을 깨끗이 하기 위해 가장 중요한 것은 입을 다무는 것이다. 결과적으로, 입은 다물고 코로 숨을 쉬는 습관을 가져야 질병에 걸리지 않고 건강하게 살 수 있는 것이다.

입으로 생명이 되는 물과 음식이 들어오지만 모든 병의 원인도 함께 들어온다는 사실을 반드시 기억해야 한다.

2000년 대한민국의 사망원인 1위는 악성 신생물(암)이었다. 2위는 뇌혈관 질환이었고, 3위는 심장질환, 4위는 운수사고 5위는 간질환, 6위는 당뇨병, 7위는 하기도 질환 8위는 자살 9위는 고혈압 질환, 10위는 폐렴이었다. 그런데 2013년 폐렴이 4위까지 올라갔다.

어떤 국가든 노령자의 직접적인 사인 가운데 1위는 폐렴이다. 체력이 약한 고령자나 유아에게는 폐렴은 무서운 질병이다. 그런데, 구강관리로 구강을 깨끗하게 하여 구강 세균을 없애자 고령자의 폐렴 발병률이 40% 이상 크게 낮아졌다.

따라서 구강관리만 잘해도 폐렴뿐만 아니라 위장질환(위염, 궤장염, 대장염, 대장암, 치질, 변비)**, 구강 질환**(구강건조증, 치열부정, 악관절 장애)**등을 크게 줄일 수 있다.**

입안이 건조하면 생명이 단축된다

우리 몸은 생명을 유지하기 위해 늘 적절한 수분을 유지하여 건조해지지 않도록 이루어져 있다.

다시 말해, 몸이 건조하면 병에 걸리고 생명이 단축된다는 것이다, 예를 들면, 하루에 2L의 수분의 섭취해야 건강하고, 눈이 건조하면 결막, 각막의 손상을 일으키고 피부가 건조하면 각질이 생기고 거칠어지며 신진대사가 저하된다.

사람뿐만 아니라 동물도 마찬가지다. 하마는 피부의 각질층이 얇아서 직사광선을 쬐면 체액이 상실되기 때문에 생명을 유지할 수 없게 되어 낮에는 물속에서만 지낸다.

　입안도 타액에 의해 촉촉한 상태를 유지해야 비로소 면역세포가 제 힘을 발휘하게 된다. 면역력에 관계하는 림프구는 대부분 장에 존재한다. 장의 입구인 목에는 인두편도, 설편도, 개구편도라는 면역세포가 모여 있는 조직이 있다. 이 조직들은 외부에서 기관이나 소화관에 유해물질이 들어오면 막아내는 역할을 한다. 즉, 북한군을 휴전선에서 방어하는 최전방부대와 같은 역할을 수행하는 곳이다. 유해물질에 의해 이 조직들이 감염되면 면역체계는 무너지는 것이다.

　그런데, 입으로 호흡을 하면 입이 건조해진다. 우리는 하루 2만 번의 호흡을 통해 무려 1만L 이상의 공기를 들어 마신다. 그 공기의 양을 무게로 치면 대략 15㎏이다. 그 공기 속에는 세균, 바이러스 등 우리 몸을 병들게 하는 유해물질이 많이 포함되어 있다. 이 엄청난 양의 유해공기가 입을 통해 들어가고 나오는데, 입은 당연히 건조해지고 오염되게 될 것이다.

　타액은 입안의 상처를 치유하고, 살균작용과 음식물 찌꺼기를 씻어주는 작용을 해야 하는데, 입안이 건조하면 충치와 풍치를 발생시키는 세균이 성장하기 좋은 환경이 된다. 어린이는 타액 내 당 농도가 높아져 충치가 많이 생기고, 성인은 백혈구의 기능저하가 일어나 잇몸조직이 파괴되는 치주 질환 (풍치)이 심화되고, 경우에 따라 곰팡이에 의한 감염, 염증이 자주 발생한다.

다음은 타액의 기능들이다.

* 연하, 기계적 청소, 면역적 방어를 돕는 윤활제 역할
* 혈액 응고와 상처 치유 기능
* 음식물을 부드럽게 하고, 효소분해로 소화 작용
* 호르몬과 호르몬 유사물질의 생산
* 맛이 느껴지게 중재
* 보호 기능

　최근에는, 타액이 만병의 근원인 활성산소를 없앴다는 연구결과도 나왔다. 이는 과학적인 실험을 통해 입증된 사실인데 타액과 생과일주스, 가루 녹차, 우엉, 연근 간 것, 스포츠 드링크제 등이 각각 활성산소를 얼마나 제거하는지 실험을 했다.

　그 결과 타액의 활성산소 제거 능력이 가장 높은 걸로 나타났다. 이는 타액의 성분을 이해하면 바로 알게 된다. 타액에는 리파아제, 아밀라아제(소화효소), 페록시다아제(과산화효소), 라이소자임(항균효소), 면역글로블린A(IgA), 파로틴(노화방지 호르몬) 등 여러 가지 성분이 들어있는데 이중 페록시다아제가 활성산소를 제거한다.

　또한 입안의 상처는 다른 부위의 상처보다 2배는 빨리 치유된다. 그 이유는 라이소자임(항균효소)과 면역글로블린 A(IgA)효소가 상처를 소독하고 치유하기 때문이다. 또한 타액은 젊음을 유지하는데도 많은 도움이 된다. 노화를 방지하는 호르몬이라 불리는 파로틴이 풍부하기 때문이다. 파로틴은 뼈나 치아의 조직을 튼튼하게 하고 혈관의 신축성을 높여 세균과 싸우는 백혈구를 증가시킨다. 또한 모발이나 피부의 발육도 좋게 하기 때문에 탈모뿐만 아니라 기미, 주름 등을 방지한다. 청소년 성장을 촉진하는 효과도 있다.

　성장을 이야기 할 때 '밥을 천천히 꼭꼭 씹어 먹어라'는 말이 빠지지 않는 것도 이런 이유에서다. 키스를 하면 젊어진다고 하는 것도 파로틴과 무관하지 않다. 파로틴의 기능에 대한 연구가 진척됨에 따라 약재로도 활용되고 있다. 노인성 백내장, 근무력증, 위하수증, 갱년기 장애 등의 치료약으로 쓰인다.

　따라서, 입안이 건조하지 않도록 해야 하며, 충치, 풍치 등은 인간의 활동력이 없는 잠자는 시간에 주로 진행되므로 잠자는 동안에도 입안이 건조되지 않도록 반드시 입을 다물어야 한다.

아기들은 타액이 많이 분비되기 때문에 턱받이를 해주어야할 정도다. 아기들이 아무거나 주워서 입으로 물어도 병에 걸리지 않는 이유는 바로 타액의 항균작용 때문이다. 타액이 많다는 것은 젊다는 이야기이고, 구강이 촉촉하게 유지되는 사람이 건강하고 병에 걸리지 않는다는 것을 명심하자!

잠자는 동안에는 타액(침)분비가 멈춘다

이것 역시 항상 들어 온 정보지만 2013년 영국의 대학 연구팀의 결과만한 것이 없다.

하루에 6시간 이하의 수면을 취한 그룹과 8시간 반의 수면을 취한 그룹을 나누어 연구했다. 일주일 후에 수면을 적게 취한 그룹은 무려 711가지의 유전자가 변화를 일으켰다. 면역체계를 중심으로 염증과 신진대사 등을 관장하는 기관들의 유전자들로 이 같은 컨디션은 특히 심장병과 비만을 초래하는 것으로 나타났다. 충분한 수면을 취하지 않으면 그만큼 빨리 늙는다.

잠자는 동안에는 타액이 멈춘다고 보면 거의 맞다.

그렇기 때문에 잠자는 동안에 조금이라도 입을 벌리면 입이 건조해진다. 잠자는 동안에 가장 무서운 것은 입이 건조해 지면 순식간에 구강 내 환경이 오염된다는 것이다. 다시 한 번 강조하지만, 타액 안에는 면역 글로불린, 라이소자임 등의 항균 역할을 하는 호르몬이 있어 입안의 세균을 억제하여 항시 깨끗한 구강 환경을 유지하고 있는 것이다. 그런데, 입이 건조해지면 세균을 억제하지 못해 잇몸질환, 충치, 풍치, 입 냄새, 구강 건조 등을 유발하게 된다.

50대 여성이 입 냄새가 심해 나를 찾아왔다. 그녀는 큰 병원의 치과에 다니고 있고, 타액분비를 촉진하는 약과 인공타액 등 여러 가지 약을 사용하고 있는데 별로 효과가 없다고 한다. 자세히 그녀를 진찰해 보니 그녀는 약간 입을 벌리는 습관이 있었다. 그래서 나는 '가, 우, 리, -네' 운동을 가르쳐 주고 잠자는 동안에 내가 개발한 스마트 마스크를 착용하라고 권고했다.

3개월 후 그녀는 입 냄새가 거의 사라졌고, 건조했던 입도 촉촉해 졌다. 놀라운 점은 얼굴피부가 매우 좋아졌다는 점이다. 삶의 질이 완전히 좋아졌다는 그녀의 말이 아직도 생생하다. 이 책을 잃고 계시는 여러분도 이런 환희를 맛보시기 바란다.

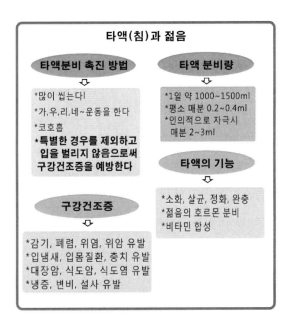

타액(침)과 젊음

타액분비 촉진 방법
⇩
*많이 씹는다
*가,우,리,네~운동을 한다
*코호흡
특별한 경우를 제외하고 입을 벌리지 않음으로써 구강건조증을 예방한다

타액 분비량
⇩
*1일 약 1000~1500ml
*평소 매분 0.2~0.4ml
*인의적으로 자극시 매분 2~3ml

타액의 기능
⇩
*소화, 살균, 정화, 완충
*젊음의 호르몬 분비
*비타민 합성

구강건조증
⇩
*감기, 폐렴, 위염, 위암 유발
*입냄새, 입몸질환, 충치 유발
*대장암, 식도암, 식도염 유발
*냉증, 변비, 설사 유발

코골이, 수면무호흡증은 모든 병의 원인이다

숨 쉴 때 코로 쉬나요, 아니면 입으로 쉬나요? 물어보면 대개 코로 호흡한다고 답한다.

흔히 버릇이 된다고 하는데 누구나 버릇은 있기 마련이다. 자신도 모르는 사이에 호흡방법 하나도 자기식대로 굳어져서 잘못 호흡하는 사람이 대다수다. 가장 심각한 호흡은 입으로 호흡하는 입 호흡이다. 평상시에도 그렇지만 특히 잠자는 동안 8시간을 입을 벌리고 자기 때문에 입 호흡을 한다고 보면 맞다.

『우리말의 비밀』이란 책에 보면 우리말 '얼굴'을 '얼이 드나드는 굴' 또는 '얼이 깃든 골'이라고 풀이하면서, 입을 멍하게 벌리고 얼빠진 얼굴을 하고 있는 사람을 가리켜 **'얼간이'**이라고 풀이했다. '얼간이는 얼(정신)이 나가서 제 정신이 아닌 사람처럼 입을 헤벌쭉 벌리고 있어 어리숙해 보인다는 것이다.

이처럼 정확하고 명확한 표현이 또 있을까? 일상생활 중에, 특히 잠잘 때는 모두가 정신 나간 것처럼 입을 헤벌쭉 벌리는 **'얼간이'**가 된다.

밑에 사진을 보자. 입을 멍하게 벌리고 얼빠진 얼굴을 하고 '나는 정신이 나간 얼간이'라고 말하면서 자는 것 같다. 저러고 자면 사랑했던 사람이라도 옆에서 같이 자고 싶은 생각은 고사하고 쳐다보는 것도 싫어질 것이다. 게다가 드렁드렁 코까지 골면 정이 뚝뚝 떨어지는 것은 당연한 결과다.

정작 입 벌리고 코골이 하는 본인들은 그 폐해를 잘 모르기 때문에, 경각심을 일깨우고자 필자에게 보내온 메일을 첨부한다. 만약 당신도 코골이를 한다면 당신과 같이 자는 사람도 비슷할 것이다.

"남편 코골이가 너무 심해요. 밤마다 진짜 잠을 잘 수 없어요. 아직 신혼인데… 자다보면 새벽에 자꾸 깨게 되고 다음날 아침에 일어나면 잠을 제대로 못자서 머리가 멍하고 회사에 가서도 꾸벅꾸벅 졸게 되요 ㅠ_ㅠ. ㅜㅜ 진짜 미치겠네요. 코골이 심하면 잠을 잘 자는 거예요? 잘 자니까 코를 고는 건가? 아무튼 저는 진짜 잠을 제대로 잘 수가 없어요. 나중에 애기라도 생기면… 진짜 각방 써야 할 듯해요. ㅜㅜ 코골이 해결법 좀 알려주세요. 진짜 자면서 별짓을 다 해봤는데 해결이 나질 않네요. 제발 도와주세요!"

현재 이분은 숙면을 취하고 있다. 필자가 단번에 코골이를 해결해 주었으니까.

사실 이런 코골이와 정신 나간 모습은 그렇게 심하지 않으면 눈은 감고 귀는 닫으면 되지만, 코골이의 폐해는 여기에 그치지 않는다.

"모든 병은 벌어진 입에서 시작된다."는 말에서 알 수 있듯이 입을 벌리고 자면 당신의 생명은 단축된다는 것을 반드시 명심해야 한다.

입을 벌리고 자는 동안 내내 당신은 산소공급이 불규칙적 상태이므로 산소결핍증에 빠지게 된다. 그리고 당신의 입속은 급격히 오염된다. 이러한 산소결핍상태와 구강오염이 지속되면 당신은 자연치유력(면역력)이 저하되고 결국엔 병들게 되는 것이다.

60세 이상 사망원인 1위는 당연히 폐질환이다. 젊어서는 사고, 암, 뇌출혈, 심장마비 등으로 죽지만, 60이 넘으면 누구에게나 찾아오는 것이 감기, 폐렴, 폐암, 폐섬유화와 같은 폐질환으로 죽는다.

잠자는 동안에 산소 결핍증은 활성산소를 대량으로 만들어 당신 조직에 해를 입히고, 공기 중의 발암물질이나 유해물질이 당신의 입을 건조시키는 동시에 오염 시킨다. 그리고 폐 깊숙이 침투하여 온몸으로 퍼져나가 폐와 심장, 뇌, 간, 장에 악영향을 미치는 것이다.

탈모, 암, 고혈압, 당뇨, 뇌질환, 심장질환, 감기, 천식, 비염 알레르기, 만성폐쇄성폐질환 등 대략 140여 가지의 질병은 벌어진 입 때문에 생긴다는 것을 알아야 한다. **이러한 치명적인 위험에서 당신을 지켜주는 것이 바로 입을 다물고 규칙적으로 호흡하며 잠자는 것이다.**

2014년 현재 통계적으로 60세 이상 80%가 코골이 환자, 코골이 환자 중에 50%가 수면 무호흡 환자이다.

다음에 소개되는 연구결과들을 보면 코골이와 수면무호흡이 우리 몸에 얼마나 치명적인 악영향을 미치는지 알 것이다.

수면무호흡증이 암세포의 성장을 촉진해 암 환자의 사망률을 높인다는 연구 결과가 미국수면의학회지에 실렸다. 호주 시드니대학교 간호대학 연구팀이 397명을 대상으로 1990년부터 20년간 추적 연구한 결과다. 연구 대상 중 수면무호흡증 환자는 98명, 중증 수면무호흡증(1시간당 숨이 10초 넘게 멈추는 횟수가 15회 이상) 환자는 18명이었다.

연구 기간 중 125명에게 암이 생겨 39명이 사망했는데, 중증 수면무호흡증이 있는 암 환자가 증상이 없는 암 환자보다 사망률이 3배 이상 높은 것으로 나타났다.

수면무호흡증과 암의 연관성을 밝힌 연구는 많이 보고되고 있다.

2012년 미국 위스콘신대 연구팀은 중증 수면무호흡증 환자가 암으로 사망할 확률이 그렇지 크지 않은 사람보다 4.8배 높다고 밝혔다.

세포의 산소 부족은 암 원인 중의 하나로 알려져 있다. 1931년 노벨의학상을 받은 독일의 생화학자 오토 바르부르크 박사는 "인체 세포는 산소가 부족하면 생명을 유지하기 위해 암으로 변한다."고 주장했다.

일본 도쿄의과대학 연구팀은 "2010년 잠자는 도중에 심장마비로 사망한 사망자가 5,900여 명이다."라는 충격적인 사실을 발표했다. 연구팀은 "사망 원인 중에 수면 중 산소부족이 가장 큰 원인이다."라고 밝혔다.

또한, 최근 미국 수면장애 전문지 'Sleep'에 실린 미시간대학 연구팀의 연구결과에서도 뒷받침된다. 연구에 따르면 임신 중 코를 고는 여성은 체내 산소 부족으로 인해 저체중아를 출산할 확률과 출산 시 제왕절개를 할 확률이 더 높아졌다는 것이다.

연구팀은 임신 전부터 코를 고는 만성적인 코골이 여성의 경우 저체중아를 낳을 확률이 66% 정도 증가했으며 제왕절개 확률도 2배 높았다고 경고했다.

루이스 오브라이언 박사는 "코골이는 수면무호흡의 핵심 증상이며 임신 중 여성이 코를 골면 산소 부족으로 인해 태아에게 좋지 않은 영향을 끼치며 임신 중 코골이를 시작한 여성은 임신성 고혈압과 전자간증 등 임신 중독증에 걸릴 위험이 높아졌다."고 설명했다.

또한 당뇨병 환자가 적극적인 당뇨 치료에도 불구하고 상태가 호전되지 않을 경우 수면무호흡증이나 코골이로 인한 체내 산소부족을 의심해 봐야 한다. 당뇨병 환자가 체내에 산소가 부족할 경우 스트레스 호르몬 분비를 증가시켜 포도당 수치를 높이며 인슐린 내성이 커져 혈당조절을 어렵게 하기 때문이다.

코골이로 인한 산소부족 문제만 해결되어도 혈당이 조절되어 회복이 빨라지는 것이다.

더불어, 미국 뉴욕주 로체스터대학 연구팀은 과학저널 '사이언스' 보고서를 통해 "수면을 취할 때는 뇌세포가 60%나 줄어들기 때문에 깨어 있을 때보다 10배 빠르게 노폐물 제거 과정이 이뤄진다."고 밝혔다. 수면 중 뇌의 독특한 노폐물 제거 활동인 '글림프 시스템'이 활발하게 이뤄져 알츠하이머병과 기타 신경질환을 유발하는 독소를 청소해준다는 것이다.

코골이 원인

잠을 자기 위해 누우면, 근육의 노화와 중력의 영향으로 혀가 기도를 막게 된다. 즉, 공기 통로인 기도가 좁아지거나 막히게 된다.
이렇게 되면, 몸에 산소 공급이 줄어들게 되며, 몸은 산소를 더 많이 섭취하려고 입으로 호흡하게 된다. 이 때문에 코골이 환자는 호흡을 불규칙적으로 한다. 이러한 호흡은 질병을 일으키는 원인이 된다.

코호흡(편안한 수면)

습도유지
온도유지
세균박멸
바이러스
박멸

먼지,세균이
포함된
오염공기

공기 통로가 넓음

입호흡(코골이,수면무호흡)

오염된 공기가
정화과정없이
바로 폐로 유입

먼지,세균이
포함된
오염공기

공기 통로가 좁아짐
(산소흡입량이 줄어듬)

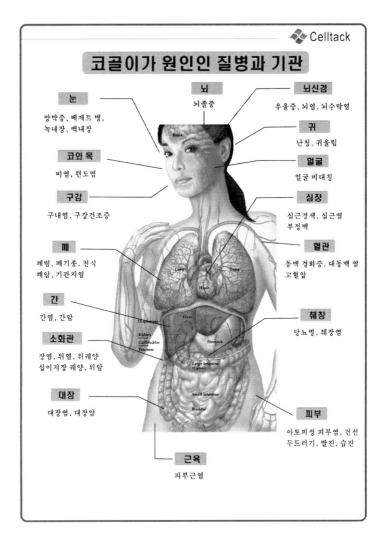

코골이, 수면무호흡증은 단번에 사라진다

어린 아기들은 목에 수건을 둘러주거나 턱받이를 해야 할 정도로 침을 많이 흘린다.

그런데 나이가 들면 그 반대이다. 타액(침)이 모자란다.

아무리 치아관리에 신경을 써도 충치, 풍치가 생긴다. 왜 그럴까?

충치, 풍치, 잇몸질환 환자들에게는 공통점이 있다. 바로 입을 벌리고 잔다는 것이다. 입을 벌리고 자면 입안이 건조하게 되어 입속의 유해세균이 급속히 증가하게 된다. 이런 세균들에 의해 충치, 풍치, 잇몸질환, 입 냄새 등은 물론이고 전신건강을 위협하는 요소가 될 수 있다.

잠자는 동안에는 타액이 멈춘다고 보면 거의 맞다.

그렇기 때문에 잠자는 동안에 조금이라도 입을 벌리면 입이 건조해진다. 잠자는 동안에 가장 무서운 것은 입이 건조해 지면 순식간에 구강 내 환경이 오염된다는 것이다. 다시 한 번 강조하지만, 타액 안에는 면역 글로불린, 라이소자임 등의 항균 역할을 하는 호르몬이 있어 입안의 세균을 억제하여 항시 깨끗한 구강 환경을 유지하고 있는 것이다. 그런데, 입이 건조해지면 세균을 억제하지 못해 잇몸질환, 충치, 풍치, 입 냄새, 구강 건조 등을 유발하게 되는 것이다.

구강 내 세균은 다른 세균과 달리 혈관으로 침투하기가 쉬우며, 이렇게 침투한 세균이 혈관을 타고 우리 몸 여러 곳으로 이동하면서 질병을 유발하게 되는 것이다.

실제로 영국 임페리얼대학과 미국 브라운대학의 전염병학 교수인 도미니크 미쇼드 박사팀은 'The Lancet Oncology' 최신호를 통해 40~75세 남성 4만 8,000여 명을 18년 동안 추적 조사한 결과, 잇몸질환이 있었던 사람이 그렇지 않은 사람에 비해 발생 위험이 췌장암 54%, 신장암 49%, 폐암 36%까지 증가했다고 발표했다.

MIT의 생명공학부 디돈 박사팀도 수면 중의 입속 세균 등이 정상 세포들의 DNA 구조를 손상시켜 암을 유발한다는 논문을 발표하기도 했다.

코골이의 원인은, 입을 벌리고 자기 때문이다. 잠자는 동안에 중력의 영향으로 입이 벌어진다. 입이 벌어지면 혀가 기도를 막게 된다. 즉 중력에 의해 입이 벌어져 기도를 혀끝이 막게 되고, 그렇게 되면 기도가 좁아져 코골이를 하게 되는 것이다. 그렇기 때문에 자는 동안에도 입을 다물고 코로 호흡하는 것이 최선이다.

그렇다면 코골이를 방지하는 방법은 없는 것일까?

감탄스럽게도 코골이를 방지하는 방법이 있다. 바로 '스마트 마스크'가 그 방법이다. 스마트 마스크는 **'코골이와 수면무호흡증'**을 단번에 해결해 준다.

충치, 풍치,
입 냄새의 주원인은
코골이

평소 입 냄새가 나지 않는 사람도 아침에 잠에서 일어날 때 구취를 느끼는 경우가 많다.

상쾌하게 일어난 기분 좋은 아침, 왜 하필 입 냄새가 심해지는 것일까? 아침에 입 냄새가 심해지는 가장 큰 원인은 타액의 분비가 줄어들기 때문이다. 타액의 분비가 줄어들면 이 혐기성 세균이 증가해 입 냄새가 심해지는 것이다.

일반적으로 타액분비량이 1분당 0.1㎖ 이하면 구강건조증으로 진단할 수 있다. 구강건조증은 입안의 거의 모든 기능에 장애를 일으킨다. 구강건조증이 있을 경우 평소 칫솔질을 잘 해도 충치나 잇몸질환에 걸리기 쉬워진다.

또 씹는 것과 삼키는 것이 힘들어지고 입안이 타는 듯한 느낌이 드는가 하면 맛을 잘 느끼지 못한다. 뿐만 아니라 침의 주요 기능중 하나인 병원균에 대한 항균작용이 약화되어 충치, 프라그 형성, 치은염 등의 증상으로부터 잇몸질환, 치주질환, 캔디다 감염, 심한 경우 치아소실까지 발생할 수 있다.

학계의 각종 연구논문에 의하면 만성적 풍치는 당뇨, 심장관련 질환, 골다공증, 호흡관련 질환, 관절 류머티즘, 특정 암, 발기부전, 신장관련질환, 치매 등 여러 복잡한 병들과 전염병학상의 관계를 보이는 것으로 나타났다. 이렇듯 풍치는 단순한 치과질환이 아니라 우리 몸 전체의 건강과 밀접한 관련이 있기 때문에 원인에 대한 인식과 조기예방이 중요하다.

충치와 풍치 같은 구강질환 예방에 가장 우선시되는 것은 집에서 '구강케어'를 철저히 하는 것이다. 구강질환을 일으키는 주요 세균이 먹고 사는 것이 치면세균막의 당 단백질이기 때문에 먼저 이를 깨끗이 닦아서 치면에 눌어붙은 치면세균막을 닦아내거나, 뮤탄스균과 진지발리스균 등 구강질환을 야기하는 세균을 제대로 억제하면 효과가 크다.

이 세 가지를 동시에 할 수 있는 방법 중 하나는 평소에 입을 다무는 것이다. 특히 타액이 분비되지 않는 잠자는 동안에 입을 다무는 것이다. 입을 다물게 되면 입안이 건조되지 않게 되고 그렇게 되면 충치, 풍치, 입냄새 등을 예방할 수 있게 되는 것이다.

코는
생명이다

우리는 어떻게 공기를 몸 안으로 들이마시는 걸까?

사람의 폐는 스스로의 힘으로 부풀릴 수 없다. 횡경막이나 외늑간근 근육이 수축하여 흉강 내의 압력이 낮아지면 코로 공기를 빨아드린다. 이와 반대로, 숨을 내쉴 때는 자연스럽게 원래 크기로 되돌아간다. 우리가 의식적으로 숨을 들이 마시거나 내쉴 때는 여러 근육을 이용하는 협력운동이 이뤄지게 된다.

코는 생명을 유지하는 최일선에 위치하기 때문에, 전혀 쉬지 못하고 일을 한다. 공기를 들이 마실 때도, 공기를 내쉴 때도 일을 해야 한다. 이러한 가혹한 일을 하기 위해, 코에는 2개의 구멍이 뚫려 있다. 이러한 2개의 구멍을 이용하여 2-3시간마다 왼쪽, 오른쪽으로 호흡 통로가 바뀌게 된다. 이렇게 호흡경로가 바뀌는 것을 비강주기라 한다.

즉, 비강주기는 콧구멍을 한쪽씩 번갈아 가면서 쉬게 하는 것이다. 이 같은 휴식을 통해 코는 우리가 죽을 때까지 쉬지 않고 완벽한 상태에서 공기를 몸속으로 받아들일 수 있게 되는 것이다.

코는 스마트 마스크이다.

코는
스마트 마스크이다

입으로 숨을 쉬는 사람은 쉽게 독감에 걸린다.

그러한 이유는 코가 정상적으로 기능하지 않기 때문이다. 즉, 코 호흡을 통해 공기와 섞여 들어오는 유해물질을 제대로 걸러내지 못하고, 그리고 공기의 온도와 습도 조절도 실패한다는 것이다.

폐는 쉽게 감염되고, 차가운 공기와 건조한 공기를 매우 싫어한다. 폐의 이러한 특성 때문에, 반드시 코 호흡을 통해 공기를 데워주고 가습을 시켜주어야 한다. 특히, 겨울철에 입을 벌리고 걷거나 달리게 되면 폐가 손상될 수 있다. 이는 춥고 건조한 겨울철에 가습기를 이용하면 호흡이 편해지는 이유다.

본래, 사람의 폐는 습도는 100%이다. 항시 축축한 상태를 유지하고 있는 것이다. 겨울철에 날숨이 하얗게 보이는 것은 폐의 습도가 높기 때문이다.

독감은 겨울철에 유행한다. 독감 바이러스는 건조함에 강하고 습도에 약하기 때문에 습도가 높은 여름철에는 발생하지 않는다. 따라서 가습이 이루어지는 코로 호흡하면 독감 바이러스를 막을 수 있게 된다.

콧구멍에는 코털이 나 있고, 더 안쪽으로는 먼지를 제거하는 섬모를 가진 점막이 있다. 섬포세포는 브러싱 기능을 통하여 먼지와 바이러스를 콧구멍 밖으로 순차적으로 밀어낸다. 이것이 건조해지면 코딱지가 되는 것이다.

코는 우리 몸을 젊게 만들어주는 똑똑한 스마트 마스크인 것이다.

아이들에게도 호흡하는 방법을 가르쳐야 한다

인간의 몸은 적절한 교육이 이루어지면 기능을 습득할 수 있다. 심신을 원활히 사용하기 위해서는 적절한 교육이 필요하다는 것이다.

그러나, 학업성적 향상을 위한 교육에 시달리다 보니 살아가면서 가장 중요하게 영향을 미치는 활동들, 즉 숨쉬기, 씹기, 삼키기, 걷기에 대한 교육은 제대로 이루어지지 않고 있다.

이러한 활동들은 성장하면서 자연스럽게 학습되는 것으로 착각하게 되는 것이다. 그렇기 때문에, 부모도, 학교도, 의료기관도, 정부도 교육의 필요성을 인식하지 못한다.

나는 오랜 세월동안 올바른 호흡법을 알리기 위하여 스마트 마스크와 '가, 우, 리, -네' 운동 보급에 노력해 왔고, 지금은 많은 사람들이 실천하고 있다. 스마트 마스크와 '가, 우, 리, -네' 운동을 하면 감기에 걸리지 않는다. 감기에 걸렸다고 해도 얼마 지나지 않아 호전된다. 그리고 비염, 천식, 아토피로 고생하던 아이들이 많이 호전되고 있다는 반가운 소리가 참으로 많이 전해지고 있다. 병에 걸리지 않기 위해서는 입을 다물어야 하고 그러면 자연스럽게 건강해진다는 점을 잊지 말아야 한다.

반드시 이것만은 아이들에게 가르쳐 주자!

* 호흡은 코로 하는 것이다.
* 음식물은 꼭꼭 씹어 먹어야 한다.

아이에게 어떻게 호흡하는 방법을 가르칠까?

코 호흡을 하려면 반드시 교육이 필요하다.

사람은 코로 숨을 쉬어야 하기 때문에 코로 숨을 쉬는 법을 가르쳐 줘야 한다. 나는 아이가 코로 호흡하는 것을 어려워 한다는 소리를 자주 듣는다. 아이가 힘들어 하는 것은 당연하다. 학습하지 않고, 입으로 숨을 쉬는데 익숙하기 때문이다. 하지만 아이가 좋아한다고 좋지 않은 음식만을 먹일 것인가? 그것은 아이 인생을 망치는 지름길이다. 올바른 호흡법을 가르쳐 주는 것이 부모의 의무인 것이다.

식사 중에 쩝쩝거리며 먹는 것은 식사 예절에 맞지 않을뿐더러 입으로 호흡하는 좋은 예가 된다. 코로 호흡을 하지 못하면 입을 벌려 쩝쩝거리며 먹을 수밖에 없다. 부모도 역시 쩝쩝거리며 식사를 한다면, 그 가족은 온갖 병에 시달리게 될 것이다. 부모가 비염, 아토피, 천식 등을 갖고 있고 아이도 비슷하다면 그것은 유전이 아니라 부모의 잘못된 습관 때문에 발생되었다는 것을 알아야 한다.

귀찮고 힘들지라도 아이에게 사람의 본래 숨을 쉬는 통로인 코로 호흡하는 법을 가르쳐야 한다.

코가 막혔을
경우에는
이렇게 해보자!

먼저, 그림에 나타낸 바와 같이, '정명', '영향'이라는 혈자리가 있다. 이곳을 가볍게 10초간 누르거나 지압해보자. 이상하게 코가 뚫리는 것을 경험하게 될 것이다.

생리식염수를 콧속에 넣어보자!

일상적으로 입은 양치질을 하지만 코는 좀처럼 세척하지 않는다. 가끔은 코를 세척해주면 콧속이 개운해지고 호흡도 편해진다. 콧속을 세척할 때는, 생리식염수가 입안에 약간 흐를 정도로 떨어트리면 되고, 흐르는 것을 먹어도 상관없다. 그래도 막히면, 의료기관을 찾아 검진을 받거나 일시적이라도 항알레르기약이나 점비약을 사용해서 코막힘을 풀어줘야 한다.

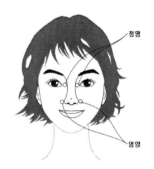

PART 4

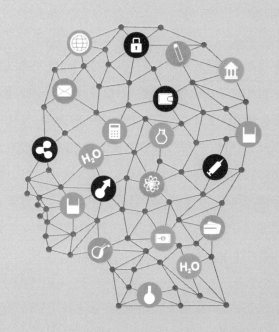

몸을
젊게 만드는
5가지 생활습관

호흡하는 능력이 '생, 노, 병, 사'를 결정 한다

우리 몸에서 올바른 호흡은 신진대사를 촉진시킨다. 그로인해 건강하고 젊게 살 수 있다.

몸을 젊게 만드는 5가지 생활습관이 있는데 그 방법을 생활화하면 병은 낫고, 건강한 사람은 더욱 건강해진다.

몸을 젊게 만들려면 생활습관을 바로잡아야 한다. 코로 천천히 길게 규칙적으로 호흡하고, 잘 먹고, 잘 자는 등 소소한 습관만 개선해도 우리 몸의 세포는 순식간에 젊음을 되찾고 건강해진다.

필자는 세계 최초로 스마트 마스크를 개발했다. 스마트 마스크는 일상생활에서 또는 잠자는 동안에 편안하게 착용할 수 있도록 설계되어서, 착용하면 입 호흡을 방지하여 코로 호흡할 수 있도록 유도한다. 특히, 잠자는 동안에 발생되는 코골이와 수면무호흡증을 예방 및 치료할 수 있다.

우리 몸을 젊게 만드는 가장 중요한 핵심인 '호흡하는 능력'을 스마트 마스크로 단번에 해결한 것이다. 이는 지금까지 전 세계 어느 누구도 이루지 못했던 혁신적인 것이다.

옛날 사람들은 입을 멍하게 벌리고 얼빠진 얼굴을 하고 있는 사람을 가리켜 **'얼간이'**라고 불렀다. 이처럼 정확하고 명확한 표현이 또 있을까? **일상생활 중에, 특히 잠잘 때는 모두가 정신 나간 것처럼 입을 헤벌쭉 벌리는 '얼간이'가 된다.**

입으로 호흡하면 공기 중에 떠다니는 먼지나 세균이 걸러지지 않고 무방비로 우리 몸에 흡수된다. 그리고 한쪽으로 씹는 버릇이 생기고, 이로 인해, 얼굴, 척추, 골반 등이 뒤틀어진다.

실제로 스마트 마스크를 착용하면 코골이가 방지되고 삐뚤어진 이가 반듯해지며, 비대칭 얼굴도 개선된다. 숙면을 하게 되므로 낮에 피곤하지도 않게 된다. 특히 얼굴피부에 골칫거리인 여드름, 두드러기, 각질, 모공, 트러블 등은 한 달 안에 깨끗해진다. 20대 여성들은 놀라운 효과를 선사한다.

현대의학이 불치병으로 치부하는 감기, 비염, 아토피 피부염, 꽃가루 알레르기, 관절염, 탈모, 고혈압, 당뇨병, 자가면역질환 등은 쉽게 치료된다.

각종 암이나 질병이 생기거나, 얼굴 및 자세가 삐뚤어지는 것은 신진대사가 이루어질 때, '어느 한쪽으로 편중되거나, 신진대사가 원활하지 못하거나, 어떤 에너지에 의해 방해를 받는다든가' 중에 하나이다.

따라서 이런 것들만 바로잡으면 병은 낫고, 건강한 사람은 더욱 건강해지고, 얼굴은 보기 좋게 바뀌고, 머리숱도 많아지게 된다.

지금의 의학이나, 의료인, 사람들은 우리 몸이 가진 자연치유력의 힘을 적절하게 평가하지 않거나 모르기 때문에 간단하고 확실한 이 원리를 이해하지 못하는 것이다.

필자는 호흡하는 능력을 향상시키는 것이 건강과 젊음, 얼굴미용의 가장 핵심이라고 생각한다.

이러한 필자의 주장을 여러 연구와 사례를 들어 증명할 것이다.

첫 번째, 코로 호흡하라.

앞 장에서도 강조했듯이 자연치유력을 활성화 시키는데 가장 핵심사항이다. '코로 호흡하지 않는 사람도 있나?' 하고 의아하게 생각할 수도 있겠지만 현대인 중에는 코로 숨 쉬지 않는 사람이 대부분이다. 비염이 있는 사람은 코로 숨 쉬는 것이 답답하고 호흡량이 부족해서 대부분 입으로 호흡한다. 운동하는 사람들 특히 자전거, 조깅 등은 몸의 움직임에 따라 산소 요구량이 증가하게 되고, 숨이 차기 때문에 100% 입으로 호흡한다. 또 평상시에는 코로 숨을 쉬다가도 잘 때 입을 벌리고 자거나 코를 골면서 입으로 숨을 쉰다.

입으로 호흡하는 것이 문제가 되는 것은 공기 중에 떠다니는 먼지나 세균이 걸러지지 않고 곧바로 우리 몸에 흡수되기 때문이다. 코로 호흡을 하면 콧속에 있는 가느다란 섬모들이 세균을 걸러내는 필터 역할을 하지만 입은 그런 기능을 하지 못한다. 따라서 입으로 호흡하면 도시의 오염된 공기가 무방비 상태로 폐에 빨려 들어가 감기나 폐렴을 일으키고, 심할 경우 다른 부위에 치명적인 감염을 일으키기도 한다. 당연하게 들리지만, 매 순간 코로 숨 쉬는 습관만 길러도 세균 감염을 줄일 수 있고 면역력도 개선할 수 있다.

두 번째, 장이 건강해야 건강하게 산다.

자연치유력의 핵심인 미토콘드리아의 신진대사에 특히 중요한 것이 장의 환경을 정비하는 일이다. 우리 몸의 신진대사를 관장하는 에너지원 전체를 장에서 얻기 때문이다.

자연치유력을 높이려면 장의 소화와 흡수력을 정상으로 유지하는 것이 무엇보다 중요하다. 그러기 위해서는 폭음, 폭식을 삼가고 위장을 차지 않게 하며 물이나 술을 지나치게 많이 마시지 않는 것이 좋다.

장을 따뜻하게 유지하면 온몸의 미토콘드리아가 그 기능을 제대로 유지할 수 있어 자연치유력이 활성화된다.

세 번째, 잠을 잘 자야 한다.

수면을 취할 때는 코로 호흡하면서 바른 자세로 자고, 자는 동안 몸이 면역 체계를 충분히 가동할 수 있도록 최소한 7시간 이상의 수면 시간을 확보해야 한다.

네 번째, 규칙적으로 햇빛을 쬐면서 운동하고, 몸을 따뜻하게 하라.

현대인은 과로, 냉증, 스트레스 등 여러 가지 요인으로 인해 혈액순환이 원활하지 않다.

수식호흡이나 복식호흡, 요가 같은 운동은 깊은 호흡을 통해 온몸을 부드럽게 이완하고 뇌파를 알파파로 떨어뜨린다. 이러한 작용으로 몸과 마음의 긴장이 풀어지고 활성산소 발생이 감소되어 자연치유력이 활성화된다.

어두운 방에 틀어박혀 있어 햇볕을 쬐는 시간이 부족하면 신진대사 기능이 저하되어 자연치유력이 저하된다.

자외선을 피부의 적이라고들 하지만, 자외선에는 피부의 자연치유력을 유지하고 신체 리듬을 조정해주는 기능이 있다. 햇빛은 비타민 D를 만들어 낼 뿐만 아니라 살균 작용을 하고 뼈와 피부를 튼튼하게 하며, 생체시계를 조절해서 깊이 잠들 수 있도록 한다. 또 세로토닌의 분비를 촉진시켜 의욕이나 식욕을 조절하고, 간 기능을 강화한다.

자외선을 피하는 데 급급해 햇볕이 면역력을 유지하는 필수 불가결한 에너지 공급원이라는 사실을 잊은 것은 아닌지 생각해 보아야 한다.

다섯 번째, 긍정적으로 살아라.

최근에는 햇볕과 같은 자연 에너지뿐만 아니라 정신, 마음이나 '기'도 생명 에너지도 주목받고 있다. 몸과 마음은 연결되어 있어서 세포의 상태가 안정돼 있을 때는 정신 상태도 좋지만, 세포의 에너지 대사 활동이 나빠지면 정서적으로 불안해진다.

특히 군중 속에서 소외감을 자주 느끼는 현대인에게는 상대를 배려하는 마음, 자신을 있는 그대로 받아들여주는 사람, 편안한 마음으로 함께 있을 수 있는 대상이 절실히 필요하다. 이는 스트레스를 극복하여 인체의 자연치유력을 유지하는 데도 꼭 필요한 요인이다.

사실 이런 방법들은 너무 사소하고 당연한 것들이라 면역력을 키우는 특별한 방법을 기대한 사람이라면 다소 허탈할 수도 있겠다. 하지만 자연치유력을 키우는 데 특별한 음식을 섭취하거나 거금을 들여 운동기구를 들여놓을 필요는 없다. 조금만 신경 쓰면 금세 습관으로 자리 잡을 수 있는 방법들을 매일 꾸준히 실천하는 것으로 충분하다. 이러한 습관을 들이는 데 많은 시간을 쏟아 부을 필요도 없다. 우리 뇌는 거창하게 한번 하고 마는 것보다 조금씩이라도 매일 반복해서 하는 걸 더 좋아한다. 꾸준히 반복해야 그에 해당하는 신경회로가 연결되어 습관으로 자리 잡는다.

어디가 아프면 아픈 곳을 치료하기 위해 약을 먹고 힘들어 하는, 말하자면 '문제 해결을 위한 삶'은 너무 늦다. 이제는 평소에 관리해서 자연치유력을 높이고 애초에 병을 만들지 않는 삶을 살아야 한다. 자연치유력을 높이는 방법은 최첨단 현대의학의 탁월한 치료법 속에 있는 게 아니라 날마다 꾸준하게 실천하는 사소한 습관 속에 있다는 것을 명심하자.

첫 번째, 코로 호흡하라

기초가 튼튼한 건물은 아무리 거센 폭풍우가 몰아쳐도 끄떡없이 견딘다.

이제 곧 알겠지만, 질병은 무언가가 결핍되어 있다는 것을 드러내는 하나의 표시판일 뿐이다. 암등 각종 질병은 우리 삶의 신체적, 정신적 건강상태가 불안전한 상태에 있다는 것을 보여주는 것이다. 나뭇잎이 시들어간다고 해서 나뭇잎에 물을 뿌려대는 바보 같은 정원사는 아마 없을 것이다. 정원사는 진짜 문제가 시들어가는 잎사귀에 있는 게 아니라는 사실을 잘 알기 때문이다. 나뭇잎이 말라가는 것은 눈에 잘 보이지 않는 식물의 기관, 즉 뿌리에 물이 부족하다는 증상에 지나지 않는다. 정원사는 나무의 뿌리에 물을 공급함으로써 자연스럽게 문제의 근원을 해결하는 것이고, 결과적으로 나무의 모든 기관은 활력을 되찾아 정상적인 성장을 지속하게 된다.

정원사는 나뭇잎들이 마르는 상태가 나뭇잎과 나무 전체가 살아가는데 필요한 영양분이 부족한 데서 오는 직접적인 결과에 지나지 않는다는 사실을 잘 알고 있다.

자연에서 접할 수 있는 이러한 예는 지나치게 단순화시킨 비유처럼 보일 수도 있겠지만, 사람의 몸에서 일어나는 복잡한 질병의 진행을 매우 잘 이해할 수 있게 해준다. 하지만 우리는 대증요법(병원치료)이라는 도구를 통해 신체의 기능을 조절하는데 너무나 익숙해져 있기 때문에, 이러한 자연의 기본적인 원칙을 제대로 알아보기가 매우 어렵다.

많은 사람들이 자신의 건강에 전혀 의심이 없거나 관심이 없거나 혹은 순진한 생각을 갖고 있다. 2003년부터 2013년까지 10년 동안 만성질환 발생률이 3배 증가했고, 심장마비 2배, 뇌출혈 1.5배, 암이 2.5배 증가했고,

아이들은 10명 중에 8명은 아토피, 비염 등을 앓고 있다. 이러한 질환은 여러 가지 요인이 복합적으로 작용하여 일어나는 것이다. 하지만 각각의 요인이 다른 요인들과 합쳐졌을 때는 심각한 영향을 미칠 수 있다.

사람은 무엇이 자신에게 도움이 되고 어떤 것이 그렇지 않은지를 각자의 판단에 따라 선택해야 한다.

앞 장에서도 강조했듯이 자연치유력을 활성화 시키는데 가장 핵심사항이다. '코로 호흡하지 않는 사람도 있나?' 하고 의아하게 생각할 수도 있겠지만 현대인 중에는 코로 숨 쉬지 않는 사람이 대부분이다. 비염이 있는 사람은 코로 숨 쉬는 것이 답답하고 호흡량이 부족해서 대부분 입으로 호흡한다. 운동하는 사람들 특히 자전거, 조깅 등은 움의 움직임에 따라 산소부족으로 숨이 차기 때문에 100% 입으로 호흡한다. 또 평상시에는 코로 숨을 쉬다가도 잘 때 입을 벌리고 자거나 코를 골면서 입으로 호흡을 한다.

입으로 호흡하는 것이 문제가 되는 것은 공기 중에 떠다니는 먼지나 세균이 걸러지지 않고 곧바로 우리 몸에 흡수되기 때문이다. 코로 호흡을 하면 콧속에 있는 가느다란 섬모들이 세균을 걸러내는 필터 역할을 하지만 입은 그런 기능을 하지 못한다. 또한 입은 코가 가지고 있는 가온/가습 기능이 없어서 입을 통해 들어간 건조하고 차가운 공기는 폐를 손상시키는 중요한 원인이 된다. 따라서 입으로 호흡하면 도시의 오염된 공기가 무방비 상태로 폐에 빨려 들어가 감기나 폐렴, 폐기종, 폐암을 일으키고, 다른 부위에 치명적인 감염을 일으키기도 한다. 당연하게 들리지만, 매순간 코로 호흡하는 습관만 길러도 세균, 바이러스, 오염물질에 의한 인체 감염을 줄일 수 있고 자연치유력을 활성화 시킨다.

신진대사가 원활할수록 젊게 살 수 있다

'리브 패스트, 다이 영(Live Fast, Die Young)' 직역하면 '빨리 살면 일찍 죽는다'로 해석되는 이 서양 속담은 보통 '굵고 짧게 산다'로 통한다.

이는 생물학적으로 동물의 수명을 설명하는 데 100년 가까이 정설로 굳어져 왔다. '빨리 산다'는 '신진대사가 보통 이상으로 활발하다'는 뜻이니 결국 신진대사 속도가 빠를수록 생물은 더 오래 살지 못한다는 주장이다. 영국의 권위 있는 과학 잡지 '네이처'는 이 같은 정설과 배치되는 흥미 있는 연구 성과를 보도했다. 연구 성과를 들여다보자.

영국 애버딘대의 존 스피크먼이 이끄는 연구팀은 산소 소비량을 기준으로 쥐 42마리의 신진대사량을 재고 이들의 수명을 측정한 결과 신진대사가 활발한 쥐는 그렇지 않은 동료에 비해 더욱 오래 산다는 사실을 밝혀냈다고 이 잡지에 발표했다.

연구팀에 따르면 가장 빠른 신진대사 속도를 보인 집단은 가장 느린 집단에 비해 수명이 3분의 1 이상 길었다. 이 연구결과를 인간에 도입하면 신진대사가 활발한 인간은 보통의 수명 80세에다 27년을 더해 덤으로 살수 있다는 계산이 서는 셈이다.

연구팀은 신진대사가 활발한 쥐가 장수를 누린 비밀을 세포 내 미토콘드리아에서 찾고 있다. 미토콘드리아가 이같이 세포에 필요한 '에너지'를 만드는 과정에서는 반드시 유해한 '활성산소가' 생산된다. 우리 몸의 세포는 산소를 이용해 영양소를 에너지로 바꾸기 때문에, 이때 산소에 의한 '활성산소'가 생기며, 이는 인체의 분자단위 구성요소에 해를 입힌다.

즉 DNA나 단백질, 효소처럼 생명유지에 매우 중요한 세포와 조직을 끊임없이 공격하기 때문에 '활성산소'는 유해산소라고도 불린다. 이 같은 손상이 서서히 축적되면서 몸이 점진적으로 퇴보해 가는 과정을 보통 노화라고 부르고, 이 노화 과정에서 모든 질병이 발생된다는 것이 의학계의 공통된 학설이다. 즉 미토콘드리아의 세포호흡 과정에서 활성산소가 얼마나 발생되느냐에 따라 우리의 건강과 젊음, 생명이 결정된다는 것이다.

미토콘드리아는 에너지 대사가 보다 효율적으로 이루어지면서 유해한 '활성산소'를 적게 발생시킴에 따라 신진대사가 활발한 쥐들의 노화를 늦추는 것으로 연구팀은 추정하고 있다. 연구팀은 따라서 '활성산소의 생산을 막는 효율적인 에너지 대사가 건강과 젊음의 유지하는 궁극적인 열쇠를 쥐고 있을 것으로 보고 있다.

이번 연구 성과를 단순히 해석하면 신진대사를 활성화하는 암페타민과 같은 약이 인간의 수명을 늘릴 수도 있다는 예상이 가능하다. 실제로 연구팀은 현재 인간 역시 신진대사 속도가 빠를수록 오래 사는지 실험을 통해 알아볼 계획이다.

그렇다면 신진대사는 어떻게 이루어질까?

정답은 세포 안에서 미토콘드리아가 산소를 이용해서 하는 호흡, 즉 세포호흡에 있다. 이는 세포호흡이 세포 안에서 원활하게 이루어지면 세포는 언제까지나 젊고 튼튼한 상태로 유지할 수 있기 때문에 건강하고 젊은 몸을 유지할 수 있게 된다. 이렇게 세포호흡이 원활하게 하는 생활이 '자연치유력'을 활성화(기능을 활발하게 함)시키는 올바른 생활이다.

필자가 이 책을 통해 강력하게 전하고자 하는 내용은, 이러한 세포호흡이 '건강과 젊음, 장수'의 비밀을 결정하는 매우 중요한 사항이자, 생명공학과 의학의 가장 핵심이라는 점이다.

숨쉬기만 잘하면 병에 걸리지 않는다

올바로 호흡을 해야 세포 활동이 원활히 이루어지고 신진대사가 촉진된다는 것을 충분히 이해했을 것이다.

무의미하게 생명을 이어가는 것이 아니라, 피부가 재생되고, 상처가 아물며, 아이가 공부를 잘하고, 병에 맞서 싸우고, 성인으로 성장하는 모든 활동을 위해 우리는 올바로 숨을 쉬어야 한다.

우리는 평소보다 몸을 많이 움직이거나 안하던 운동을 하면 피로감을 느끼게 되고 근육이 아팠던 적을 한두 번은 겪었을 것이다. 이런 현상은 왜 일어날까?

운동을 하거나 힘을 쓰려면 근육을 움직인다. 이때 필요한 에너지를 만들기 위해 근육은 지방과 당을 에너지원으로 이용한다. 그러나, 평소보다 몸을 많이 움직이면 산소를 제대로 근육에 공급할 수 없게 되고, 그렇게 되면 근육은 산소 없이도 에너지를 낼 수 있는 당을 에너지원으로 사용한다. 하지만 당으로 에너지를 만들면 우리 몸을 피로하게 만드는 원인 물질이 생기게 된다. 그 원인 물질이 바로 젖산이다.

많은 움직임으로 몸이 피로할 때, 잠시 움직임을 멈추고 쉬면 점차적으로 피로감이 사라진다. 이런 이유는, 젖산은 원래 산소로 분해되어 다른 물질로 전환되기 때문이다. 따라서 피로할 때 몸을 쉬게 하면 산소가 젖산을 분해하여 피로가 풀리게 되는 것이다.

다시 말해, 숨쉬기를 올바로 하면 피로를 신속히 회복할 수 있다는 것이다. 또한, 몸을 많이 움직여도 바로바로 젖산을 분해할 수 있는 산소를 충분히 공급하면 피로를 전혀 느끼지 않을 수 있게 되는 것이다.

산소는 혈액으로 운반된다

잘 알다시피 혈액의 흐름을 원활하게 유지하는 것은 건강의 기본이다.

혈액은 온몸의 60-100조 개의 세포에 산소나 영양소, 면역세포를 운반하고 이산화탄소와 노폐물을 회수하는 역할을 담당한다. 만약, 체온이 낮아 혈액순환이 원활하지 않는다면 운반되어야 할 것들이 운반되지 않아 온몸에 쌓여 자연치유력은 저하된다.

그렇게 되면 결국에는 병에 걸리게 된다. 혈관은 대략 9만km로, 지구 두 바퀴를 도는 매우 긴 길이이다. 혈액 순환경로는 크게 체순환과 폐순환으로 나눌 수 있다.

체순환은 심장에서 내보낸 혈액이 온몸을 돌고 다시 심장으로 되돌아가는 통로이다. 심장의 펌프작용으로 산소와 영양소를 포함한 혈액이 동맥을 거쳐 모세혈관을 지나 대략 60-100조 개의 세포에 공급된다. 반대로 세포에서 이산화탄소와 노폐물을 회수한 혈액은 정맥을 거쳐 심장으로 되돌아간다.

폐순환은 심장과 폐를 연결하는 짧은 통로이다. 폐동맥을 거쳐 심장으로 되돌아온 정맥혈에 산소를 공급하여 신선한 동맥혈로 바꾸어 폐동맥을 거쳐 심장으로 되돌아온다.

심장은 수축과 이완을 반복하며 혈액을 몸 구석구석까지 보내는 펌프기능을 한다. 혈액을 밀어내기 위해 수축할 때 혈관에 가하는 압력이 최고혈압 즉 수축기 혈압이다. 심장이 확장하여 혈액을 흡수시킬 때 내려가는 혈압이 최저혈압 즉 이완기 혈압이다.

심장에서 공급되는 동맥혈액은 모세혈관에서 세포에 산소와 영양소를 공급하고 이산화탄소와 노폐물을 회수한다. 세포는 안지오제닌

> **병을 대하는 바람직한 자세**
>
> ● 우리 몸에는 자연치유력이 있다는 것을 인정한다.
>
> ● 병은 자신의 잘못된 생활습관에서 발생된 것이므로 생활습관을 바꾸어
>   자신의 힘으로 고칠 수 있다고 믿는다.
>
> ● 병은 95% 환자 자신의 힘으로 낫는다. 자기 스스로 노력하고 연구하는 것이
>   중요하다. 의사가 할 수 있는 것은 나머지 5%에 불과하다.
>
>   이 5%는 병에 대한 환자의 공포심을 줄이고 환자의 성격이나 생활방식을
>   고려하여 자연치유력을 향상시키는 데 도움을 주는 것이다.

(Angiogenin)이라는 물질을 만들어 새로운 모세혈관을 만든다. 근육이 늘면 새로운 혈관이 늘고, 일부 혈관이 막히면 우회혈관을 만들어 세포에 산소를 공급한다.

심장은 정맥 내의 혈액을 빨아들여서 흡수하지 못한다. 따라서 심장보다 상부에 위치하는 혈액은 중력의 힘에 의해 쉽게 심장으로 되돌아온다. 심장보다 밑에 위치하는 정맥의 혈액은 근육의 도움을 받아 심장으로 되돌아가는데, 정맥은 근육 속을 당기기 때문에 주변 근육이 혈액을 쪼이면서 밀어 올린다. 이런 작용은 마치 젖소 젖을 짜는 작용과 비슷하다고 하여 밀킹 액션(Milking action)이라 한다.

하반신의 근육이 약해지면 심장으로 되돌아가는 피의 양이 감소한다. 나이가 들면서 혈압이 높아지는 것은 근육이 약해져서 혈압을 올려도 혈액이 온 몸에 고루 퍼지지 않기 때문이다. 혈관도 점점 굳어 말초에까지 혈액을 보내려면 혈압이 높아질 수밖에 없다. 이런 측면에서 볼 때 고령자의 혈압이 높은 것은 당연하다. 혈압이 높을 때는 혈압강하제에 의존하기보다는 체온과 근육량을 높이고 혈액순환이 원활하게 하여 자연치유력을 활성화시키는 게 중요하다.

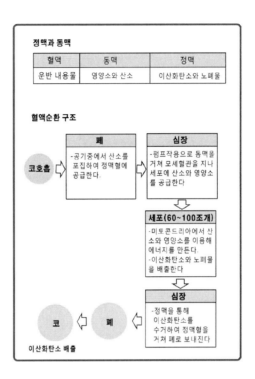

뇌는 산소와 자극을 좋아한다

　제1, 2장에서 설명했듯이, 뇌에 5분만 산소 공급이 안 되면 수명을 잃는다. 인간에게 생명 유지를 위한 시간이 이렇게 적게 주어진 것은, 미토콘드리아의 활동성 때문인데, 우리 몸 건조 질량의 2분의 1을 차지하는 미토콘드리아가 에너지를 만드는데 충분한 산소를 필요로 하기 때문이다.

　뇌는 산소와 포도당을 먹이로 한다. 뇌에 산소를 공급하는 가장 좋은 방법은 유산소운동이다. 운동을 하면 뇌에 산소가 충전된 혈액이 공급되어 뇌가 최적의 상태가 된다. 산소가 신체 건강을 넘어 뇌 건강에도 지대한 영향을 주는 과학적 근거이다.

미국 동부 네이퍼빌 센트럴 고등학교는 0교시 체육수업을 통해 신체, 정신건강 뿐 아니라 성적의 괄목한 향상을 기록했다. 2005년 미국 일리노이주 네이퍼빌 센트럴고등학교에서부터 시작됐다. 체육교사인 필 롤러는 학생들의 체력이 날로 나빠지는 것에 의문을 품고 체육시간 학생들의 움직임을 면밀히 관찰했다. 그 결과 실질적인 움직임의 시간이 적다는 것을 알게 된 그는 몇 가지 실험을 했다.

매일 아침 정규수업 전에 심장박동 측정기를 단 채 운동장을 1.6km 정도 달리게 한 것. 이후 체육수업을 받은 학생들은 전혀 받지 않은 학생들보다 읽기 능력이 17% 향상됐다는 사실을 밝혀냈다. 덕분에 네이퍼빌 센트럴고교 학생들은 세계 학생들이 참가하는 학업성취도평가 팀스(TIMSS)에서 과학 1등, 수학 6등을 기록하는 등 체육활동이 학습에 도움이 된다는 부분을 입증한 케이스가 됐다.

필 롤러는 읽기 능력이 부족한 학생들을 상대로도 1년간 0교시 체육 수업을 진행했다. 그 결과 읽기 능력뿐 아니라 모든 학습능력 즉, 집중력·기억력·수업태도까지 좋아졌다. 이후 이 프로그램을 미국 전역으로 확대하자는 붐이 일었다.

서울시교육청은 올 해부터 '7560+운동'을 추진하고 있다. '7560+운동'은 일주일에 5일, 체육수업 시간은 물론이고 다양한 휴식 시간을 활용하여 하루에 60분 이상 꾸준히 신체활동을 실천하자는 운동이다.

또 어떤 학교들은 자체적으로 '0교시 체육수업'을 시행하여 아이들이 등교하자마자 스트레칭, 배드민턴 등의 운동을 하도록 권하고 있다. 뇌의 건강을 원하면 뇌에 운동화를 신겨주자. 뇌는 자극과 산소를 좋아한다.

두 번째,
장이 건강해야
건강하게 산다

직장인 박모(32) 씨는 평소 배가 자주 아프고 유난히 설사가 잦았다고 한다.

최근에는 가끔 구토 증상과 심한 경우 혈변을 보기까지 하자 병원을 찾았지만 '과민성대장증후군'이라는 진단을 받고 크게 신경 쓰지 않았다. 하지만 얼마 전 모 대학병원에서 대장내시경 검사를 받은 결과 박 씨의 질환은 과민성대장증후군이 아니라 '대장암'이라는 진단을 받았다. 현재 박모 씨는 직장을 그만두었지만 수식호흡으로 암을 이겨내고 있다.

"장이 건강해야 오래 산다." 이런 말 혹시 들어보았는가?

장을 배변활동과 관련된 신체 기관으로만 생각하는 분들이 많은데, 우리 몸의 면역세포 중에 80%가 바로 장에 분포하고 있다는 사실을 명심하자!

각종 스트레스와 긴장 속에서 불규칙한 생활을 하는 현대인들 중에는 장이 건강한 사람이 매우 드물다. 어른, 아이 할 것 없이 변비 증상을 호소하는 사람들이 많고 식사 후 복통을 호소하거나 설사를 일으키는 경우도 있으며, 가스가 차서 불쾌감을 느끼는 사람들도 많다. 특히 변비는 너무나 흔한 증상이라 단순히 변을 자주 못 봐서 느끼는 거북함이나 불쾌함으로 치부하는 사람들이 많은데 결코 가볍게 여겨서는 안 된다.

현대에 와서 유행하는 병이라면 어떤 병이 있을까? 변비, 비만, 당뇨병, 고혈압, 대장암이 최근 갑자기 늘고 있는데 의사는 이러한 병에 어떻게 대응하고 있을까? 의사가 전력을 기울여서 치료에 임하고 있는 병의 대부분은 '잘못된 생활 습관'에서 생긴 것이다. 평소 건강에 좋지 않은 음식을 먹고 처방약과 약국에서 파는 일반 약을 지나치게 많이 복용해, 우리 몸은 그야말로 온갖 유해 물질로 오염되어 있다. 매일 수많은 독성 화학 물질과 유해한 기생충들이 우리 소화기관 안을 돌아다니고 있는 것이다. 공기는 발암물질로 오염되어 우리 몸으로 지속적으로 들어오고 있다. 게다가 우리가 복용하는 항생제들은 몸 안의 나쁜 세균들은 물론 좋은 세균들까지 다 죽여 버려 인체 내 생태계를 파괴하고 있다.

현대인들의 그릇된 인식들 중 '몸에 탈이 나면 약을 먹으면 된다.'라는 것이 있다. 하지만 대장은 모든 기관 중에서 가장 신경조직이 둔감한 곳이어서 사소한 통증을 전혀 느낄 수 없다. 대개의 사람들이 장에 별로 관심을 갖지 않아 장의 병이 발견되었을 때는 이미 중병에 걸린 사례가 많다.

베스트셀러 저자인 젠센 박사는 『더러운 장이 병을 만든다』에서 "장을 깨끗하게 바꾸면 인생도 깨끗하게 바뀐다."고 자신 있게 말한다. 장 청소 후에는 병만 낫는 것이 아니라 얼굴이나 눈빛이 밝아지고 피부도 깨끗해지며, 심신이 경쾌하고 기분이 좋아진다는 것이다.

우리 몸에 살고 있는 세균의 수는 100조가 넘고 특히 소장과 대장에는 무려 500여종에 달하는, 무게로 따지면 1kg 이상 나가는 세균이 들어있다고 한다. 장 속에는 유해균과 유익균이 균형을 이루고 있는데, 유해균의 활동이 많아지면 복통, 냄새가 지독한 방귀, 변비, 설사 등의 증상이 나타나게 된다.

변비는 물론이고 아토피 같은 알레르기 질환이나 자가면역질환, 피부질환, 심지어 비만, 대장염, 대장암에 이르기까지 장 건강과 아주 밀접한 관련이 있다. 인체 장기 중 어느 하나 중요하지 않은 곳이 없지만 특히, 인체 내 자연치유력을 담당하고 있는 장 건강은 각별히 주의하여 관리해야 한다.

그뿐만이 아니다. 스스로 판단을 내려 세균 등으로부터 자신을 지켜내는 자립도가 높은 장기이다. 뇌腦와 장腸은 멀리 떨어져 있지만 두 장기는 서로 지원하며 협조하면서 활동한다. 장을 제2의 뇌로 부르는 이유도 그 때문이다. 몸 안에 들어온 세균, 바이러스, 각 종 암세포를 제거해주는 것이 바로 장의 자연치유력이다. 때문에 장이 건강하지 않고서는 어떤 병도 완전히 치유될 수 없다.

장에는 소장과 대장이 있다. 소장은 위에서 소화된 영양분을 흡수하고 거기서 남은 찌꺼기는 대장으로 보낸다. 대장은 그 찌꺼기에서 수분을 흡수하고 남은 것을 대변으로 내보낸다. 자연치유력의 주역은 소장이다. 소화, 흡수 활동도 주로 소장에서 이루어지기 때문에 그 공헌도에서는 소장이 대장보다 크다고 할 수 있다. 인체에서 소장을 전부 제거하면 생명을 유지할 수 없다. 대장을 제거하면 당장은 생명에 위협을 주지는 않는다. 그 이유는 소장이 대장의 역할을 대신하기 때문이다.

현대인들은 스트레스, 잘못된 생활습관, 고지방 식습관, 식이섬유 부족 등으로 장은 손상되고 있다. 하지만 사람들은 전혀 개선할 기미도 의지도 없다. 장에 질병이 생기고, 그로 인해 몸에 치명적인 병에 걸린 다음에 후회하게 된다. 장은 자연치유력의 중요한 역할을 수행한다. 장에 독소가 쌓이고 세균이 많으면 혈액을 통해 온몸으로 퍼져 나가 우리 몸을 공격하게 된다.

사람에 따라서 신체조건도 달라지고 성격도 다 달라지듯이 장의 성격도 사람에 따라 다른 것으로 알려져 있다. 이러한 것들은 부모로부터 물려받은 유전자 요인뿐만 아니라 장내 세균의 다양성에 의해서 결정되는 것으로 알려져 있다. 유아기에 어떤 음식을 먹었는지, 어떤 항생제에 노출되었는지 그리고 어떤 사람들과 접촉했는지에 따라서 다양한 세균의 다양성이 결정된다고 한다.

우리 몸은 다 세균의 다양성과 상호작용을 하면서 면역작용, 면역체계를 완성하게 되는데, 예를 들어서 우리 몸에 유익한 세균에 대해서는 면역반응을 일으키지 않는 적응을 하게 되고 반대로 해로운 세균에 대해서는 염증반응을 일으켜서 우리 몸으로부터 제거하는 면역체계가 완성되어 있다.

최근 하버드 의대 연구에 따르면 영유아기 때 특정한 세균이 장에 자리 잡게 되면 면역훈련이 바뀌게 되어서 아토피나 천식과 같은 알레르기성 질환이 발생하는 데 영향을 준다고 얘기하고 있으며 비정상적으로 세균에 대한 염증반응이 생길 경우에는 염증성 장 질환뿐만 아니라 류머티스 관절염과 같은 전신적인 자가 면역성 질환의 발생에도 영향을 주는 것으로 알려져 있다.

장의 기능을 떨어뜨리는 원인은 잘못된 입 호흡을 통한 세균이나 바이러스 유입, 스트레스, 운동 부족, 질병, 변비약의 습관적 사용, 항생제, 냉증, 나쁜 식습관 등으로 인해 장에 노폐물이 쌓이는 것을 말한다. 장에 안 좋은 세균들이 자라게 되면 이들 균이 독소들을 만들어내어 장 점막을 통해 피에 흡수가 된다. 여기서 더욱 중요한 것은 대장에 노폐물이 쌓이면 노폐물이 밖으로 빠져나가지 못하고 부패가 된다. 이렇게 부패된 독소는 몸속으로 흡수되어 면역기능을 떨어뜨리고 노화현상이 빨리 나타나게 되는 것이다.

또 가스와 함께 발생한 유해물질이 혈액으로 침투해 혈액의 원활한 흐름을 방해하고 세포에 피해를 입히기도 한다. 이로 인해 여드름이나 부스럼 등 각종 피부트러블이 생기고 장 내 환경이 흐트러지면서 자율신경 작용이나 호르몬 균형을 파괴해 어깨 결림, 두통, 어지럼증을 일으키는 원인이 된다. 이런 증상을 방치하면 대장암이나 대장폴립과 같은 질환을 초래할 수도 있다. 무작정 참는다고 변비나 과민성대장증후군은 해결되지 않는다. 오히려 악화될 뿐이다. 약의 힘을 빌리는 것도 마찬가지다. 약은 임시방편에 불과하다. 약으로 무리하게 장을 자극하면, 기존에 갖고 있던 장의 배출능력마저 저하되고 말 것이다.

장을 건강하게 관리하기 위해서는 몇 가지 지켜야 할 생활 수칙이 있다. 다음에 제시하는 장 건강법을 실시해보자. 매일 아침, 속까지 뻥 뚫리는 쾌변은 물론이고 평생 병 안 걸리는 체질을 만들 수 있다.

먼저, 코로 호흡하는 것이다. 위에서 넘어온 영양분은 소장에서 모세혈관의 혈액으로 스며들어 혈액을 통해 세포로 운반된다. 그런데, 입 호흡을 하면 체온이 떨어지고 몸에 유해한 세균의 공격을 받아 소장의 기능이 약화된다. 소장이 제 기능을 못하면 세포에 원활한 영양을 공급하지 못하게 되고 대장으로 찌꺼기를 보내는 기능도 저하 된다. 그러한 일들이 누적되면, 우리 몸을 구성하는 세포는 점차적으로 정상적인 활동이 어려워지게 되는 것이다.

설사를 하는 것은 장의 활동이 약해졌다는 증거다. 기능이 약해지면 소장에서는 찌꺼기를 대장으로 빨리 보내게 된다. 이런 경우에는 대장은 찌꺼기에서 수분을 흡수하지 못하게 되고 바로 배출되게 되는데, 이것이 설사이다. 이와 반대로 소장에서 대장으로 찌꺼기를 보내는 속도가 지체되기도 하는데, 이렇게 되면, 변비가 된다. 변이 배설되지 않고 장에 쌓이면 그대로 부패해 독소가 발생하고, 이 독소들이 몸속 여기저기를 돌아다니면서 기혈 순환을 방해한다.

이쯤 되면 건강한 사람도 '어디가 아픈지 정확히 모르겠는데, 항상 컨디션이 좋지 않은' 질병 아닌 질병 상태에 시달리게 된다. 일본의 안티에이징 전문가 사이토 마사시는 "장이 건강하면 몸 안에 쌓인 노폐물을 효과적으로 배출할 수 있다."라고 말했다.

다음으로, 수식호흡으로 호흡하는 것이다. 손발이 차면서도 배가 따뜻한 경우는 있지만 배가 차면서 손발이 따뜻한 경우는 없다. 배가 뿌리라면 손발은 나뭇가지에 해당되기 때문에 손발을 따뜻하게 하기 위해서는 반드시 복부냉증을 해결해야 한다. 또 복무열통腹無熱痛이란 말이 있듯이 배가 차면 복통도 쉽게 경험한다. 여성의 경우 아랫배가 차면 동시에 생리통도 심해진다. 머리에는 열감이 있고 아랫배와 발은 차가운 상열하한증上熱下汗症도 냉증을 해결하는 것이 급선무다.

우리 몸에서 가장 많은 열을 생산하는 곳은 바로 근육이다. 근육은 전체 열 생산량의 40%를 담당한다. 소장은 자체 근육이 있어 잘록잘록 움직이며 장의 내용물들을 섞어주는 혼합 운동과 내용물들을 대장 쪽으로 이동시켜주는 연동 운동을 한다. 수식호흡으로 이런 소장의 운동기능을 증대시킨다. 수식호흡을 통해 배가 볼록 튀어나오거나 쑥 들어가는 사이 복근을 활발하게 움직여 위, 장 등을 자극해 마사지해 준다.

소장은 자체 근육으로 움직이는데, 여기에 더해 복근이 동시에 움직이면, 자극이 더해지고 자극을 받은 장은 그 활동이 더욱 활발해진다. 그렇게 하면 위와 장운동이 상승하여 배 내 온도가 상승한다. 그리고 배변의 배출도 원활하게 된다.

신야 히로미 박사는 세계적으로 유명한 위장 전문의로 저서『병 안 걸리는 장 건강법』에서 복식호흡을 통해 장을 마사지 해주는 것이 장 건강을 지키는 최고의 비결이라고 주장한다. 신야 히로미 박사가 주장하는 복식호흡도 배꼽 아래 복부를 볼록 튀어나오거나 쑥 들어가는 반복동작으로 복부를 마사지하라는 이야기로써, 필자가 주장하는 수식호흡과 일맥상통한다.

또, 북한에서 의학을 공부하고 '김일성 만수무강 장수연구소'의 책임연구원이자 '김일성 주치의'로 일했던 김소연 박사도 저서 '만수무강 건강법'에서 장 건강 위해 복식호흡을 적극 추천하고 있다.

그뿐만이 아니다. 30년간 장 전문의로 활동한 마쓰다 야스히데 박사는 '인체의 최대 면역 조직은 소장에 있다' 며 단전호흡의 중요성을 역설하고 있다. 마사지와 골반운동을 통해 장 기능을 개선하는 치료법으로 TV와

라디오의 각종 건강 프로그램뿐 아니라 잡지와 신문 등에 소개되는 등 언론의 주목을 받고 있는 오야 야스시 박사도 장을 위해 마사지와 호흡법은 가장 중요하다고 밝힌다. 세계 최고의 영양학자 중 한 사람인 버나드 젠센 박사의 베스트셀러인 『더러운 장이 병을 만든다』에서 장 기능 저하는 만병의 근원임에도 현대인들은 장에 대해 제대로 인지하지 못하는 경우가 많다고 안타까워한다. 이외에도 세계 각국의 저명한 학자들은 장을 위해 마사지와 복부에 자극을 주는 운동을 권하고 있다.

따라서, 평소에 수식호흡을 습관화하면 장의 활동이 활발해져 대변이 제때 나오게 된다. 변비가 없어지면 장이 튼튼해지고 체온도 상승하여 건강은 당연히 좋아지게 된다. 또한 피부도 맑고 투명한 피부로 바뀌게 된다.

더불어, 장 건강에 있어 올바른 식습관도 상당히 중요하다. 먼저 식사를 할 때에는 식사 간격을 적당히 두어 위장과 소장이 소화시킬 수 있는 시간적 여유를 두어야 한다. 그리고 타액이 잘 분비 될 수 있도록 꼭꼭 씹어 먹는 습관을 가지고 천천히 먹는 것이 중요하다. 또한 밤사이 먹게 되는 야식은 피하는 것이 좋다. 잠자리를 들기 4시간 전에 위장이 차 있게 되면 숙면을 취할 수 없을뿐더러 장에 무리가 생길 수 있기 때문이다.

다시 한 번 강조하지만, 우리 몸이 알아서 조절하고 유지하는 자율신경인 소화계에 문제가 생기면 각종 질병에 시달리게 된다. 대장, 소장, 위장의 운동에 1차 문제를 일으키고, 부신, 췌장의 기능에 무리를 주게 된다. 이 때문에 인슐린을 비롯해서 각종 효소들의 작용과 기능에도 이상이 생기고, 이를 제어하기 위해서 우리 몸이 총력을 기울이는 동안에 우리 몸에 생겨나는 각종 암세포나, 바이러스에 대한 방어력도 떨어지게 된다.

그렇다보니 염증도 잘 생기고, 입안이 헐거나 각종 염증질환에 항생제만 먹고 있을 수 있다. 이러한 항생제는 다시 장을 망가뜨리는 악순환에 빠지게 된다. 또 기분이 우울해지고 숙면을 취하지 못하면 우리 세포는 더 쉬지 못하고 우리 몸을 지키는 면역세포들도 힘들어한다.

'잘 먹고, 잘 자고, 화장실 잘 가는' 이 세 가지 기능이 그냥 나온 말이 아니다.

많이 씹고 천천히 식사하라

자녀들이 맛있게 식사를 하는 모습을 보기만 해도 뿌듯함을 느끼는 것은 세상 모든 부모들의 공통점일 것이다.

이렇게 귀한 자녀들의 모습을 살피면서 이구동성으로 나오는 말이 있다. '꼭꼭 씹어라.' 이 말은 모든 분들이 어린 시절에 할머니, 할아버지, 부모님들께 수도 없이 들었던 말이기도 하겠다. 필자 역시 부모님께 많이 들었던 기억이 있다. 그래서인지 내 동년배들보다 15년은 젊다는 소리를 듣는다. 필자는 식사의 규칙이 몇 가지 있는데 그 중에 가장 중요시 여기는 것이 씹기이다. 꼭 20번 이상은 씹고 넘기고 식사는 30분 이상 하는 것이 습관이 됐다.

우리 조상들이 했던 말을 가만히 살펴보면, 이런 걸 어떻게 알고 몸소 실천으로 옮기셨을까 하는 놀라움이 먼저 든다. 더불어 선조들의 귀중한 삶의 지혜를 접할 때마다 전승해야할 소중한 우리 것이라는 소명도 느끼곤 한다.

예로부터 한방에서 여러 가지 무병장수의 단련법들이 전승되어왔다. 그 중에 '고치법'이라는 것이 있는데 이는 노화를 방지하고 건강을 유지하는 데 가장 기본이 되는 단련법으로 제시하고 있다. 간단히 설명하면 아침에 일어나서 상하 치아를 부딪치고 그 때 생성되는 침을 뱉지 말고 삼키는 것이 주요 내용이다.

침의 주된 작용은 영근靈根이라 일컫는 혀舌를 부드럽게 적시는 것인데, 선조들은 생명을 유지하고 건강을 보존하는데 있어서 매우 중요한 현상으로 여겼다. 얼마나 귀하게 여겼으면 흔한 입 속의 분비물을 황금과 옥구슬에 비유했을까.

실제로 소중히 간직할 것 중에 하나로 여겨 한의학서 동의보감 내경 진액津液 편에 "옥천청수관영근 심능수지가장존玉泉淸水灌靈根 審能修之可長存"이라는 칠언절구로 귀함을 강조하셨다. 이는 "옥구슬처럼 영롱한 샘에서 나오는 맑고 깨끗한 물로써 혀를 부드럽게 적셔주니 삼가서 수양하면 장생할 수 있다."는 뜻이다.

인체의 땀과 눈물, 정액 등의 진액은 한번 배출되고 나면 돌이킬 수 없지만, 입 속의 침은 되돌려 생성할 수 있으니 함부로 내뱉지 말 것을 권유하셨다. 이렇게 자신의 침을 내뱉지 않고 머금어 삼키는 것을 '회진법廻津法'이라고 하는데, 회진법을 시행하면 진액이 보존되어 몸에 윤기가 흐른다고 본 것이다.

이렇게 중요한 '고치법'이라도 알고 실천하기가 매우 어려워 일상생활에서 쉽게 할 수 있는 대안을 찾게 됐고 그 방법으로 제시된 것이 오래 씹는 식습관이다. 오래 씹게 되면 타액(침)의 분비가 촉진되는데, 침은 귀의 앞 아래쪽에 있는 이하선耳下腺, 아래턱뼈 속에 있는 악하선顎下腺, 그리고 혀 밑에 있는 설하선舌下腺에서 분비되는 끈기 있는 소화액이다. 끈적끈적한 점액粘液과 프티알린(ptyalin-침 속 아밀라아제-녹말 분해 효소)이 함유된 맑은 장액漿液으로 이루어진 침의 주된 작용은 저작咀嚼시 음식물이 잘 섞이도록 해서 소화를 돕는 것이다. 또 타액 속에는 젊음의 호르몬이라 불리는 파로틴(parotin)이라는 물질이 있다. 파로틴은 이하선으로부터 추출된 단백성 타액선호르몬이며, 뼈의 성장촉진, 스트레스에 대한 저항의 증대, 단백질 동화작용 등의 기능이 있는 것으로 알려져 있다.

중요한 것은 이 침에 아밀라아제(탄수화물 소화), 프로테아제(단백질 소화), 리파아제(지방 소화)라고 하는 소화효소가 포함되어 있다는 것이다. 그래서 고급 세탁세제에는 이 세 가지의 소화효소가 들어 있다고 한다. 탄수화물 얼룩을 없애고(아밀라아제), 단백질을 지우고(프로테아제), 기름때를 없앤다(리파아제)는 것이다.

더불어 노화가 진행될수록 타액 속의 파로틴 분비량이 적어진다는 사실도 밝혀져, 중년 이후부터는 더욱 잘 씹어서 타액의 분비량을 증진시키고 파로틴기능을 활성화해야 한다는 이론이 설득력을 얻고 있다. 이렇듯 잘 씹기만 해도 노화가 방지되며 뼈가 튼튼해지고 건강해진다는 선조들의 이론이 현대과학으로 증명해낸 결과물 중 하나라고 생각한다. 이뿐만 아니라 오래 씹는 것만으로도 건강에 긍정적 요인으로 작용하는 것이 아주 많다. 그래서 작은 생활 속의 실천 '오래 씹기'에 대해 한 번 더 살피는 계기가 된다면 올바른 식습관과 함께하는 우리민족의 건강은 지금보다 더 밝아질 수 있을 거라고 믿고 있다.

그래서 필자는 오늘 아침에도 이렇게 말했다. "아들… 천천히 꼭꼭 씹어라."

많이 씹을수록 건강해진다

『씹을수록 건강해진다』는 저자 니시오카 하지메가 과학적으로 밝혀낸 타액 백서다.

방사선과 화학물질의 독성연구 전문가다. 세계 최초로 타액의 독성 제거능력을 연구, 국제적으로도 권위를 인정받고 있다. 타액의 독성 제거능력과 잘 씹는 습관이 생활습관병과 암 등으로부터 인체를 지켜주는 쉽고 강력한 건강비결이라는 사실을 알려준다. 특히 잘 씹으면 타액이 잘 분비돼 소화를 돕고 식품첨가물과 발암물질, 환경호르몬 등 유해물질의 독성을 없애준다고 강조한다.

'씹기'의 중요성이 최근 들어 크게 부각되고 있다.

씹기는 음식물을 잘게 잘라 소화와 영양섭취에 영향을 주는 한편으로, 신경자극을 통한 감각기관의 조절 및 장기 활동의 촉진에도 도움이 된다. 세계적으로 장수 노인들의 공통점 중에 하나가 씹는 능력을 잘 유지해 영양을 고루 섭취한다는 것이다. 또 씹는 능력이 뇌 활동에도 도움을 줘 치매를 예방하고 기억력을 높여준다는 사실이 최근 연구에 의해 밝혀지기도 했다.

이렇듯 씹는 능력이 우리 몸에 절대적으로 중요한 기능으로 밝혀지고 있다. 대표적인 효과가 저작 기능 강화, 타액 분비 촉진, 소화액 분비 촉진, 장폐색증 감소, 이 닦기와 프라그 제거 효과, 불안감 해소, 뇌기능 활성, 역류성 식도염 예방, 집중력 향상 등이다.

씹기는 의학전문용어로 저작咀嚼이라고도 하는데, 껌 씹기를 통해 얻을 수 있는 저작 기능 강화는 인간이 생존하기 위해 가장 기초가 되는 음식물 섭취와 직접 관련이 있기 때문에 중요하다. 어떤 음식이든 씹어야 맛이 좋고 소화도 잘 되어 건강에 도움을 주기 때문이다.

이러한 씹는 기능도 반복된 운동을 통해 강화될 수 있다. 1988년 일본 사토 요시노의 연구에 따르면, 3-5세 유아 10명에게 3개월 동안 껌을 씹게 한 다음 실험 전후를 비교했더니 최대 교합력(무는 힘)이 2배가량 증가한 것으로 보고됐다.

씹기는 타액(침)의 분비를 촉진시켜 소화를 돕는 것으로도 알려져 있다. 껌을 씹을 경우 음식물 찌꺼기를 씻어내고 산을 희석시켜 구강 내의 세균 증식을 억제시켜준다. 건강한 성인의 경우 하루에 1,000-1,500ml 정도의 타액이 분비된다. 이보다 침이 부족하게 분비되면 구강 내 염증, 충치, 잇몸질환을 앓고, 또 구취와 만성 쓰라림을 동반하는 등의 괴로움을 겪는 것으로 알려졌다. 사토 요시노의 연구에 따르면 22-24세 남녀 10명에게 60초간 껌을 씹게 하고 타액 분비량을 측정했더니 분당 1ml씩 타액이 분비돼 평소보다 3-4배 증가한 것으로 나타났다.

씹기는 소화액과 췌장액 등의 분비도 촉진시켜준다. 2008년 영국 푸카야스타(S.Purkayastah)가 실시한 연구에 따르면 158명의 장 수술 환자들에게 하루 3번씩 5분에서 45분 동안 껌을 씹게 했더니 전체 소화 기관의 타액 및 췌장액 분비가 활성화됐다. 또 껌을 씹으면 가스배출속도가 단축되고, 장운동과 배고픔의 시간이 단축됐다.

씹기는 장폐색증 질환을 예방하는데 효과가 있는 것으로 알려졌다. 장폐색증이란 장의 일부가 막혀 통과 장애 증상을 나타내는 질환이다. 2006년 미국 로브슈스터(Rob Schuster)의 연구에 따르면 결장 수술을 받은 환자 34명을 하루 3회 껌을 씹게 한 뒤 방귀나 배변, 배고픔 시간을 측정해본 결과, 방귀(18.5%)와 장운동(29.3%) 및 배고픔(12.8%) 시간이 단축된 것으로 조사됐다.

씹기는 불안 해소에 도움을 준다는 조사 결과도 있다. 2009년 단국대학교 김경욱 교수의 학회발표 논문에 의하면 지속적으로 껌을 씹는 행위가 뇌기능을 활성화시킬 뿐만 아니라 정신적인 이완작용과 행복감을 증가시켜 주는 것으로 알려졌다. 이는 성인 36명을 대상으로 하루 1시간씩 4주간 껌을 씹게 한 후 뇌파측정을 한 뒤 나타난 결과다.

씹기는 스트레스 호르몬인 코르티솔의 수치도 줄어드는 것으로 나타났다. 2008년 호주 스윈번대학교 앤드류 스콜리(Andrew Scholey)의 연구에 따르면 22세 성인 40명을 대상으로 껌을 씹으면서 난이도가 어려운 문제를 풀게 한 뒤 스트레스 정도를 측정한 결과, 스트레스 호르몬인 코르티솔의 수치가 감소했다고 한다.

씹기는 집중력 향상에 도움을 준다. 운동선수들이 껌을 씹는 이유로는 긴장감 해소도 있지만 집중력 향상의 효과가 크기 때문이다. 이상직 위덕대 교수에 따르면 실제로 껌을 씹으면 뇌 혈류량이 증가해 뇌기능이 향상된다고 한다. 또한 껌이 지적 능력과 기억력 향상에 긍정적인 영향을 끼쳐 노인들의 치매 예방도 도움이 된다는 연구도 진행 중이다.

역류성 식도염을 앓고 있을 경우 씹기가 증상을 완화시켜 준다는 보고도 있다. 미국 치아연구저널에 따르면 위와 식도 역류증상을 앓고 있는 환자에게 점심식사 후 30분간 껌을 씹게 했더니 식도 산성도가 정상으로 돌아왔다는 보고가 있다. 껌을 씹으면 위가 음식물과 위산을 밑으로 내려 보내는 운동을 더 많이 하게 해서 위산 역류를 막아준다는 것이다.

캘리포니아대 연구팀에서 133명의 실험참여자 중 한 팀은 껌을 씹는 상태에서, 또 한 팀은 껌을 안 씹은 상태에서, 마지막 한 팀은 스트레스를 주는 소음에 노출된 환경에서 각각 기억력테스트를 진행했다. 테스트 후 참가자들의 심박동수와 타액 내 코르티졸 레벨 등 각종 신체 상태를 검사했다. 그 결과 껌을 씹은 팀이 집중력도 높았고 심박수와 코르티졸 레벨도 모두 높았다. 그들은 난해한 문제를 접할수록 반응속도도 더 빨랐다. 마지막으로 껌을 씹은 팀이 기분도 가장 좋았다고 한다.

세인트로렌스대의 심리학 연구팀에서도 껌을 씹는 행위에 관한 연구결과를 발표했다. 그들은 159명의 학생에게 난해한 퍼즐도 주고, 무작위적인 숫자를 하나하나 읽고는 거꾸로 다시 모두 기억해내라는 등의 기억력테스트도 진행했다. 159명 중 반은 껌을 씹으면서 테스트를 받았으며, 나머지 반은 껌을 씹지 않았다.

그 결과, 껌을 씹은 팀의 성적이 훨씬 우수한 것으로 나타났다. 껌에 함유된 당분은 테스트에 아무런 영향도 미치지 못했고, 이번 연구결과로 껌을 씹는 것이 카페인을 섭취하는 것보다 더 효과적이라는 사실도 드러났

다. 하지만 껌의 효과는 매우 짧았다. 비교해본 결과 껌을 씹은 팀의 성적
은 최초 20분간만 월등히 좋았으며, 그 후로는 껌을 안 씹은 팀과 차이가
나지 않았다고 한다.

왜 씹으면 뇌가 좋아질까?

치아와 뇌에는 말초신경과 중추신경을 연결하는 강력한 신경네트워크
가 존재한다. '씹는 행위'는 아래턱에 붙어 있는 저작근을 신축운동으로
해서 아래턱운동을 하게 하고, 운동피질(대뇌반구에서 중심부 앞쪽에 있는 신피
질 영역으로 수의적 근육운동을 통제)을 크게 자극한다. 씹는 행위를 통해 뇌의
혈류가 늘어나고 뇌가 활성화된다. 또한 미각과 후각을 더욱 자극하여 결
과적으로 뇌를 폭넓게 자극하는 것이 된다.

베타아밀로이드는 뇌의 신경세포를 파괴하는 독성물질로 알츠하이머병
과 같은 치매를 유발하는 단백질로 알려져 있다. 최신 연구결과를 통해
씹는 횟수가 적어질수록 베타아밀로이드가 늘어난다는 사실이 밝혀져,
씹을수록 알츠하이머병과 같은 치매에 걸릴 확률이 낮아진다고 할 수 있
다. 그뿐만 아니라 씹는 행위는 뇌 기능을 활발하게 만들어 반사 신경이
나 기억력, 인지능력, 판단력, 집중력까지 높여주는 것이다.

씹는 힘은 뇌의 운동피질과 연관이 되어, 씹는 힘이 저하되면 당연히 온
몸의 근육에도 영향을 미친다. 씹는 힘이 약해지면 헛발질을 하거나 넘어질
위험이 커지고 얼굴 근육이 약해지면서 노안(老顔)도 초래하게 된다.

씹는 힘을 키운다고 해서 무조건 말린 오징어나 과자 같은 **딱딱한** 것만
을 먹어야 하는 것은 아니다. 물론 오래 씹을 거리를 먹으면 좋지만 보통
식사도 천천히 여러 번 씹으면 뇌의 활성화에 도움이 된다.

씹는 것은 20-30회 정도로 하는 것이 좋고, 평상시에는 입술은 다물고,
치아는 약간 벌어진 상태로 자연스럽게 있는 것이 좋다.

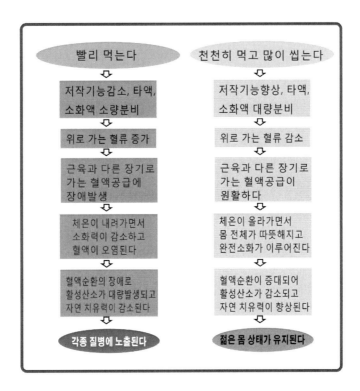

세 번째,
잠을 잘 자야 한다

얼마 전 저희 한의원에 내원한 직장인 이모 (여 28세) 씨는 잠을 충분히 잤는데도 몸이 나른하고 자꾸 졸리는 만성피로 증상에 시달리다 오랜 시간이 지나도 상황이 나아지지 않아 치료를 받으러 왔다. 시간이 갈수록 피곤하고 졸린 정도가 심각해 정상적인 일상생활이 어려울 정도라고 했다.

이 씨처럼 잠을 충분히 잤는데도 몸이 나른하고 자꾸 졸리는 만성피로 증상에 시달리는 현대인이 늘고 있다. 하지만 많은 이들이 이런 증상을 보인다고 딱히 병원을 찾지는 않는다. 뾰족한 치료법도 없다고 생각하기 때문이다. 그러나 이런 증상이 계속된다면 코골이나 수면 중에 무호흡증을 하고 있는지 의심해 봐야 한다.

수면 중 코골이와 수면무호흡증은 우리 몸에 산소 공급이 부족하게 돼 깊은 수면 단계에 이르지 못하게 되고, 우리 몸은 충분한 휴식을 취하지 못하게 된다. 특히 숙면을 통해 신체가 충분한 휴식을 취하지 못하면, 만성피로만 문제가 되는 것이 아니라 각종 암, 고혈압, 당뇨, 심장마비, 뇌출혈, 호흡기 질환, 폐질환 등 모든 병의 원인이 된다.

성장기 어린이의 경우 구강호흡으로 인해 숙면이 불가능할 경우, 쉽게 흥분하고 부산해지며 집중력 저하를 호소하게 된다. 또한 발육과 성장이 더디지고 면역기능도 저하돼 감기 등 호흡기 질환에 쉽게 노출되기도 한다.

코골이와 수면 무호흡증을 치료하기 위해서는 무엇보다 코골이의 근본 치료가 필요한데 입을 다물고 자는 것이 무엇보다 중요하다.

수면무호흡증의 증상은 다음과 같다.

1) 잠잘 때 코골이가 동반되어 남에게 피해를 주는 사회적인 문제뿐 아니라, 꿈이 많아지거나 화장실에 자주가게 된다.
2) 잠이 조각나고 깊게 자지 못해, 아침에 일어나기 힘들고, 기억력 집중력 장애 등 인지장애가 초래되고 주간 졸림 및 만성피로가 나타난다.
3) 스트레스 호르몬이 증가하여 당뇨 II형이 나타나거나 잘 조절이 되지 않는다.
4) 심혈관계 불안정으로 고혈압, 부정맥, 뇌졸중 등이 나타난다.
5) 정서에 영향을 미쳐 짜증이 많아지고 예민해지며 가끔 우울증을 유발하거나 악화시킨다.

어두운 곳에서 8시간 동안 잠을 자야 면역 체계가 활력을 되찾을 수 있다는 사실을 보여주는 연구들이 많다. 면역 체계가 약해지면 몸 안을 깨끗이 유지할 수 없고, 그 결과 몸의 이곳저곳에서 세포의 생명을 위협한다.

낮과 밤의 규칙적인 반복은 자연스러운 수면과 활동 주기, 우리 몸의 필수적인 생화학적 과정들을 조절한다. 낮 동안 깨진 신체 리듬은 수면을 통해 정상적으로 되돌려진다. 수면의 중요성이 강조되는 이유는 '호르몬의 왕성한 활동으로 인한 신체 리듬의 회복' 때문이다.

우리 몸에서는 코르티솔(Cortisol)과 코르티코스테론(Corticosterone)이라는 강력한 호르몬이 분비되는데, 이 호르몬들의 분비는 뚜렷한 24시간 주기를 갖고 있으며 신진대사, 혈당, 면역 반응 등을 포함하여 우리 몸에서 가장 중요한 기능들을 조절한다. 자연스러운 수면, 활동주기를 깨뜨리면 이는 만성질환, 심장병, 암과 같은 다양한 형태의 장애를 일으킬 수 있다.

새벽부터 저녁까지 분비되는 세로토닌은 낮 동안 우리의 기분을 좋게 만드는 호르몬이다. 야외에서 볕을 쬐면 기분이 좋아지고, 해가 짧은 겨울이면 기분이 우울할 때가 많은 것도 세로토닌이 빛이 있을수록 더욱 활발하게 분비되기 때문이다.

생활 속에서 쉽게 자연치유력을 높이는 방법의 하나는 숙면을 취하는 것이다. 하루 평균 8시간 정도 충분한 수면을 취하고 규칙적으로 자고 일어나는 습관을 들이면 우리 몸은 질병과 맞설 힘을 충분히 가지게 된다. 특히 수면 패턴이 중요한데, 저녁 11시부터 새벽 3시까지는 깊은 잠을 푹 자야 좋다. 이 시간에 잠을 자야 면역력을 강화하는 멜라토닌이 분비되기 때문이다. 뇌의 송과선에서 분비되는 호르몬 중에 가장 강력한 것이 신경 전달 물질인 멜라토닌이다. 멜라토닌은 활기찬 낮을 만드는 세로토닌과는 반대로 황혼을 지나 빛이 사라지고 암흑이 찾아와야만 나타나는 호르몬이다. 멜라토닌은 밤에 깊은 휴식을 취하게 해주고 염증과 노화를 막아주고 우울증 치료에 탁월하다.

장마철은 햇빛이 줄어들어 많은 사람이 우울한 증상을 느끼게 된다. 햇빛이 줄어들면 멜라토닌의 분비가 줄어들면서 신체리듬이 깨져 우울증이 유발되는 것이다. 계절성 우울증은 일조량이 줄어드는 가을, 겨울철에 우울증이 시작되고 일조량이 늘어나는 봄, 여름에 증상이 저절로 회복되는 현상이 매년 반복된다. 이 증상은 일조량 차이가 적은 적도 부근에서는 드물고 위도가 높아질수록 더 많아져 북구 유럽에서 가장 많이 나타난다. 밤에 불을 켜고 자면 개운치 않은 것도 빛이 있으면 멜라토닌의 분비가 방해받기 때문이다.

멜라토닌을 단순히 잠만 재우는 호르몬이라고 보아서는 안 된다. 멜라토닌은 뇌와 몸을 보호하는 고마운 물질이기도 하다. 세포 활동의 결과로 유해산소를 비롯한 활성산소가 생기는데 이것이 조직손상과 염증, 노화의 원인이 된다. 요즘 몸에 좋다고 하는 항산화물질들이 인기가 높은 이유도 활성산소를 제거하는 기능 때문이다.

멜라토닌은 그 중에서도 최상이다. 다른 항산화물질들과는 달리 한번 활성산소를 붙잡으면 분리시키지 않는 강력한 힘을 발휘한다. 멜라토닌은 뇌와 혈관, 세포 사이를 자유로이 이동할 수 있는 능력까지 갖춰 적은 양으로도 뇌의 신경들을 보호하고 심장을 비롯한 몸 전체에서 파수꾼 역할을 톡톡히 해낸다.

멜라토닌은 암을 예방하는 역할과도 관련이 깊다. 유방암, 전립선암을 예방하고 면역계를 강화한다. 실험쥐의 수명을 최대 20퍼센트나 연장한 결과도 있고, 폐경기 여성의 경우 멜라토닌의 농도가 높아지자 생리가 다시 시작됐다는 연구도 있다. 이 때문에 생명 연장의 꿈이 멜라토닌에 달려 있다고 하는 학자들도 많다.

밤 시간에 담배를 덜 피우게 되는 것도, 천식환자가 기침이 심해지는 것도 멜라토닌의 영향이다. 시간에 따른 몸의 변화에서 멜라토닌은 중요한 역할을 한다. 특히 뇌의 기능은 낮과 밤에 극명하게 바뀐다. 보통 낮 동안의 기억은 밤에 장기기억으로 바뀌지만 밤에 학습한 내용은 제대로 기억나지 않는다.

멜라토닌이 새로운 기억이 생기는 것을 방해하기 때문이다. 그래서 주로 밤에 벼락치기로 공부를 하면 능률도 떨어지고 오래 가지도 못하는 것이다. 밤사이 공부나 일을 해야만 하는 사람들을 위해 멜라토닌의 긍정적인 효과는 그대로 두면서 멜라토닌 수용체를 적절히 제어하는 연구가 진행 중이다.

멜라토닌은 기억뿐 아니라 인지과정 전반에서 없어서는 안 될 호르몬이다. 멜라토닌은 치매의 일종인 알츠하이머가 진행되면서 나타나는 신경섬유원 농축현상을 막는 효과가 있다고 한다. 이 때문에 치매에서 흔히 찾아볼 수 있는 우울증과 불면증, 늦은 오후나 밤에 더욱 혼란스러워지거나 흥분하게 되는 증상들을 멜라토닌이 완화시킨다고 한다.

멜라토닌은 주로 알약의 형태로 만들어져 생체 시계의 교란으로 인한 불면증을 치료하는 데 쓰이고 있다. 시차 적응을 위해 비행기 여행을 시작할 때 먹기도 한다. 우울증, 특히 생체 시계와 관련이 깊은 계절성 우울증(seasonal affective disorder) 치료에도 쓰인다.

암과 노화를 예방하는 효능도 기대할 수 있다. 저녁부터는 필요 없는 조명을 피하고 반대로 아침부터 낮 동안은 충분히 햇볕을 쬐는 것이 좋다. 푸른빛을 차단하는 안경이나 휴대용 조명기기를 굳이 사지 않아도 조금만 노력하면 쉽게 할 수 있는 것들이다.

자는 동안 과도하게 불빛에 노출되면 체질량지수(BMI)를 높여주고 허리둘레도 늘어난다는 연구결과도 발표됐다.

런던 암 연구소는 영국 유방암 자선 단체(Breakthrough Breast Cancer)의 지원을 받아 40년간 11만 3,000명의 여성을 대상으로 추적 조사한 결과 이같이 밝혔다.

연구팀은 여성들을 수면 중 불빛 노출 정도에 따라 4그룹으로 분류했다. A그룹은 책을 읽을 수 있을 정도, B그룹은 책을 읽을 수는 없지만 방안의 물체를 식별할 정도, C그룹은 방안의 물체는 식별하지 못하지만 자신의 손은 알아보는 정도, D그룹은 물체를 전혀 알아볼 수 없는 정도였다.

연구 결과, 수면 중 불빛에 많이 노출된 여성일수록 체질량지수와 WHR 수치가 높았으며 허리둘레도 컸다.

이에 대해 연구팀은 자는 동안 불빛의 밝기가 체중에 영향을 미치는 이유는 불빛이 낮과 밤의 대사를 조절하는 인체의 생체 시계를 교란시키기 때문이라고 설명했다. 또한, 연구팀은 인공조명은 수면 중 생성되는 호르몬인 멜라토닌의 분비를 지연시킬 수 있다고 지적했다. 특히, 불빛은 섭취한 음식이 소화되는 방식에 변화를 줄 수 있다.

런던 암 연구소 앤서니 스워들러(Anthony Swerdlow) 교수는 "인체의 대사과정은 잠을 자고 있는지 깨어 있는지와 함께 불빛 노출에도 영향을 받는다."고 전했다.

영국 드몽포르 대학교의 마틴 모건 테일러 교수는 "인간은 생체시계를 갖고 있고 낮에는 빛 속에, 밤에는 어둠 속에 살게 되어 있다"며 간호사들을 대상으로 진행 중인 연구에서 야간 근무를 하는 간호사들의 경우 암 발병 위험이 50% 이상 증가하였고, 혈액 속의 멜라토닌 농도가 가장 낮은 것으로 밝혀졌다. 멜라토닌 농도가 높을수록 암 발병 위험이 감소하는 것이다. 일반적으로 멜라토닌 농도가 높은 수준을 유지하는 시각 장애인 여성들의 경우, 정상적인 여성들에 비해 유방암 발병 위험이 40% 낮은 것으로 나타났다.

미 하버드대학 시아란 맥뮬란(Ciaran J. McMullan) 교수는 간호사 건강 연구에 참가했던 여성을 대상으로 한 연구결과를 Journal of American Medical Assosiation에 발표했다. 교수는 2000-2012년에 당뇨병 진단을 받은 여성 370명과 대조군 370명을 대상으로 소변 속 멜라토닌 수치를 측정했다.

그 결과, 멜라토닌 수치가 가장 낮은 여성이 가장 높은 여성에 비해 당뇨병 위험이 2.17배(95% CI, 1.18-3.98) 높은 것으로 나타났다.

이처럼 멜라토닌은 생식기능과 수면, 활동주기, 혈압, 면역체계, 뇌수하체와 갑상선, 세포의 성장, 체온 그 밖의 많은 생체 기능을 조절한다. 늦게 잠자리에 들거나 밤샘을 하면 이러한 주기가 흐트러지고 호르몬들의 분비가 균형을 잃게 된다.

결과적으로, 각종 암, 심장마비, 뇌출혈, 각종 질병에 걸리고 싶지 않다면 지금 이 말이 이 책을 읽는 당신에게 가장 중요한 충고가 될 것이다.

"아주 가끔씩 어쩔 수 없는 경우를 빼고는 밤 12시 전에 입을 다물고 충분한 잠을 자라."

당신을 괴롭히는 탈모의 원인은 스트레스와 수면장애다

잠을 제대로 못자면 탈모가 진행된다는데, 왜 그런지 한 예를 들어 살펴보자.

얼마 전 새롭게 취업한 미영 양은 계속되는 야근 때문에 수면 시간이 늘 부족하단다. 신입이라 하는 일마다 서툴고 상사에게 혼이 나, 어쩌다 일찍 퇴근하고 집에 가서 쉬어도 다음날 회사일 걱정에 잠들기가 어렵다.

> 또한 잠이 들어도 깊게 잠을 이루지 못해 낮에 출근을 해서 업무를 보다가 자신도 모르게 잠이 들어 버리곤 한다.
>
> 늘 이렇게 잠이 모자라 피로한 미영 양은 어느 날, 어깨에 떨어진 머리카락을 세다 그 수가 손으로 한 뭉치나 되는 것을 보고 깜짝 놀랐다고 한다.

미영 양처럼 직장인들의 스트레스로 인해 수면장애가 원인이 되어 성별에 구별 없이 여성도 탈모가 많이 진행되는 경우다. 이러한 수면장애 즉, 코골이, 잠꼬대, 이갈이, 수면무호흡증 등은 탈모에 많은 영향을 주는 것이 많은 연구를 통해 밝혀졌다.

서울대학교 서상기 교수팀의 최근 연구결과에 주목해 보자. 서상기 교수는 "인체는 낮에 끊임없는 활동을 하여 활성산소를 생산해 내는데 활성산소는 미토콘드리아를 손상시킨다."며 그러한 손상을 치료하기 위해 밤이 되면 인체는 두뇌에서 멜라토닌 호르몬을 분비한다. 이 호르몬은 스트레스로 인한 신체손상을 감소시켜 종양을 예방할 뿐만 아니라 노화를 지연시키기 때문에 회춘 호르몬으로 불린다.

하지만 밤에 충분히 잠을 자지 못하면 멜라토닌 분비는 차단되기 때문에 인체는 세포를 복구, 치료하기가 어렵게 된다. 멜라토닌이 주로 분비되는 시간은 저녁 9시부터이기 때문에 늦어도 10시에는 잠이 들어야 한다.

또한 질 좋은 잠을 얻기 위해서는 방이 캄캄해야 한다. 불을 켜 놓을 경우 정상량의 멜라토닌 생산이 중단되기 때문이다.

이렇게 질 좋은 수면은 세포분열을 활성화시키고 인체를 치료하지만 수면장애가 일어나면 몸 안에 노폐물이 쌓이게 되고 피로가 가중된다.

서상기 교수는 "모발은 세포분열을 통해 자라나는데 밤에 충분히 휴식을 취해주지 못하면 세포분열이나 신진 대사가 활발하게 진행되지 못해 모발 성장에 문제가 생기게 된다며 새로 나는 머리카락보다 빠지는 머리카락이 많아져 모발에 영양분이 공급되기가 힘들어 탈모가 심해진다."라고 말했다.

서상기 교수는 "모발은 몸의 건강 상태와 바로 연관되기 때문에 몸이 좋지 않다면 모발은 윤기를 잃고 탈모로 이어진다며 코골이와 수면무호흡증과 같은 수면의 질을 떨어뜨리는 수면장애는 적절한 치료를 받아야 한다."고 조언했다.

수면의 단계는 비非렘수면(NREM·non-rapid eye movement) 단계와 렘수면(REM·rapid eye movement) 단계로 나뉜다. 렘수면은 어느 정도 깊은 단계의 수면으로 이 단계에 우리가 꿈을 꾼다고 알려져 있다.

비렘수면은 얕은 잠인 1단계부터 깊은 잠인 3단계로 나뉘는데 각성 상태에서 비렘수면 단계를 거친 뒤 가장 깊은 단계인 렘수면 상태에 들어선다. 7-8시간 잠을 잔다고 하면 이 과정은 5번 정도 반복된다.

서상기 교수는 "수면장애인 코골이와 수면무호흡증을 겪는 사람들은 깊은 잠의 단계인 3단계에 들어가지 못하고 얕은 잠의 단계(1-2단계)에 머물기 때문에 잠을 자도 개운하지 않고 신진 대사가 활발하게 진행되지 못한다."라고 설명했다.

세포분열, 신진대사는 곧 체내에 산소가 제대로 공급되느냐에 따라 결정된다는 것은 이제는 알 것이다, 코골이, 수면무호흡을 방지하여 풍성한 모발로 가꾸자.

40세 이상 국민의 60% 이상이 탈모로 고민한다고 한다. 탈모가 걱정된다면 코골이와 수면무호흡증을 포함하여 수면을 방해하는 것부터 먼저 치료하라! 그렇게 하면 탈모뿐만 아니라 당신의 인생이 바뀔 수 있다.

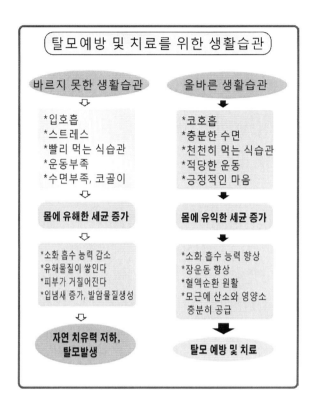

탈모예방 및 치료를 위한 생활습관

바르지 못한 생활습관	올바른 생활습관
*입호흡 *스트레스 *빨리 먹는 식습관 *운동부족 *수면부족, 코골이	*코호흡 *충분한 수면 *천천히 먹는 식습관 *적당한 운동 *긍정적인 마음
몸에 유해한 세균 증가	**몸에 유익한 세균 증가**
*소화 흡수 능력 감소 *유해물질이 쌓인다 *피부가 거칠어진다 *입냄새 증가, 발암물질생성	*소화 흡수 능력 향상 *장운동 향상 *혈액순환 원활 *모근에 산소와 영양소 충분히 공급
자연 치유력 저하, 탈모발생	**탈모 예방 및 치료**

네 번째, 규칙적으로 햇빛을 쬐면서 운동하고 몸을 따뜻하게 하라

운동할 때 호흡하는 방법

유산소 운동뿐만 아니라 무산소 운동을 할 때에도 호흡법은 매우 중요하다.

유산소 운동이란? 온몸에 산소를 원활하게 보내기 위해 하는 운동이다. 많은 사람들이 가장 중요한 호흡법을 몰라 힘들게 운동하면서도 효과는 거의 없는 것이 현실이다. 살을 빼기 위해 운동을 열심히 해도 살이 안 빠지는 이유는 바로 호흡법이 잘못되었기 때문이다.

보통 사람들은 평상시 또는 운동 중에 외부의 공기가 우리 몸에 들어와 폐에서 가스교환이 되는 것에 대해 크게 관심을 두지 않는다. 하지만 특히 운동 중에 호흡법은 무엇보다 중요한 사항이다. 호흡을 어떻게 하느냐에 따라 운동의 성과가 달라진다.

우리가 숨을 쉴 때 들여 마신 공기가 모두 폐 깊숙이 전달되면 좋겠지만 그 중 30~40%는 아무 기능도 수행하지 못하고 그대로 다시 배출된다. 그렇다면 이것이 운동을 수행함에 있어서 의미하는 바는 무엇일까? 그럼, 지금부터 그 궁금증을 해소해 보자.

사람은 안정 시 분당 호흡수는 12~13회 정도이며 1회 호흡량은 약 500~600ml라고 한다. 또한, 최대 운동 시에는 분당 호흡수가 50~60회 또는 그 이상으로 증가하며 1회 호흡량도 2500~3000ml까지 늘어난다. 하지만, 우리가 숨을 들이 쉬면 공기 중의 산소는 폐의 폐포와 폐포관에서 가스교환이 이루어진다.

이때, 들이 쉰 공기 중에서 150~200ml는 폐포에 도달하지 않아 가스교환이 이루어지지 않는데, 이렇게 호흡에 사용되지 않는 분당 환기량을 사강환기량(dead space ventilation)이라고 한다. 사강환기량이 차지하고 있는 부위, 즉 코를 거쳐 인두, 기관, 기관지 등의 공간을 통틀어 **해부학적 사강**(anatomic dead space)**이라고 하고 총 용적은 140ml이다.**

사강이란? 호흡기관 내에서 가스교환과 관계가 없는 기능적 공간의 용적이다. 또 숨을 쉴 때 공기가 지나가는 통로이고, 숨을 들이 쉴 때 온도와 습기를 제공하여 공기 중의 중금속, 세균, 바이러스, 발암물질 등 유해물질을 제거하는 중요한 기능을 담당한다. 한편, 폐포와 폐포관에 도달하여 가스교환이 이루어지는 흡기 공기의 용적은 폐포환기량(alveolar ventilation)이라고 한다.

폐포환기는 호흡의 횟수, 깊이, 사강에 영향을 받는데, 아래의 [도표 1] 과 같이 분당 환기량이 6000ml로 일정하게 유지되더라도 수식호흡부터 얕은 호흡으로 분당호흡수가 증가하게 되면 사강환기량이 증가하게 되어, 폐포환기는 감소하게 된다.

호흡방법	분당환기량(V$_T$×f) −	분당사강환기량(V$_D$×f) =	분당폐포환기량(V_A)
얕은호흡	6000(150×40)ml	6000(150×40)ml	0
보통호흡	6000(500×12)ml	1800(150×12)ml	4200
수식호흡	6000(1000×6)ml	900(150×6)ml	5100

중요한 점은 분당 환기량보다는 폐포환기는 양이 높아야 운동에 유리하다. 이는 운동 시 심호흡(수식호흡)을 하는 것이 얕은 호흡을 여러 번 하는 것보다 산소공급을 높일 수 있기 때문이다.

운동을 위한 수식호흡이나 복식호흡, 요가, 국선도, 기공, 태권도, 무산소 운동, 명상 등에서 실시하는 호흡법들이 다소 차이가 있으나, 생리학적인 측면에 있어서는 깊은 호흡을 통해 호흡수를 감소시키고 사강환기량을 줄임으로써 폐포환기량을 증가시킨다는 공통점이 있다.

이와는 반대로 운동을 하면서 호흡수가 지나치게 많아진다면, 사강이 늘고 폐포환기가 줄어들며 결과적으로는 근육, 심장, 뇌 등의 인체 기관과 조직으로 적절한 산소운반이 이루어지지 않아 운동수행과 관련된 기능적 장애뿐만 아니라 어지러움증 또는 실신, 심장마비 등의 신체 이상증세를 초래할 수 있다.

미토콘드리아와 관련된 유산소 운동 능력의 변화를 통해 운동 중 요구되는 호흡수를 감소시키는 것이 일차적으로 중요하며, 보조적으로 사강환기량을 줄이고 폐포환기량을 증가시키는 호흡법이 적용될 때 운동수행 능력이 배가 된다.

또한 이러한 호흡법을 훈련할 때에도, 운동 강도가 증가함에 따라 호흡수는 늘어날 수밖에 없기 때문에, 지나치게 호흡수를 줄이는 것보다는 개인에게 적절한 수준의 호흡수와 깊이를 유지하면서 최대한 폐포환기량을 늘리는 방법을 고려하는 것이 바람직하다.

햇빛은 만병통치약이다

2014년 7월 중순 여름철 피서 시즌이다. 약간 그을린 피부가 매력적이라는데 해변에서 선탠을 한번 해볼까? 하지만 조심스럽다.

자외선의 '두 가지' 얼굴에 대해 아는 사람은 드물 것이다. 자외선은 피부노화를 유발하는 '악마'로 불린다. 하지만 질병을 치료하는 '천사'의 얼굴도 갖고 있다. 당신은 어느 쪽을 택할 것인가? 피부인가 아니면 건강인가?

필자는 당연히 건강이다. 실제로 매일 20분씩 일광욕을 즐기기 때문에 얼굴을 제외하고 나의 피부는 검다.

물론 검은 피부가 문제를 일으킨 적은 전혀 없고 전보다 더욱 건강해진 것은 사실이다. 연구결과들이 이를 증명해줄 것이다.

무더운 여름철, 강렬한 햇볕이 내리쬐면서 자외선 차단제를 꼼꼼하게 챙겨 바르는 이들이 많아지고 있다. 주위에서는 노화방지를 위해 하루에도 수차례 자외선 차단제를 바르는 젊은 여성들도 눈에 띄게 증가하고 있다. 그러나 햇빛에 포함된 자외선은 피부에 반드시 유해하다고 볼 수 없는 연구도 나오고 있다. 과연 자외선은 나쁘기만 할까?

1950년까지 과학자들이 밝혀낸 연구 자료에 따르면, 햇빛은 결핵, 고혈압, 당뇨, 모든 종류의 암, 그리고 150가지 이상의 병을 치료하는데 도움이 되는 것으로 증명되었다. 현대의학이 눈부시게 발전한 현재도 햇빛만큼 광범위한 치료 효과를 나타내는 치료법은 없다.

우리 피부는 태생적으로 자외선을 차단하도록 만들어져 있다. 가장 중요한 이유 중 하나가 자외선이 정상적인 세포 분화에 꼭 필요하다는 사실이다. 햇빛이 부족하면 세포의 정상적인 활동에 지장을 주고 이것이 이어지면 각종 질병과 암을 유발하게 된다.

피부에 존재하는 멜라닌 세포는 자외선을 차단하기 위해 멜라닌이라는 색소를 생산한다. 피부가 태양에 노출되면 피부가 햇빛에 그을려 어두운 색을 띠면서 멜라닌 색소가 피부를 효과적으로 보호하는 것이다. 멜라닌은 바르는 자외선 차단제보다 훨씬 더 효과적으로 태양 빛이 피부에 들어가는 것을 차단한다. 때문에 흑인의 피부는 굉장히 좋은 자외선 차단제를 바른 상태라고 볼 수 있다.

누구든 햇빛을 쬐지 못하면 몸이 약해지고 그 결과 정신적으로 육체적으로 문제를 일으킨다. 시간이 흐를수록 생체 에너지가 감소하고 그것이 그 사람의 삶의 질에 반영된다.

다음은 자외선의 효과이다.

* 혈압 및 맥박수 강하
* 혈액의 산소운반 능력 상승
* 콜레스테롤 감소
* 혈당조절
* 지구력과 근력 향상
* 신체감염에 대한 저항력 증가
* 스트레스에 대한 내성 증가와 우울증 감소
* 감염에 대한 피부의 저항성 증가

그리고 자외선은 비타민 D를 만들어준다. 비타민 D는 체내 칼슘 흡수를 도와 뼈를 튼튼하게 해준다. 비타민 D가 부족하면 골다공증이 생기고, 과거에는 허리가 굽는 구루병이 발생하기도 했다. 최근 연구에 따르면 비타민 D의 부족은 우울증, 복부 비만, 심장병, 퇴행성 관절염, 대장암 발병률도 증가시킨다. 자외선에 의해 피부에서 합성된 비타민 D가 체내 비타민 D의 대부분을 차지하기 때문에 자외선을 적절히 쪼이는 것은 비타민 D 생성을 위해 필수적이라고 하겠다.

최근 국내의 한 대학병원 연구에 따르면 남자 83%, 여자 82%가 비타민 D 부족상태인 것으로 나타났다. 또 다른 대학병원 연구에 의하면 우리나라 20대의 91.8%, 30대 89.1%가 혈중 비타민 D 농도가 정상보다 낮았다고 보고됐다. 이는 일조량이 우리나라보다 현저히 적은 북유럽의 수치보다도 낮은 것이다. 연구자들은 우리나라 사람들이 피부 미용을 위해 자외선 차단제를 너무 많이 사용하기 때문이라고 지적하고 있다.

미국 하버드대 의대 연구팀은 스트레스를 확실히 풀 수 있는 방법을 과학학술지 '셀'에 소개했다. 뜨거운 태양이 내리쬐는 플로리다 주에서 20분만 햇빛을 만끽하면 된다. 햇빛에 들어 있는 자외선이 '기쁨 호르몬'을 분비해 스트레스를 줄인다는 것이다.

연구진은 실험용 쥐의 털을 깎은 뒤 일주일에 5일씩 6주간 자외선을 쪼였다. 자외선의 양은 ㎡당 50mJ(밀리줄)로 피부는 검게 타지만 화상은 입지 않을 정도로 조절했다. 실험 결과 한동안 자외선에 노출된 쥐의 피부에서는 프로오피오멜라노코르틴(POMC)이라는 물질이 합성됐다.

POMC는 피부 세포에 멜라닌이 생성되도록 촉진하는 역할을 주로 하지만 일부는 '베타엔도르핀(β-endorphin)'을 합성하는 데 쓰인다. 체내에 베타엔도르핀이 분비되면 마치 마약을 맞은 것처럼 통증을 잘 느끼지 못하고 기분도 좋아진다. 이 때문에 베타엔도르핀은 '기쁨 호르몬' 또는 '마약 호르몬'으로 불린다.

실제로 베타엔도르핀과 마약의 일종인 모르핀이 체내에서 달라붙는 수용체는 같다. 베타엔도르핀이 모르핀과 동일한 역할을 한다는 뜻이다. 베타엔도르핀이라는 이름도 '몸속의 모르핀'이란 의미를 갖고 있다.

피부 미용을 위해 정신적·육체적 건강을 잃는다면 매우 어리석은 일일 것이다. 그렇다고 얼굴에 기미, 잡티, 주름으로 인해 같은 또래보다 몇 년은 늙어 보이거나 생활에서 불이익을 당하는 것도 매우 힘든 일이다. 이러한 문제로 너무 고민할 필요는 없다. 왜냐하면 좋은 방법이 있기 때문이다. 다행스럽게도 우리 피부는 아주 적은 양의 자외선만으로도 적당량의 비타민 D를 합성할 수 있다. 대개 맑은 날 기준으로 일주일에 3-4번 정도, 얼굴은 스마트 마스크를 착용하여 자외선을 차단하고 손, 팔, 다리 등에 햇빛을 10-20분 쪼이면 된다. 어려운 일은 아니다.

그러면 건강과 피부미용 두 마리 토끼를 잡을 수 있다.

그리고 환자의 경우는 꾸준히 운동하는 것이 중요하다. '항암 화학 치료를 받고 있는 동안 강도 높은 운동을 새로 시작하라는 것은 아니다. 하지만 운동을 하고 있었다면 어느 정도의 운동은 계속할 필요가 있다. 만약 평소에 운동을 하지 않았다면 걷기나 수영 같은 가벼운 운동을 해보기 바란다.'

운동의 좋은 점은 치료와 관련한 피로를 이기는 데에만 도움이 되는 것이 아니다. 실제로 운동은 암을 치료하는 데에도 기여한다. 대개의 경우 암세포는 산소가 부족해서 생기는 것이고, 운동은 여분의 산소를 온몸에 전달하고 면역능력을 향상시키는 가장 빠른 방법이다. 하지만 너무 격렬한 운동은 자제해야 한다. 하루에 30분 혹은 일주일에 몇 시간 정도면 세포의 산소 농도를 증가시키기에 충분한 양이다.

미국의사협회지에 발표된 한 연구에서 연구팀은 3,986명의 유방암 환자들을 추적 조사한 결과 암 진단을 받고 일주일에 한 시간 이상 외부에서 걷기운동을 한 환자들의 경우 유방암으로 사망할 가능성이 눈에 띄게 줄었다.

1,500명의 여성들을 대상으로 수행된 다른 연구에서는 대장암 진단을 받고 정해진 프로그램에 따라 일주일에 6시간씩 운동한 여성들의 암 특이적 사망률이 일주일에 한 시간 미만으로 운동한 여성들보다 82% 낮다는 결과가 나왔다. 환자의 나이와 진행정도, 체중 등을 가리지 않고 운동이 보호요인으로 밝혀진 것이다.

운동을 포함한 암 예방을 위한 생활습관의 내용들, 왠지 어디서 들어본 것 같지 않은지? 맞다. 건강한 생활습관은 암을 포함한 모든 만성질환 예방에 효과적이다. 그러나 아는 것과 실천하는 것은 다르다. 건강해지는 데는 노력이 필수다.

운동을 하면 집중력이 좋아진다

"하루 종일 같은 자세로 앉아서 수업 들으면 스트레스가 쌓이는데 배드민턴을 치면 기분이 확 좋아져요. 화날 때도 셔틀콕을 때리면서 기분 풀고요." (고2 이수림)

"원래 기분이 오락가락하는데 운동하면서 평정심을 유지할 수 있게 됐고 슬럼프에 빠지는 일도 거의 없으며 해야 할 일이 엉켜서 머리가 복잡하면 당장 밖에 나가 운동하고 싶어질 때가 많다." (고1 김가람)

운동을 하면 집중력이 좋아진다는 것은 이미 정설이다.

　김영보 가천의대 뇌과학연구소 부소장은 "운동을 하면 뇌에 흐르는 피의 양(혈류량)이 크게 느는데 이로써 뇌는 최상의 컨디션이 되며 두뇌활동이 활발해지면 학습 능률은 오를 수밖에 없다."고 말했다. 그는 하버드대의 한 교수가 미국 시카고의 고교생들을 대상으로 한 실험의 예를 들었다. 수업 시작 전에 40분씩 운동장을 뛰도록 하자 일정 기간이 지난 뒤 운동한 학생들의 성적이 크게 올랐다는 것이다.

　김 부소장은 또 "지금까지는 뇌세포가 죽기만 할 뿐 새로 생기지는 않는다는 게 정설이었는데 운동을 통해 뇌세포가 새로 생성된다는 사실이 밝혀졌다."며 "특히 기억을 담당하는 해마에서 뇌세포가 생기므로 학생들의 학습에도 좋은 영향을 줄 것"이라고 말했다.

　장래혁 한국뇌과학연구원 선임연구원은 "뇌에서 집중력 등의 학습과 관련된 기능을 담당하는 곳은 전두엽인데 운동을 통해 전두엽의 크기가 커진다는 연구 결과도 있다."고 말했다. 이는 미국 일리노이대 아서 크레이머 박사의 연구로, 그는 운동을 하면 그 결과로 늘어난 '신경성장 유발물질'들이 전두엽의 크기를 키운다고 주장했다. 성적이 안 오르는 이유를 '나쁜 머리'에서 찾는 이들이 솔깃할 얘기다.

　스트레스는 공부의 적이다. 스트레스가 쌓이고 '만사 다 귀찮아지는' 순간 공부는 멀어진다. 이때 운동이 필요하다. 김영보 부소장은 "스트레스를 받거나 우울하면 세로토닌이라는 호르몬의 수치가 급격히 떨어지는데 운동을 하면 반대로 세로토닌의 수치가 올라가며 마음의 상태가 긍정적이 되면 공부하는 데도 집중이 잘되기 마련"이라고 말했다.

　운동을 한 뒤 오히려 피곤함을 느끼지 않는 것도 호르몬 때문이다. 길재호 교수는 "조깅을 할 때 처음에는 힘들어도 15-20분 정도만 지나면 팔이나 다리가 저절로 운동하는 듯한 느낌을 갖게 되는데 이게 일종의 '러너스 하이'(runner's high)라며 그때 분비되는 게 엔도르핀 등의 호르몬으로 이를 통해 행복감, 만족감, 성취감 등을 느낄 수 있게 된다."고 말했다.

이런 긍정적인 감정들은 학습 동기를 북돋우는 데 좋은 구실을 한다. 적극적으로 생활하는 데도 도움이 된다. 유문선 양은 중고교 6년 생활을 통틀어 올해 처음 반장이 됐다. "원래 되게 소극적인 성격이었는데 운동하면서 성격도 좀 밝아지고 친구들한테 먼저 다가갈 수 있게 됐다."고 말했다.

이상화 같은 허벅지 만들면 뚱뚱해도 건강 문제없다

운동이 건강의 버팀목임을 보여주는 좋은 사례를 살펴보자.

"뉴욕의 타오 푸춘린치 여사는 현역 요가강사다. 해마다 라틴댄스 대회에도 출전한다. 그녀의 나이는 올해 95세다. 튼튼한 다리 근육을 갖고 있기 때문에 빠른 박자의 라틴 음악에도 경쾌하게 온몸을 움직일 수 있다. 댄스는 두뇌와 근육이 척척 맞아야 '휙' 하고 몸을 돌릴 수 있어서 두뇌도 건강해야 한다."

올해 소치 겨울올림픽에서 인상 깊었던 장면은 이상화 선수의 23인치 허벅지다. 웬만한 여자의 허리와 맞먹는 근육은 특히 단거리에서 폭발적인 힘을 내게 해준다. 반면에 마라톤선수의 몸은 마른 장작을 연상하게 한다.

어떤 유형이 건강 장수에 도움이 될까? 운동선수는 과도한 운동으로 오히려 수명이 짧아진다는 설도 있는데 근육이 정말 필요할까? 필요하다면 매일 걷기를 해야 하는지 아니면 무거운 아령으로 근육을 키워야 하는지? 이런 고통스러운 방법 외에 다른 묘수는 없는가?

필자의 건강검진 성적표엔 늘 '과過체중'이란 경고가 붙어 있다. 비만의 지표로 쓰이는 체질량지수(BMI), 즉 자신의 체중(kg)을 키(m)의 제곱으로 나눈 값이 23.5로 정상(18.5~22.9) 범위를 벗어나 과체중(23~24.9)에 해당하기 때문이다. 하지만 최근의 소식은 마음 편하게 한 공기를 먹게 됐다.

미국 UCLA 의대 연구팀은 올해 '미국 의학 잡지'에 체중이 아닌, 근육량이 수명을 결정한다고 발표했다. 55~65세 남녀 3,659명을 조사한 결과 기존의 비만지표인 BMI가 실제 수명과 연관성이 별로 없는 것으로 드러났다는 것이다. 이보다는 근육량 지수, 즉 근육량(kg)을 키(m)의 제곱으로 나눈 값이 훨씬 더 정확하게 수명과 비례한다고 발표했다.

근육이 많은 사람이 건강하게 오래 산다는 얘기다. 실제로 체질량지수가 정상 체중 범위라고 분류된 미국 성인의 24%가 대사代謝 건강상 문제가 있었다. 따라서 '체중이 정상 범위이니까 건강하다'고 말할 수 없다. 이 연구결과에 고개를 끄떡이게 되는 것은 두 유형의 사람들이 눈에 띄기 때문이다.

한 유형은 체중은 적게 나가지만 내장지방은 많은, 소위 '마른 비만'인 사람들이다. 특히 일부 젊은 여성들이 이런 '마른 비만'에 속하고 실제로 이들의 건강 문제가 심각하다.

이와는 반대로 체중으론 '과체중'이지만 근육이 충분히 있는 사람은 실제로 오래 산다. 따라서 체중을 기준으로 산출한 BMI를 건강 지표로 삼기는 곤란하다. 이제 병원이나 건강센터에선 체중 대신에 근육량을 측정한 비만 도표를 걸어놓아야 할 것 같다.

근육량 측정은 그리 복잡하지 않다. 체지방 분석용 저울에 올라서면 1분 이내에 근육·지방량 등을 분석해 준다. 가정용 분석 저울도 구입 가능하다. 물론 더 정확한 측정을 위해선 병원의 CT를 이용할 수 있다. 근육이 많을수록 장수한다고 하니 이제라도 근육을 늘려야겠다.

그런데 근육을 키우려면 매일 1시간씩 한강변을 걸어야 하나, 아니면 헬스장에서 무거운 역기를 들어야 하나? 어떤 근육을, 어떻게 단련해야 하는지 궁금하다.

지난해 2013년 12월, 빙판길에서 넘어져 119를 부른 횟수가 서울시에서만 3,100건이다. 빙판길 낙상뿐 아니라 일단 넘어지면 노인에겐 치명적이다. 근육은 매년 1%씩 줄어 80세가 되면 30세의 절반이다.

줄어들고 약해진 근육 때문에 집 안에서도 쉽게 넘어진다. 나이 들면 골밀도마저 떨어져 한번 넘어지면 바로 골절이 된다. 뼈가 부러지면 잘 붙지도 않아서 대퇴부 골절 노인 환자의 27%가 1년 이내, 80%가 4년 내에 사망한다.

일본 정형학회 자료에 따르면 일본 노인의 사망 원인 중 암·노환에 이어 3위가 골절일 만큼 골절은 '대단히' 위험한 사고다. 최선의 골절 예방책은 넘어지지 않는 것이다. 우선 몸의 중심부인 허리와 다리를 지탱해 주는 허벅지 근육 같은 큰 근육, 소위 '코어(core) 근육'을 튼튼하게 유지해야 한다.

몸의 근육은 세포다. 근육 운동을 하면 세포 수가 증가해 근육량도 늘어나지만 근육의 힘도 강해진다. 근육의 힘, 예를 들면 손아귀의 힘(악력)이 센 사람들이 오래 산다는 통계는 근육이 바로 건강이란 방증이다.

넘어지지 않도록 근육의 힘을 키우는 데는 짧고 강한 자극을 근육에 주는 것이 좋다. 순간적인 힘을 내는 근육, 소위 '속근'을 생기게 하는 데는 오래 걷기 같은 낮은 강도의 운동보다 무거운 역기를 잠깐씩 올렸다 내리는 고高강도 근육운동이 더 효과적이란 말이다.

굳이 헬스센터를 갈 필요도 없다. 대퇴부나 허벅지의 큰 근육을 키우는 데는 말 타기 자세가 그만이다. 그 자세에서 앉았다가 일어나는 반복 운동만으로도 허벅지를 이상화 선수처럼 만들 수 있다. 계단을 오를 때도 허리를 꼿꼿이 한 채로 무릎을 앞으로 내지 않고 오르면 허리와 허벅지 근육이 발달한다.

이렇게 근육이 늘어나면 뼈의 양도 늘어나고 단단해져서 골다공증이 예방된다. 노화는 다리에서부터 온다. 튼튼한 허리·허벅지 근육이 건강의 첩경이다.

먹을 것이 줄어든 비상 상황에서 몸은 '보통예금'에 해당하는 근육의 에너지를 먼저 쓰고 '정기예금'인 지방 에너지는 나중에 사용한다. 따라서 지방을 없애려고 음식 섭취를 갑자기 줄이면 근육만 빠진다.

우리 몸은 원래 몸무게로 돌아가려는 경향이 강해 몸이 눈치 못 채게 매일 조금씩 음식량을 줄이고 운동으로 근육을 키워놓아야 '요요'없이 성공적으로 뱃살을 줄일 수 있다.

날씬한 몸매보다 더 중요한 근육의 역할은 성인병을 예방하는 능력이다. 성인병은 '죽음의 4중주'라고 불리는 비만·당뇨·고지혈증·고혈압이다. 이 모든 것의 시작은 과식과 운동 부족에서 오는 잉여 칼로리다. 남는 칼로리는 고에너지의 지방으로 복부에 저장된다.

비만의 시작이다. 혈관 속에 녹아드는 지방은 인슐린의 기능을 방해해 혈중 포도당의 세포 내 흡수를 막아 혈당을 높인다. 2형 당뇨병의 시작이다. 당뇨병은 '나쁜 콜레스테롤'인 LDL 콜레스테롤의 혈중 농도를 더 높여서 이미 과잉 칼로리로 인해 높아진 혈중 콜레스테롤 수치를 더 높인다. 고지혈증의 시작이다.

고혈압과 고지혈증은 '죽음의 4중주'의 '피날레 펀치'를 날린다. 뇌졸중, 심장마비다. 이런 성인병의 위험에서 벗어나는 방법은 극히 간단하다. 올바르게 호흡하고 많이 움직여 남아도는 칼로리가 지방으로 쌓이는 것을 사전에 막으면 된다.

95세 라틴댄스 선수인 타오 푸춘린치 할머니는 말한다. "오래 살기 위해서 운동하지는 않는다. 라틴댄스를 배우는 그 도전 자체가 즐거워서 한다." 이왕이면 라틴댄스로, 아니면 강변을 달리는 자전거 타기로 즐겁게 오래 살자. 인체의 근육을 가장 잘 묘사한 조각가인 로댕은 "위대한 예술가는 근육이나 힘줄, 그것 자체를 위해서 조각하진 않는다. 그들이 표현하는 것은 전체다."라고 말했다.

운동해 땀 흘리고 물 많이 마시면 노폐물 빠져나간다

땀을 통해 배출되는 수분을 보충하기 위해 다른 계절보다 물을 많이 마시게 된다. 또 피서지로 찾은 산과 계곡에서 숨을 깊게 내쉬며 무더위를 식히고 있다. 이는 찜통더위를 피하는 일상적 모습이지만 의학적으로 보면 몸 안 독소를 배출하는 자연스러운 '디톡스(Detox)' 현상이다.

디톡스는 21세기 건강을 지키는 키워드로 우리 몸은 정교한 천연 해독 시스템을 갖추고 있다는 전제에서 출발한다. 우리가 숨 쉬고 있는 이 순간에도 피부와 폐, 신장, 대장 등 각 장기들이 땀과 호흡, 소변, 대변을 통해 몸 안 노폐물을 밖으로 빼내기 위해 쉴 새 없이 움직이고 있다는 것이다.

예를 들어 상처가 나면 즉각 혈소판이 응집해 상처가 난 자리의 혈관을 메워 출혈을 막거나 상한 음식을 먹어 식중독에 걸렸을 때 복통·설사를 하는 것도 우리 몸이 해독작용을 하는 것으로 볼 수 있다.

우리 몸 안에 있는 노폐물이 제대로 배출되지 못하면 어떻게 될까.

우선 음식찌꺼기를 제거하지 못하면 변비나 장에 병이 생길 수 있다. 호흡하는 과정에서 이산화탄소를 몸 밖으로 배출하지 못하면 질식할 수 있다. 마음속에 분노와 노여움이 남아 있으면 암과 같은 중증 질환으로 이어질 수 있다.

그렇다면 우리 몸 안에 있는 독소를 제거하는 자연치유력은 어떻게 작동할까.

자동차가 휘발유와 산소를 엔진룸에 공급해 그 폭발력으로 움직이고, 사람은 산소와 영양소를 이용하여 에너지를 얻는다는 사실은 이제는 다

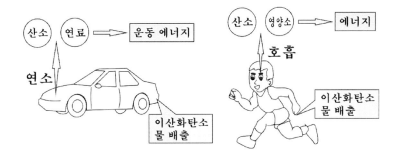

자동차와 사람의 에너지 생산 비교

사람은 산소와 영양소를 이용하여 호흡을 통해 에너지를 얻는다.
자동차는 산소와 연료를 이용하여 엔진에서 운동에너지를 발생시킨다.
이때, 공통적으로 이산화탄소와 물이 배출된다.

알 것이다. 자동차도 중고차가 되면 엔진이 100% 완전연소를 하지 못하듯이 사람도 마찬가지다. 나이가 들수록 소화력이 떨어지고 몸속에 노폐물과 독소가 생기면서 병이 생기고 인체 기능이 점점 떨어진다.

그러나 자동차는 오일을 교환해 인위적으로 엔진룸에 낀 찌꺼기와 때를 제거해 주지만 사람은 몸 스스로 독소를 제거하는 자정능력을 갖추고 있다.

우리 몸의 독소는 몸 바깥에서 들어오는 '외독소'와 몸 안에서 생기는 '내독소'가 있다. 외독소는 수천 종이 넘는 각종 식품첨가물과 화학물질로 만든 화장품, 경피독 물질(피부를 통해 몸 안으로 들어온 독소), 약 등이 일상화하면서 현대인 몸 안에 쌓여 있는 것을 말한다.

내독소는 우리 몸이 대사활동을 하면서 나오는 활성산소와 노폐물이다. 최근 들어 뇌혈관장벽 손상으로 앓게 되는 치매, 염증성 질환, 패혈증, 자가면역질환 등이 내독소와 관련이 있다는 연구들이 활발히 진행되고 있다.

우리 몸 안에서 만들어지는 내독소는 대표적인 것이 활성산소이다. 폐를 통해 몸 안으로 들어온 산소는 피를 타고 혈관을 통해 100조 개나 되는 각 세포의 세포막을 통과해 미토콘드리아(mitochondria)라는 에너지를 만드는 엔진으로 들어간다.

미토콘드리아는 주로 생명 활동에 필요한 에너지를 만들어내는 기관으로, 자동차로 치면 엔진과 같은 곳이다. 미토콘드리아는 우리 인체의 100조 개나 되는 세포의 핵으로, 살아 있는 세포 안에는 모두 미토콘드리아가 있다.

미토콘드리아는 몸을 움직이거나 기초대사를 유지하기 위한 에너지를 만들어낸다. 자동차가 기름과 산소를 연료로 사용하는 것과 달리 미토콘드리아는 우리가 먹는 음식물을 분해해 만든 영양소와 산소를 사용한다.

몸에 에너지를 공급해주는 미토콘드리아가 건강하면 병에 걸리지 않을 뿐만 아니라 병이나 상처가 생겨도 쉽게 회복된다. 문제는 미토콘드리아 세포엔진이 자동차 엔진처럼 100% 연소하지 못한다는 점이다. 5% 정도가 불완전 연소를 하면서 매연과 같은 독소를 만들어낸다. 이 독소가 활성산소다.

활성산소로 미토콘드리아가 파괴되면 에너지를 생산하는 기능이 현저히 하락해 면역 기능과 호르몬 기능이 떨어져 각종 질병에 노출된다.

그렇다면 활성산소와 같은 독소를 우리 몸에서 어떻게 배출해야 할까. 우리가 먹는 음식물의 노폐물과 독소는 흔히 대변(대장)과 소변(신장)을 통해 배출되는 것으로 알고 있지만 피부(땀), 폐(호흡), 순환계(림프계)를 통해 배출된다. 특히 독소는 체온이 36.5도 이상일 때 배출되기 때문에 손발이 차갑고 몸이 냉한 사람은 독소가 제대로 배출되지 않는다.

따라서 체온을 올리고 생활습관을 바꿔야 한다. 또 요즘과 같은 여름철에는 물을 많이 마셔야 한다. 물을 많이 마셔줘야 소변이 원활하게 잘 배출되고 아울러 독소도 함께 빠져나간다.

호흡도 가능한 한 수식호흡을 하도록 한다. 우리 몸속 독소는 호흡을 통해 배출되기도 하는데, 평소 쉬는 얕은 숨으로는 몸속 독소를 배출하는 데 한계가 있다. 꾸준히 수식호흡을 하면 장기를 마사지해 주는 것과 같은 효과가 있어서 소화 기능과 배설 기능이 좋아진다.

땀도 몸속에 남아도는 수분과 무기질, 염분을 배출하는 기능을 한다. 나이가 들면 신진대사 활동이 떨어져 땀이 적어질 수 있지만 이는 건강한 증상이 아니다. 땀을 흘리려면 운동을 하는 것이 가장 좋은 방법이다.

몸에 열을 올리면 닫혀 있던 털구멍과 땀구멍이 활짝 열리고 땀을 통해 독소와 노폐물이 몸 밖으로 빠져나간다.

물을 많이 마셔라

물은 기본적으로 우리 몸의 노폐물을 걸러 소변이나 땀 등을 통해 외부로 배출한다. 산소를 공급하여 신진대사를 원활하게 해주는 것은 물론 피로회복, 사고력강화, 체중감소의 역할까지 해준다.

물은 특히 아침 공복에 마시는 것이 좋다. 물이 밤새 위벽에 끼어 있던 노폐물을 씻어내고 위장의 운동을 촉진시켜주기 때문이다. 뿐만 아니라 밤새 잠자고 있던 신체의 기능에 활력을 불어넣고 식욕을 증진시킨다. 아침에 약수터에서 물 한잔 마시는 것이 건강비결이라는 사람이 적지 않은데 분명한 근거가 있는 말이라고 할 수 있다.

점심 식사를 하기 전 약 30분 전에 물을 마시면 위액을 분비시켜서 식욕을 돋우고 소화에 도움이 된다. 과식도 어느 정도 예방해주는 효과가 있다. 그러나 식사 직전이나 식사 도중에는 가급적 물을 조금 마셔야 한다. 식사 중에 물을 너무 많이 마시면 소화효소와 위산이 희석되면서 소화 능력을 떨어뜨리기 때문이다.

물은 마시는 속도도 중요하다. "물에 체하면 약도 없다."는 말이 있는데 급하게 마시는 것보다 천천히 마시는 것이 사레도 예방할 수 있고 우리 몸에도 좋기 때문에 나온 말일 것이다.

깨끗한 물은 우리 몸의 노폐물을 몸 밖으로 배출시켜준다. 그러나 오염된 물은 오히려 유해물질을 체내에 축적하게 된다. 오염된 물은 우리 몸에서 작용하여 변비와 비만 같은 가벼운 질환에서 동맥경화나 뇌졸중, 신장염, 당뇨병, 담석증 등 여러 가지 질병을 일으킬 수도 있다.

다섯 번째, 긍정적인 생각

"웃으면 복이 온다."는 말은 동양은 물론 서양에서도 공통으로 통용되고 있는 격언이다.

"웃음이 최고의 보약이다."라는 말이 사실로 밝혀졌다. 미국 캘리포니아 주 로마 린다 대학의 연구팀은 40명의 노인을 대상으로 연구한 결과, 웃음이 건강에도 좋을 뿐만 아니라 기억력에도 도움을 주는 것으로 나타났다. A그룹 노인 20명은 20분 동안 코미디 프로그램을 시청했고, B그룹 노인 20명은 아무것도 하지 않았다. 그 후에 연구팀은 A그룹과 B그룹에 기억력을 테스트했고 타액을 채취해 검사했다.

그 결과, A그룹 노인들의 기억력이 더 좋았으며, 타액검사에서도 스트레스를 유발하는 코티솔 호르몬의 수치가 낮았다. 연구를 이끈 거린더 베인즈(Gurinder Bains) 박사는 "웃으면 체내에서 엔도르핀이 만들어지고 도파민을 뇌로 보내 신체 전반적인 활동성과 기능이 향상된다."고 전했다.

웃음 자체는 사람들의 삶을 더욱 풍요롭게 해주는 활력소다. 웃음의 효과를 단기적인 측면과 장기적인 측면으로 나누어 보자. 먼저 웃음이 주는 단기적인 효과는 정신적인 부담을 가볍게 해준다는 것이다. 스트레스에 대한 반응을 완화해 사람을 활동적으로 만들어 주면서 일상적인 긴장 또한 감소시켜 준다. 너무도 당연하게 생각되는 효과일 수도 있지만 재미있는 건 웃음이 자연스럽게 나오는 게 아닐지라도 무조건 의식적으로 웃는다든지 억지로라도 웃다 보면 이러한 효과를 얻을 수 있다.

항상 웃음을 짓는 삶을 살다 보면 장기적으로는 고통을 감소시켜 주는 효과를 얻는데 이는 정신적인 고통뿐만이 아니라 신체적인 고통까지도 감소시켜 줄 수 있다고 한다. 또 웃음을 통해서 개인적인 삶의 만족도가 증가하고 전반적인 기분을 향상시켜주는 효과를 얻을 수 있기 때문에 결국 장기적인 관점에서 웃음이 사람들에게 주는 효능은 세상 그 어떤 약보다도 탁월하다고 할 수 있다.

무엇보다 흥미로운 사실은 웃음이 생명의 근원이며 사회적인 상호관계에 의존하고 상황에 대한 대처능력을 도와준다는 점에서 누구에게나 훌륭한 치료제가 되어줄 수 있다는 점이다. 신체적 건강에 영향을 미치는 구체적인 효과를 보면 웃음은 근육을 단련시켜 주고 소화력과 심폐기능, 면역력을 향상시키며 혈액순환을 증가시켜 준다. 정신 건강 측면에서는 고통과 스트레스를 줄여주고 기억력을 높여 주는 효능을 가지고 있다.

이쯤 되면 웃음이 만병통치약이라는 점에 별다른 이의를 제기할 사람은 없을 것으로 보인다.

우리 몸의 방어 시스템, 자연치유력(면역력)이란 한마디로 외부로부터 들어오는 이물질이나 세균, 바이러스에 대한 인체의 방어 시스템이다.

그렇다고 우리 몸에 면역력을 관장하는 기관이 따로 있는 것은 아니다. 우리 몸에 있는 60억 개의 세포 하나하나, 특히 세포 안에 있는 미토콘드리아 하나하나가 제대로 활동하고 있을 때 면역력이 유지된다. 따라서 면역력이 약해졌다는 말은 다량의 세균이 몸속으로 들어올 때 그것을 막아낼 면역세포의 방어력이 충분하지 않다는 것을 의미한다.

자연치유력이 약해지면 우리 몸에서 각종 증상이 나타나기 시작한다. 현대의학으로 완치하기 어려운 알레르기, 두드러기, 아토피성 피부염, 천식, 당뇨병 등은 그 자체만으로는 거의 해가 없는 약독성균이 특정 세포에 감염되어 일어나는 병이다. 이러한 질환은 감염되어도 뚜렷한 증세가 나타나지 않을 뿐 아니라 여러 장기에 걸쳐 발병하고, 만성적이라는 것이 특징이다.

이처럼 현대인이 호소하는 각종 면역 질환은 증상은 다르되 원인은 한 뿌리에서 나온 병이다. 그런데도 현대의학은 인간의 몸을 하나의 에너지 시스템으로 보지 않기 때문에 각 증상마다 다른 접근법으로 치료하고 있다. 전 세계적으로 면역 질환이 '원인 모를 질병'으로 규정되며 환자들이 여러 진료 과목을 전전하는 것은 이 때문이다.

본래 인간의 몸은 자연의 섭리에 따라 생활하기만 하면 건강하게 살 수 있도록 설계되었다. 굳이 돈 들여가며 몸에 좋은 것을 취하지 않아도 올바르게 호흡하고, 잘 씹어서 먹고, 잘 자고, 건강한 에너지를 받아들이면서 생활하면 누구나 건강하게 살 수 있다. 즉, 생명의 원동력인 미토콘드리아가 제 기능을 다할 수 있도록 건강한 생활습관을 유지하기만 하면 자연치유력이 높아지는 것이다.

PART 5

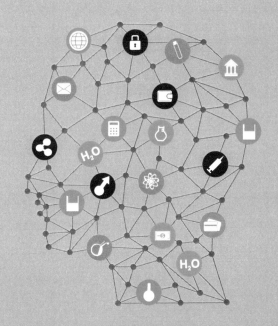

모든 병은
산소부족에서
온다

산소는 생명이다

현재 서울, 수도권, 대도시들은 대기 중의 산소농도는 17-20%를 유지하고 있고, 암을 유발하는 물질로 오염됐다.

이 산소농도가 옅어지면 그 순간 숨이 막혀온다. 반대로 산소 농도와 공기가 좋아지면 인체활동은 좋아진다. 각종 질병이 줄어들게 되어 건강한 삶을 살게 된다. 이처럼 산소농도와 공기 하나로 우리의 몸이나 생활은 크게 달라질 수 있다.

호흡은 우리가 살아가는 가운데 쉬지 않고 이어지는 것이고, 엄마 뱃속에서 나온 순간부터 숨쉬기 시작하여 숨을 거두면서 생을 마친다. 그렇기 때문에 숨 쉬는 시간은 인생과 동일하다.

사람은 음식을 먹지 않고도 35일은 살 수 있고, 물을 먹지 않고도 5일은 살 수 있다고 한다. 그러나 호흡 즉, 산소 없이는 단 5분도 버티지 못하고 죽게 되는 것이다. 몸에 좋은 음식과 깨끗한 물보다도 산소가 많이 함유된 신선한 공기를 들이 마시는 것이 무엇보다 중요하다.

생물학적 관점에서 봤을 때, 인간의 생명에 가장 빠르게 가장 직접적으로 지장을 초래하는 것은 산소이며, 우리 생명에 가장 중요하고, 인체의 기관이 정상적으로 활동하도록 돕는 에너지원은 음식보다, 깨끗한 물보다 산소가 우선이다. 음식, 물의 근원은 바로 산소이기 때문이다.

결과적으로, 병과 생활 및 업무에서 생기는 피로는 올바른 호흡으로 충분히 케어가 가능하며, 나아가 활력 넘치는 생활을 할 수 있으며 병에 걸리지 않고 젊음을 유지할 수 있게 되는 것이다.

산소는 무엇인가?

1774년 영국의 화학자 조지프 프리스틀리가 여러 화합물을 가열하다가 우연히 특이한 능력을 가진 공기를 발견했다.

그는 이 공기가 불을 맹렬히 타오르게 하는 능력이 있다고 해 '불의 공기'라고 불렀다.

프리스틀리는 이 공기를 당대 최고로 인정받는 프랑스 화학자 라부아지에에게 알렸다. 라부아지에는 계속된 실험을 통해 이 공기가 새로운 원소임을 밝혀내고 '산소(Oxygen)'라고 명명했다.

Oxygen은 그리스어로 '신맛이 있다'란 뜻의 Oxy와 '생성 된다'란 의미의 'gennao'의 합성어다. 산소와 결합한 뒤 생긴 생성물들이 산의 성질을 갖기 때문에 붙여진 이름이다.

숲은 산소의 주요 공급원이다. 대개 큰 나무 한 그루에서 두 사람이 하루 동안 숨 쉬는 데 필요한 양보다 조금 더 많은 산소가 배출된다. 식물이 매년 대기 속으로 방출하는 산소량은 약 2,000억t이다.

특히 세계 최대의 밀림으로 '지구의 허파'로 불리는 아마존 일대는 지구 산소의 20%를 만들어낸다. 바다도 대형 산소 공장이다. 바다 속의 식물성 플랑크톤이 만들어내는 산소량은 지구 산소의 70%에 이른다. 하지만 환경훼손과 오염으로 산소의 농도가 점점 떨어지고 있다. 특히 대규모 벌채와 쓰레기 발생에 따른 삼림 훼손으로 아마존 산림의 30~40%가 사라질 것으로 전망된다.

현대인들은 산소가 부족한 지구에서 살아가고 있다. 도쿄 공대 요시다 나오히로 교수는 "지구상의 산소는 매년 10만 분의 1씩 감소하고 있다."고 주장했다. 현재 추세대로 산소가 계속 줄면 10만 년 후에는 '산소 없는 지구'가 된다.

다음은 지역별 산소 농도이다.

* 선사시대: 30%

* 최적의 산소 농도: 23%

* 설악산 숲속: 21.5%

* 서울지역: 17–20%(자동차 도로변, 공장 등 오염지역일수록 산소농도가 희박하다)

* 서울지역 아파트 실내: 19.8%

* 서울지역 아파트 침실: 19.5%

몸이 산소를 원하는 이유

생명유지에 가장 중요한 활동은 숨을 쉬고 몸속에 산소를 들여보내는 것이다.

숨을 멈추면 모든 생명체는 죽게 된다. 생명을 유지하기 위해서는 에너지를 만들 수 있도록 음식을 섭취해야 하고, 원활한 신진대사가 이루어지도록 잠을 자야 한다. 숨 쉬고, 먹고 자는 일, 이 지극히 당연한 활동들이 바로 우리가 살아가고 생명을 유지하는 가장 중요한 요소들이다.

일반적으로 사람들은 먹고 자는데 많은 관심과 노력을 하면서, 호흡만큼은 모두의 관심 밖에 있다.

왜일까?

엄마 배속에서부터 죽을 때까지 무의식적으로 하기 때문이다. 스스로 호흡을 할 수 없을 정도로 폐가 손상됐거나 또는 물에 빠져서 제대로 숨을 쉴 수 없는 극한 상황이 아니고서는 숨쉬기의 중요성을 느끼지 못한다. 하지만, 바로 이 때문에 우리는 호흡에 관심을 가져야 한다. 아름다운 얼굴과 몸매, 건강한 삶의 비결이 바로 여기에 있기 때문이다.

우리는 왜 숨을 쉬지 않으면 괴로운 것일까?

태어나서 죽을 때까지 반복해서 호흡을 해야 하는 이유는 뭘까?

우리 몸은 대략 60-100조 개의 세포로 이뤄져 있다. 이 세포들이 하루 동안 필요로 하는 산소의 양은 약 0.8-1.2kg이다. 하지만 음식물에서 섭취하는 영양소와는 달리 산소는 몸에 저장해두는 것이 불가능하기 때문에 끊임없이 숨을 쉬어야만 세포에 원활한 산소 공급을 할 수 있다. 잠시라도 숨을 멈춰 세포에 산소 공급이 중단되면 세포는 활동을 멈추게 되고, 세포들이 담당하는 기능도 마비된다.

특히, 우리 뇌세포와 심장은 단 4분 동안 산소 공급이 중단되는 것만으

로도 기능이 멈춘다. 뇌세포가 죽으면, 뇌의 활동이 원활하지 못하고 곧
몸의 기능이 마비되어 죽게 된다.

이처럼, 우리 몸을 구성하고 있는 세포는 산소 없이는 아무것도 할 수
없다. 이런 이유로 우리가 끊임없이 숨을 쉬어야 하는 이유다.

산소가 중요한 이유

2000년대 들어 건강은 물론 웰빙 바람이 거세게 불면서 독일과 미국, 일본 등에서 산소관련 제품 시장이 급격히 확대되고 있다.

이는 환경오염으로 호흡기 질환자들이 큰 폭으로 늘어나는 것이 한 원인으로 국내에서도 산소 시장이 빠르게 확장되고 있다. 의료용과 산업용으로 산소를 제한적으로 사용했던 2001년 100억 원대에 불과했던 국내 산소 시장은 불과 2년 만인 2003년에는 1,000억 원, 2004년 3,000억 원대로 증가했고 지난해엔 2조 원을 넘어선 것으로 알려져 있다.

대기의 약 17-20%를 차지하는 산소는 상온, 상압에는 무색, 무취, 무미의 기체로서 인체의 대사에 없어서는 안 될 중요한 물질이다.

산소는 인체 세포 내에서 에너지를 생산하고 모든 기관, 조직세포들이 기능을 수행해 생명을 유지할 수 있게 해 준다. 지역마다 차이를 보여 도심에서는 대기 중의 산소가 17-20%인 반면, 산림지역에서는 약 21%를 차지한다. **숲 속을 걸을 때에 마음이 상쾌해지고 머리가 맑아지는 것은 바로 이 풍부한 산소 때문이다.**

대기 중의 산소 농도가 16% 미만이 되면 호흡이 빨라지고 맥박수도

증가하며 전열기구의 불이 꺼진다.

산소 농도 12%에서는 어지럼증과 구토증세, 10% 미만에서는 안면이 창백해지고 의식불명 상태가 되어 생명이 위험하며, 7%가 되면 사망에 이르게 되는 등 산소 없이는 단 몇 분도 살 수 없다.

특히 인간의 뇌는 산소 소비량이 많아 산소 부족 시 어느 기관보다 빨리 영향을 받는다. 즉, 산소 공급이 중단되면 곧바로 뇌의 기능이 정지되고 30초 정도 지나서는 뇌세포가 파괴되기 시작하며, 4-5분 내에 재생불능의 뇌세포 파괴가 일어나 사망하게 된다.

이처럼 우리 몸에 산소가 부족하면 신체 기능에 갖가지 문제가 발생하고 나아가 각종 질병이 발생하게 된다. 구체적으로는 두통, 구토, 호흡수 및 맥박수 증가, 허약감, 피로, 어지럼증, 기억력 감퇴, 소화불량, 근육통 등의 증상이 나타나고 심할 경우 경련과 의식불명이 초래되고 사망할 수도 있다. 또한 몸의 면역체계가 손상됨은 물론 박테리아나 바이러스에 쉽게 감염돼 여러 질병에 걸리기 쉽다.

산소가 충분히 공급될 때에 인체에서 나타나는 효과는 이루 말할 수 없이 많다. **우선 두뇌에 많은 산소가 공급되면 집중력, 기억력, 사고력이 향상되고 두통을 완화하며, 특히 성장기 어린이의 두뇌 발육과 집중력을 강화시킨다. 또한 소화기능과 신진대사를 증진시키고 신속한 이뇨작용을 통해 인체의 독성물질을 원활히 배출시키며 피부세포 재생능력을 활성화시켜 피부 노화를 방지함은 물론 젊고 탄력 있는 피부를 유지시켜 준다.**

산소는 세균이나 바이러스가 번식할 수 있는 환경을 억제해 신체 저항력을 높임은 물론 비타민과 미네랄 등의 영양소 흡수를 도와주고 운동 시 근육의 젖산을 신속히 분해, 지구력을 향상시키고 피로해소를 촉진한다. 아울러 흡연이나 공기오염으로 인한 체내 산소 부족현상을 막아주고 과음으로 축적된 아세트알데히드의 분해를 촉진시켜 숙취 해소에 효과가 뛰어나다.

최근에는 산소가 임산부의 건강한 출산 및 태아 지능 발달에도 큰 도움을 주며 구취의 원인이 되는 박테리아의 발생을 억제해 구취제거 및 예방에 도움을 주는 것으로도 알려지고 있다. 이처럼 산소는 인체 면역력을 강화해 건강 증진은 물론 질병 치유 및 예방에 매우 중요한 요소이다.

암의 발생 원인은 현대의학에서도 아직 정확히 밝혀내지 못하고 있다. 여러 가지 학설이 제기되고 있는 상황일 뿐이다. 그 중 하나가 산소부족이 원인이라는 것이며, 세계적으로도 많은 의학자들이 이런 주장을 펴고 있다.

생명과학 분야의 국제적 의학 잡지 '저널 오브 셀 메타볼리즘'의 2005년도 6월호에도 산소부족과 암과의 관련성이 기술돼 있다. 즉 "세포가 저산소 상태에 놓이게 되면 미토콘드리아가 생존반응으로 ROS물질(활성산소)을 만들어 낸다. 이 ROS가 혈관 내 산소가 부족할 때 암, 당뇨병성 망막증, 건선 등의 원인이 되는 HIF를 활성화시켜 암세포의 증식과 전이에 관여하게 된다. 따라서 체내 산소가 충분해지면 ROS 물질의 형성을 방해하여 암 세포의 형성을 예방할 수 있다."는 것이다.

당뇨병 역시도 산소부족과 깊은 연관이 있다. 당뇨병은 혈액을 통해 세포에 당을 공급할 때 필요한 인슐린의 부족으로 발생하는 질병이다. 인슐린을 분비하는 곳은 췌장의 베타세포이다. 베타세포는 산소가 부족하거나 활성산소가 과잉 생산되면 상처가 생기고 인슐린을 정상적으로 분비할 수 없게 된다. 이에 따라 대부분의 의사들은 당뇨병 치료를 위해 약제와 함께 유산소 운동을 권장한다.

암이나 당뇨병뿐 아니라 뇌졸중과 심장질환, 고혈압, 안구건조증, 각막부종, 이명(귀울림), 코골이, 저체중아 및 정신지체아, 피부노화, 감기 등도 직·간접적으로 체내 산소부족과 밀접한 관계를 갖는 것으로 알려져 있다.

산소만큼 중요한 것은 없다

하루 2000㎉의 에너지가 필요한 성인 남성이 소모하는 산소의 양은 500L. 이 가운데 뇌에서 소비되는 양이 30~40% 안팎이다.

뇌가 체중에서 차지하는 비중은 2%에 불과하지만 다른 기관에 비해 10배 이상 산소를 필요로 한다. 독일의 한 신경심리학자는 1996년 산소가 학습효과에 미치는 영향에 대해 실험했다. 1분간 산소를 흡입한 집단과 그렇지 않은 집단에 12개의 단어를 주고 기억력 테스트를 했다. 그 결과 산소를 마신 집단이 10분 후에는 91%, 24시간 후에는 41%가 기억력이 좋았다. 대개 어린이는 7분, 중고교생은 10분, 성인은 15분 이상 하나의 일에 집중하기 힘들지만 산소 공급이 증가하면 집중력이 좋아진다.

산소의 필요성은 누구나 다 안다. 하지만 산소 결핍의 심각성은 잘 모른다. 울창한 숲이나 탁 트인 해변에서 살지 않는다면 대부분은 산소 결핍 상태에 적응되어 가고 있는 것이다. 사람은 매년 400만L의 공기를 호흡한다. 공기에 든 산소를 통해 영양소를 연소시켜 에너지를 방출하고 생명 활동으로 생긴 폐기물인 이산화탄소를 배출한다.

밀폐된 차 안에서 자다가 사망하는 것은 인체가 필요한 만큼 산소를 호흡하지 못했기 때문이다. 2010년 국내 한 방송사가 밀폐된 차 안에 5명을 태우고 시동을 걸자 30분 뒤 대기 중 산소 농도가 20%에서 18.5%로 낮아졌다. 45분이 지나자 호흡이 곤란해져 실험을 중지했다. 한국과학기술원 실험에 따르면 산소 농도가 18%일 때 운전자들이 브레이크를 밟는 속도가 빨라진다. 피로도가 50% 높아졌기 때문이다. 저농도 산소가 사고와 연결될 수 있다는 얘기다.

아파트처럼 단열과 보온을 중시하는 건물은 실내 공기가 환기되지 않으면 산소 농도가 낮아진다. 아파트 방문을 닫고 3시간이 지나자 20%였던 산소 농도가 19.5%로 떨어졌고 7시간이 지난 후에는 18.6%로 낮아졌다. 이산화탄소 농도는 반대로 늘어났다. 밀폐된 방에서 선풍기를 틀고 잠을 자다 사망하는 경우도 이러한 이유에서 발생된다. 자주 환기를 시켜 적정한 산소 농도를 유지하는 것이 중요하다.

서울대 의대 신경과학연구소 서유현 소장은 "환기가 안 되는 방에 오래 있으면 산소 부족으로 주의 집중을 못하고 졸립다."라고 말했다. 대기 중 산소 농도가 19~20%로 떨어지면 가슴이 답답해지고 구토 두통 증세가 나타난다.

산모의 뱃속은 산소가 희박하다

산모의 뱃속은 고산지대보다 산소가 희박하다. 산모가 날이 지날수록 숨이 차오르는 것은 산소부족이 가장 큰 원인이다. 산모가 충분한 양의 산소를 태아에게 보내주지 못하면 저체중이나 정신지체아를 낳기 쉽다. 더 나아가 조산과 유산의 위험도 높아진다. 과체중이거나 비만인 엄마의 아이들이 출산 시 산소 결핍 호흡장애를 앓을 위험이 높은 것으로 밝혀졌다.

21일 스웨덴 Linkoping 대학 연구팀이 'PLOS Medicine' 지에 밝힌 연구 결과에 의하면 여성들이 뚱뚱하면 할수록 신생아가 호흡장애가 생길 위험이 더 높아지는 것으로 나타났다. 1992-2010년 사이 스웨덴에서 만삭으로 태어난 아이들의 출산 기록을 분석한 이번 연구결과 정상 체중 산모의 아이들에 비해 과체중인 엄마의 아이들이 출산 시 산소 부족 호흡장애가 생길 위험이 32% 높은 것으로 나타났다.

연구팀은 "산모에서 비만이 대사변화와 염증과 연관이 있으며 이것이 산소 결핍과 태아 성장을 유발하는 태반과 태아환경에 영향을 미칠 수 있다."라고 밝혔다. 연구팀은 "거대 산모에게서 태어나기 쉬운 거대아의 경우 분만 중 외상을 겪을 위험이 높아 이로 인해 산소가 결핍될 수 있다."라고 또한 강조했다.

지난 2010년 이화여대 예방의학 교실 하은희 교수팀 연구에서 "대기오염으로 일산화탄소 농도가 조금만 높아져도 저체중아가 증가 한다."고 밝혔다.

얼마 전 TV프로그램 생로병사의 비밀 '건강은 자궁에서 나온다.' 편에서도 엄마의 산소공급이 태아의 건강에 얼마나 많은 영향을 미치는가를 보여주었다.

이 프로그램을 통해 삼모의 체내에 산소부족과 그로인해 냉증이 있거나 고혈압이 있는 경우 태아가 자궁에서 편치 않아 조산의 위험이 있고, 조산아들이 성장하여 당뇨병과 비만 및 성인병에 노출될 확률이 정상아에 비해 높다는 것을 알 수 있었다. '내 아이의 평생건강이 엄마인 나의 자궁에서 결정된다.'는 놀라운 사실이 연구결과를 통해 밝혀진 것이다.

엄마의 자궁에 문제가 있어 혈류가 원활하지 않으면 태아의 모든 장기가 형성되는 임신 초기에 원활한 산소와 영양공급이 이루어지지 않게 된다. 이에 따라 태아는 본능적으로 생명과 직결되는 뇌와 심장으로 영양을 편중하게 되고 그 외의 다른 장기의 분화가 정상적으로 이루어지지 않음으로써 출생 후 성장이 더디고 장기의 역할이 제대로 이루어지지 않아 당뇨, 고혈압, 비만 등의 성인병에 걸리기 쉽게 되는 것이다.

특히, 임신 중 코골이와 수면무호흡을 겪는 산모는 임신성 고혈압에 걸릴 위험이 정상 임신부에 비해 2배나 높다는 연구결과도 있다.

서울 성모병원 김현직 교수는 "코를 심하게 골면 숙면을 취하지 못해 체내의 산소요구량이 부족해지고, 수면 중에 자주 깨어 심장박동이 불규칙해지며, 혈압이 높아지는 등의 증상이 나타날 수 있다며 특히 무호흡이 동반되는 폐쇄성 수면 무호흡증이 심하면 고혈압·심부전증·부정맥과 같은 심혈관질환과 당뇨병·뇌졸중 등 내분비질환 및 뇌혈관질환 등을 높일 수 있다."고 설명했다.

국내 산모 100명 중 3명가량이 흡연을 하고 있다는 연구결과도 발표됐다.

서홍관 한국금연운동협의회 회장(국립암센터)과 전종관 서울의대 산부인과 교수팀이 전국 산부인과의 산모를 대상으로 우리나라 산모의 흡연율을 설문 조사한 결과 1,090명 중 0.55%만이 담배를 피운다고 답했으나 소변 내 니코틴 대사산물인 '코티닌' 농도를 측정하자 1,057명 중 3.03%가 흡연을 하고 있는 것으로 나타났다고 밝혔다.

임신부가 흡연을 할 경우 체내 산소부족으로 조산, 사산, 저체중아 출산, 기형아 출산으로 이어진다는 점을 감안한다면 많은 태아가 위험에 노출돼 있다는 것이다. 서 회장은 "임산부가 흡연을 하면 4,000종류 이상의 독성 유해 물질에 노출된다며 이로 인해 태아에게 산소 및 영양 공급이 줄어들게 돼 각종 문제를 일으킨다."고 말했다. 또 담배 속에 든 일산화탄소는 자동차의 배기가스와 비슷한 농도다. 이런 자극성 물질이 체내에 들어오면 신체는 자기방어를 위해 반사적으로 기관지를 좁게 만들어 산소가 폐까지 충분히 공급하지 못하도록 한다.

따라서, 산모의 적당한 운동은 혈액을 활발하게 순환시켜 아기에게 신선한 영양과 산소를 전달한다. 또 숨을 깊숙이 들이마시는 복식호흡은 태아에게 충분한 산소를 공급할 수 있어 좋다.

현대인들은 심각한 저산소증에 시달리고 있다

자전거를 타다보면 가끔 숨쉬기 힘든 경험을 하게 된다.

버스 뒤꽁무니에서 뿜어대는 매연과 도로에서 발생되는 공해물질들 때문에 숨이 탁 막히기 때문이다. 환기가 안 된 지하공간에 오래 머물면 정신이 몽롱해진다. 또 방문을 꼭꼭 닫고 자고 난 뒤 머리가 땡하고, 매일 아침 몸은 천근만근 무겁고 찌뿌드드한 것은 두말할 나위 없다. 이럴 때마다 산소가 부족하다는 느낌을 지울 수 없다. 현대인들은 심각한 산소 부족사태에 직면해 있다.

대기오염과 밀폐된 곳에서 장시간 거주하거나 특수한 작업장, 고산지대 등 환경적 요인이 산소 부족을 가져온다. 또한 스트레스에 따른 호흡 장애, 질병이나 흡연에 의한 폐활량 감소 등으로 만성적인 저산소증에 시달리기도 한다.

호흡을 통해 폐로 들어온 산소는 피 속에 녹아 몸 구석구석으로 보내진다. 가만히 있을 때를 기준으로 뇌가 가장 많은 산소(약 25-30%)를 소비한다. 이어 폐·심장 등 순이다. 공부를 하는 등 활발히 활동할 때는 뇌가 40%나 되는 산소를 가져간다. 산소(O_2)가 모자라면 심각한 지경에 이를 수 있다.

뇌에 산소가 3-4분 이상 전달되지 않으면 세포기능이 멎는다. 산소를 전달하는 혈액순환이 원활치 못하면 뇌졸중도 걸린다. 저산소증은 심장 기능에도 직접적인 장애를 일으킨다. 심한 경우 부정맥이나 의식 장애 등을 초래한다. 또한 간이나 콩팥 같은 주요 장기에 많은 손상을 준다. 그밖에 다리와 얼굴도 붓는다.

과음한 다음 날 찾아오는 숙취는 저산소 상태를 의미한다. 알코올의 분해에는 산소가 대량 필요하기 때문이다. 마시는 술의 양에 정비례해 필요한 산소량도 늘어난다.

저산소증은 호흡기 질환이 대표적인 원인이다. 기관지천식, 만성폐쇄성 폐질환(만성기관지염, 폐기종), 폐섬유화증 및 폐혈관질환이 여기에 속한다. 기관지나 폐에 문제가 없더라도 척추 측만증이나 흉곽의 변형, 과도한 비만으로 폐 용적이 줄어들어도 숨쉬기가 어렵다. 특히 감기나 황사, 대기오염, 알레르기 자극으로 산소 농도가 떨어지면 악화한다.

코골이가 심해 약 10초 동안 숨을 쉬지 못하는 '수면 무호흡증' 환자도 저산소증을 보인다. 심하면 성기능 장애를 일으키고, 치매나 중풍·돌연사를 불러온다. 고려대 안산병원 수면장애센터 신철 교수는 "주로 복부 비만이 심한 사람에게 자주 발견되는데, 남자는 보통 허리 32인치 이상이면 코를 골기 시작해 34인치를 넘어가면 수면무호흡증을 보인다."고 밝혔다.

따라서, 코로 호흡하고, 미세먼지나 오존·황사 등을 피하고, 실내는 틈틈이 환기시킨다. 다만 밤에는 화분이 많은 베란다 문은 닫도록 한다. 밤에는 식물이 산소를 흡수하고 이산화탄소를 배출하기 때문이다.

PART 6

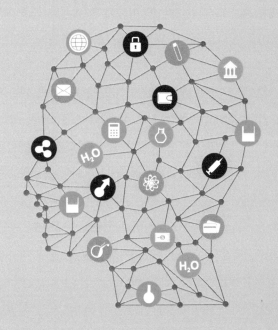

공기는
발암물질로
오염됐다

당신의
폐는 몇 살인가?

다시 한 번 물어보지만, "당신은 숨 쉴 때 코로 쉬나요, 아니면 입으로 쉬나요?" 대부분 '코'라고 대답한다.

하지만 코로 숨을 쉰다고 답한 상당수 사람들뿐만 아니라 만성 호흡기 질환자들은 약 90%가 입으로 숨을 쉬지만 스스로 코로 호흡한다고 굳게 믿고 있다고 전문의들은 지적한다.

우리가 하루에 마시는 공기의 양은 무려 1만*l*가 넘는다. 무게로 치면 약 15kg이며 호흡 횟수로 치면 2만 번 이상이다. 이처럼 몸을 드나드는 엄청난 양의 공기를 어디로 마시느냐에 따라 호흡기질환의 명암이 교차한다.

선동일 서울성모병원 이비인후과 교수의 조언을 귀를 귀 기울여야 한다. "코 호흡과 입 호흡은 산소를 마시고 이산화탄소를 내뱉는다는 것은 똑같지만 인체에 미치는 영향은 큰 차이가 있다. 입으로 숨을 쉬는 사람들은 감기나 천식, 비염 알레르기, 만성폐쇄성폐질환에 노출될 가능성이 높다."고 말했다.

코 호흡을 하는 사람들도 대화를 하거나 격렬한 운동이나 수영을 할 때 입 호흡을 한다. 획일적으로 입 호흡이 나쁘다고 할 수 없지만 들숨과 날숨은 모두 코에서 이뤄지는 게 바람직하다.

코는 호흡할 때 미세먼지나 세균, 바이러스, 곰팡이 같은 이물질을 걸러준다. 이에 반해 입 호흡은 이물질에 대한 방어를 제대로 하지 못해 세균, 바이러스, 곰팡이가 공기를 타고 몸 속 깊이 들어간다.

코의 구멍에는 코털이 나 있고 그 안쪽에는 먼지를 제거하는 섬모를 가진 점막이 있다. 섬모세포는 브러싱 기능이 있어서 먼지를 순차적으로 콧구멍 바깥쪽으로 밀어낸다. 이것이 건조하여 딱딱해지면 코딱지가 된다.

코는 공기를 데우면서 가습기 역할을 하고 먼지나 불순물이 들어오는 것을 막아주는 '천연마스크'라고 할 수 있다.

일본 이비인후과 전문의 이마이 가즈아키 미라이클리닉 원장과 오카야마대학병원 소아치과 오카자키 요시히데 교수의 인터뷰 내용도 첨부한다. "코는 털과 점막이 공기 중 작은 먼지가 폐로 들어가는 것을 막아 주고 비갑개(선반과 같은 코 구조)와 비중격(좌우 코 칸막이)에는 항상 적당한 습기가 머물고 있어 차갑고 건조한 공기가 들어오면 재빨리 습도와 온도를 높인다. 코 호흡이야말로 건강을 지키는 지름길"이라고 밝혔다.

영하 40도의 찬 공기가 길이 10㎝에 불과한 콧속을 통과했을 뿐인데 체온과 비슷한 온도까지 높아진다. 콧속에는 수많은 모세혈관이 있어 들이마신 공기를 따뜻하게 데우기 때문에 가능한 일이다. 코피의 약 80% 이상이 다량의 모세혈관이 모여 있는 이 부분에서 일어난 출혈 때문에 발생한다.

정광윤 고려대 의대 이비인후과 교수는 "춥고 건조해지기 쉬운 계절에는 입보다 코로 숨을 쉬는 것이 호흡기 질환을 예방하는 데 도움이 된다며 폐는 차가운 공기에 취약한 기관이어서 반드시 코 호흡으로 공기를 데워줄 필요가 있다."고 말했다.

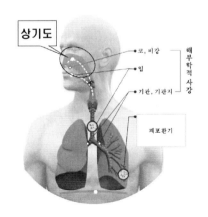

코 호흡은 폐를 건강하게 만든다. 이를 이해하기 위해서는 우선 호흡에서의 상기도의 역할을 이해하는 것이 필요하다.

◆ 상기도(nasopharynx)의 역할

1) 흡기가스의 가온과 가습

2) 상기도 점막의 섬모 활동으로 미세먼지, 황사, 꽃가루, 집 먼지, 진드기 제거

1980년대부터 이미 여러 연구에 의해서 차고 건조한 공기흡입은 폐탄성 (pulmonary compliance)과 컨덕턴스(conductance)를 감소시킨다는 여러 연구가 있어 왔다. 또한 정상 성인에게서도 차고 건조한 공기흡입은 비강점막의 콜린성(muscarinic receptor)에 의해서 기도수축(bronchoconstriction) 등의 호흡기 질환을 일으킬 수 있다. 호흡 기도의 생리학적 기능 하에서 흡입 공기는 37℃까지 가온 되고 상대 습도는 100%까지 가습된다.

흡입공기의 가온, 가습 과정에 포함되는 여러 요소들이 아직 명확하게 증명되지는 않았으나, 대부분이 비강에서 이루어지고 상당한 에너지의 소모가 발생할 것으로 예측되고 있다. 여기에 호흡기 질환이 발생하여 저산소증이 발생하였을 경우 많은 환자가 과환기를 하게 되고 일회 호흡량이 증가된다.

이러한 경우 비강을 통해 미리 적절하게 가온 가습된 산소를 투여하는 것은 이러한 흡입공기의 가온 가습 과정을 감소시켜 줌으로써 이에 사용되는 대사의 역할(metabolic work)을 감소시켜 주고 이에 따른 산소 소모와 이산화탄소의 발생을 줄여줄 수 있게 한다는 장점을 가질 수 있다.

차고 건조한 공기를 흡입했을 때 상기도 점막의 섬모 활동이 손상되어 분비물의 배출이 용이하지 않고 무기폐가 형성된다. 따라서 적절히 가온 가습된 공기를 공급함으로써 섬모의 활동을 유지할 수 있고 건조를 예방하고 분비물이 두껍게 싸이지 못하게 하여 비강의 점막 손상을 줄이면서 효과적인 양압을 공급하여 무기폐를 최소화할 수 있다.

인체에서 비강은 코에서 폐포까지 이어지는 즉, 호흡경로를 이루는 기관들 중에 상대적으로 넓은 공간으로서 들숨 시에 유입되는 공기의 온도와 상대습도를 적절하게 높이는 중요한 기능을 하지만, 날숨 시에는 이산화탄소가 완전히 배출되지 않고 잔류함으로써 해부학적 사강이 되어 효율적인 산소공급에 방해가 된다.

이렇듯 젊고 건강한 삶을 살아가기 위해서는 반드시 코로 호흡을 해야한다. 그렇게 해야만 호흡기와 폐가 건강하다.

한의학에서는 인체의 건강을 지켜주는 핵심적인 원동력을 '원기'라고 한다. 원기는 폐에서 비롯되는데, 폐는 인체의 모든 기를 주관하는 동시에 대자연과 기를 주고받는 교환 처이다.

이런 이유로, 폐 기능을 강화시키면 자연의 기운을 흠뻑 받아 원기가 충실해지고 인체의 면역력과 자가 치유력이 강화되어 감기와 각종 호흡기질환에 걸리지 않는 건강한 체질로 거듭나게 된다.

오장육부를 비롯해 신체가 건강할 때 젊음과 아름다움을 유지할 수 있다. 특히 피부에 가장 큰 영향을 주는 것은 폐인데, 폐는 피부의 상태를 좌우하며 피부와 모발의 성장에 중요한 작용을 한다. 그래서 폐가 건강하지 못하면 피부도 나빠지게 된다. 평상시 폐를 튼튼하게 만드는 생활 습관이 필요한 것도 그 때문이다.

세계보건기구(WHO)는 현재 전 세계 사망원인 4위인 만성폐쇄성폐질환(COPD, Chronic obstructive lung disease)이 2030년에는 사망원인 3위가 될 것이라 예상했다.

이미 6,500만 명이 만성폐쇄성폐질환을 앓고 있다고 한다. 만성폐쇄성폐질환은 폐에 비정상적인 염증 반응이 일어나 시간이 갈수록 폐 기능이 저하되고 호흡곤란을 일으키는 호흡기질환이다. 폐기종, 기관지 확장증, 만성 기관지염이 이에 속한다. 우리나라의 65세 이상의 성인 3명중 1명이 앓고 있고, 65세 이상의 직접적인 사망원인 1위일 정도로 흔하다.

젊어서는 사고, 암, 뇌출혈, 심장마비 등으로 죽지만, 70이 넘으면 누구에게나 찾아오는 것이 만성폐쇄성폐질환이나 폐렴, 폐암, 폐섬유화와 같은 폐질환으로 죽는다. 모 설문조사에서 만성폐쇄성폐질환 환자들에게 삶의 질을 물었더니 65% 죽는 것보다 나쁜 상태라고 대답했다고 한다. 계속되는 기침에 가슴이 아프고 인공호흡기 없이는 숨을 쉬기도 어렵다.

다음은 만성폐쇄성폐질환의 예방 및 치료법이다.

- 먼저 코로 호흡하는 것이다. 짧고 얕은 호흡 양상을 보이는 환자들은 코 호흡과 수식호흡을 진행하는 것이 좋다.

특히 수식호흡은 폐활량을 늘리는 데 효과가 있다. 또한 많은 양의 산소를 들이마시고 이산화탄소를 내뱉음으로써 폐에 쌓여 있던 노폐물을 없애고 기관지의 섬모 운동을 도와 폐를 튼튼하게 만드는 데 좋다.

폐의 기능이 약해지면 자기도 모르게 입으로 숨을 쉬게 된다. 입으로 숨을 쉬게 되면 유해물질과 찬 기운이 그대로 폐에 들어가 폐의 기운을 떨어뜨리고 약하게 만든다. 또한 폐의 기운이 약해지면 기와 혈이 위로 잘 올라가지 못하는데, 그렇게 되면 뇌가 충분한 혈액을 공급받지 못해 둔해지는 것은 물론이고 얼굴 역시 기혈 부족으로 창백해지기 쉽다.

- 다음으로는 운동치료법이다. 만성폐쇄성폐질환 환자들은 심혈관계 장애나 말초근육 부전 등으로 인해 활동이나 운동을 하는 데 제한적이다. 하지만 이로 인한 활동의 감소는 다시 상태를 악화시키기 때문에 반드시 운동을 해야 한다. 병에 걸리는 것도 병을 낫게 하는 것도 내

몸의 면역력과 관련된다. 땀을 내게 하는 유산소운동과 수식호흡 등을 병행해 폐 기능을 끌어 올리면 폐호흡을 촉진시켜 건강해지고 피부 또한 맑고 투명해진다.

- 금연도 필수다. 흡연은 만성폐쇄성폐질환의 가장 중요한 위험인자이기 때문이다. 금연은 폐 기능 악화를 둔화시킨다.

우리가 숨 쉬는 공기는 발암물질로 오염돼 있다

"이제 대기오염은 일반 보건의료 차원의 중요한 위해 요인임은 물론이고 암 사망을 일으키는 가장 큰 환경요인이다." - 국제암연구소 발표

50대 여성이 숨이 가빠 입원했는데 폐에 혹이 발견돼 폐암 진단을 받았다. 환자는 술도 안 하고 담배도 안 하고, 채소 위주의 식단으로 식사를 하고 운동도 꾸준히 했었다고 한다. 이렇게 비흡연자인데 폐암에 걸린 이유가 뭘까? 최근 가장 주목받는 건 바로 미세먼지이다.

서울시내 미세먼지가 ㎥당 162㎍(마이크로그램)까지 치솟았던 2014년 3월 서울 청계천.
200미터 앞 건물도 흐릿하게 보일 정도로 하늘이 온통 뿌옇다. 300여 명의 시민이 청계천변을 따라 천천히 걷고 있었지만 마스크를 착용한 사람은 10여 명에 불과했다. 그나마 대부분 황사 마스크가 아닌 일반 방한용 마스크였다.

점심시간을 이용해 운동을 나왔다는 이모 씨는 "산책 삼아 걸을 생각으로 나온 거라서 마스크까지 준비할 생각은 못했다며 미세먼지가 심해서인지 목이 좀 칼칼하고 숨쉬기도 불편하다."고 말했다.

필자는 약국에서 구입한 일회용 황사 마스크를 쓰고 시민 사이에 끼어 천천히 청계천을 걸었다. 황사 마스크는 숨을 들이 쉴 때는 코에 달라붙어 숨쉬기가 더욱 불편했고 숨을 내쉴 때마다 부풀어 올랐으며 안경에는 뿌옇게 김이 서렸다. 1시간을 착용한 뒤에 보니 흰색 마스크 여기저기에는 아주 작은 검은 가루 같은 것들이 붙어 있었다. 마스크를 쓰지 않았다면 그냥 마실 미세먼지였다.

눈에 잘 보이지도 않는 미세먼지를 얼마나 마시게 되는지 전문가의 자문과 실험실 측정 등을 통해 계산해 보았다.

성인 남자는 1분간 약 6L, 1시간이면 0.36㎥의 공기를 마신다. 미세먼지 농도가 162μg/㎥일 때 1시간에 58μg, 24시간 동안 1,400μg(1.4㎎)의 미세먼지를 들이마신다는 계산이다. 1㎎을 백설탕으로 저울에 달아보면 작은 설탕 알갱이 20개, 100μg은 설탕 알갱이 2개에 해당한다. 설탕 알갱이를 한 변이 0.5㎜(500μm, 마이크로미터, 1μm=1000분의 1㎜)인 정육면체라고 했을 때 이 설탕 알갱이 하나가 1μm 크기로 쪼개지면 1억 2500만 개의 초미세먼지가 공중에 떠다니는 것으로 볼 수 있다.

공기 속의 미세먼지가 건강에 안 좋기로서니 담배보다 더 나쁠까 하는 의문이 생긴다. 담배에는 수십 종의 발암물질을 포함하여 4,000여 가지의 나쁜 물질들이 잔뜩 들어있다. 흡연 시 이런 다량의 유독물질이 폐 속 깊숙이 들어가 폐암을 발생시키는데, 대기 중에 떠다니는 약간의 오염물질과 비교하는 것 자체가 무리일 듯하다.

그런데 2013년 10월 17일 세계보건기구(WHO)가 깜짝 놀랄 만한 발표를 했다. 대기오염과 미세먼지를 각각 1급 발암물질로 분류한다는 것이다.

세계보건기구 산하 국제암연구소(IARC)는 보도 자료에서 "대기오염과 건강영향에 관한 1,000 개가 넘는 세계 각국의 연구논문 및 보고서를 정밀하게 검토한 결과, 대기오염이 폐암의 원인 이라는 증거가 충분하다고 결론지었다."

더불어 대기오염의 주요 성분인 미세먼지의 건강영향문제를 별도로 평가한 결과, 이 역시 발암 근거가 충분했다. 지난 2013년 초 프랑스 리옹(Lyon)에 본부를 둔 국제암연구소가 세계 11개 국가에서 모인 24명의 전문가들이 참가한 최종평가회의에서 지난 수년간 진행해온 대기오염의 발암 관련성에 대해 만장일치의 결론을 내리고 대기오염과 미세먼지를 각각 112번과 113번째 1급 발암물질로 분류한 것이다.

국제암연구소가 이러한 결론을 내린 주요 근거를 살펴보자. 발암물질임을 밝히려면 우선 해당 물질의 오염 정도를 파악하고 사람 즉, 인체 발암 관련성이 밝혀져야 한다. 이 관련성은 동물실험을 통해 확인되어야 하는데, 그 과정에서 체내에서 암이 발생하기까지 어떤 과정을 거치는지 기전이 파악되어야 한다.

이런 평가내용들이 어느 정도 확실한지 또 다른 연구자, 다른 지역에서도 같은 결과가 나오는지에 따라서 발암여부 및 발암정도가 평가된다.

대기오염 수준평가에서는 질소산화물, 황산화물, 오존 등의 주요 오염성분이 조사되었고 분진의 경우 초미세먼지(PM2.5)와 호흡성 미세먼지(PM10) 그리고 입자가 매우 큰 분진까지 모두 파악되었다. 유럽과 북미지역에서는 오염도가 점차로 낮아지는 추세지만 개발도상국들에서는 오염도가 급증해왔고 지속적으로 건강위해 수준을 초과했다.

대기오염물질의 오염도와 건강영향에 대한 평가는 유럽, 북미, 아시아지역 등에서 폐암 발병과의 관련성을 조사하는 대규모 코호트 및 환자대조군 역학연구들이 수행되었는데 특히 코호트 연구가 결정적인 근거가 되었다.

폐질환을 야기하는 원인은 대기오염 외에도 흡연, 라돈 등 여러 가지가 혼재되어 있기 때문에 이들 원인물질들의 영향을 배제하고 대기오염과 미세먼지만의 건강영향을 파악하려면 흡연과 비흡연자를 구분해야 한다. 따라서 매우 큰 규모의 인구집단을 대상으로 건강한 상태에서부터 추적을 시작하여 폐암이 발병할 때까지 수십 년간 추적하는 연구를 해야 하는데 이것이 바로 코호트 연구다. 세계 각지의 서로 다른 환경에서 코호트 연구가 수행되었는데 유사한 결과가 나온 것이다.

덴마크 연구팀은 유럽 9개 나라 30만 명의 건강자료와 2,095명의 폐암환자를 대상으로 초미세먼지(PM2.5)농도가 $5\mu g/m^3$ 높아질 때마다 폐암 발생위험이 18%씩 증가하고, 미세먼지(PM10)는 $10\mu g/m^3$ 높아질 때마다 폐암 발생위험이 22% 증가한다는 내용의 연구논문을 2013년 8월 유럽의 저명한 의학학술지 란셋(Lancet)에 게재했다.

암 관련성 조사 외에 대기오염으로 인한 여러 질병을 원인으로 조기 사망한 수가 얼마나 되는지 알아보는 것도 큰 관심거리다. 이에 대해 네덜란드 연구팀이 서유럽 13개국 36만 7천 명을 대상으로 한 방대한 역학연구를 통해 초미세먼지 농도가 $5\mu g/m^3$씩 높아질 때마다 조기사망 확률이 7%씩 증가한다는 연구결과를 역시 란셋에 보고했다.

초미세먼지의 경우 현재 세계보건기구의 권고 가이드라인 농도가 $25\mu g/m^3$인데 $10\text{-}30\mu g/m^3$ 사이의 농도에서도 폐암 발병이 증가한다는 점이 특히 주목된다고 2013년 10월 발간된 란셋의 사설논문은 지적하고 있다.

미세먼지의 건강위협은 중국이나 인도와 같이 오염이 심각지역만의 문제가 아니고, 오염도가 낮아 문제가 없을 것이라고 생각되는 서유럽이나 북미지역의 거주자들에게도 폐암의 원인이 된다는 것이다. 참고로 한국정부가 2015년부터 적용할 예정인 초미세먼지 관리농도는 세계보건기구의 권고수준의 2배인 $50\mu g/m^3$이다.

국제암연구소는 대기오염의 농도와 성분이 지역과 국가별로 큰 차이를 보이지만 대기오염과 미세먼지가 암을 일으킨다는 사실은 세계 모든 지역에서 예외 없이 적용된다고 강조했다. 연구자 책임자인 커트 스트라이프(Kurt Straif) 박사는 **"이제 대기오염은 일반 보건의료 차원의 중요한 위해 요인임은 물론이고 암 사망을 일으키는 가장 큰 환경요인"**이라고 말했다.

대기오염과 미세먼지에 대해 이렇게 중요한 건강 위해 근거가 제시되었지만 한국의 환경부나 보건복지부 그리고 서울시 등 자치단체들은 대기오염 정책을 새롭게 제시하면서 이러한 정보를 적시하지도 않고 반영하지도 않고 있다.

이 때문에 아직도 많은 시민들이 이 사실을 알지 못하고 있다. 2013년 12월 환경보건시민센터가 서울대보건대학원 직업환경건강연구실과 공동으로 실시한 여론조사에서 WHO가 대기오염과 미세먼지를 1급 발암물질로 지정한 사실을 아는지 묻는 설문에 대해 응답자의 34.9%만이 '알고 있다'고 답했고 두 배 가량인 59.9%는 '몰랐다'고 답했다.

서울, 수도권, 대도시의 경우 자동차와 타이어가 미세먼지의 주요 배출원이다. 특히 경유 차량의 매연과 타이어 분진이 끊이지 않는 도로변은 미세먼지와 발암물질의 온상이다. 경유 자동차가 내뿜는 입자상 물질인 미세먼지는 폐와 기도를 자극해 폐렴 등 호흡기 질환과 폐암을 유발한다. 경기개발연구원은 수도권에서만 미세먼지로 인해 연간 조기사망 약 2만명, 폐질환 발생자는 약 80만 명에 달하며 이를 사회적 비용으로 환산하면 12조 원을 웃도는 것으로 분석했다.

2014년 5월 17일 환경부와 수도권 대기환경청의 '타이어 마모에 의한 비산먼지 배출량 및 위해성 조사'에 따르면 타이어 마모로 인한 수도권 지역의 연간 미세먼지와 초미세먼지 발생량은 2024년 1천833t, 1천283t에 달할 것으로 조사됐다. 이는 2007년 건설공사로 인한 미세·초미세먼지 발생량 6천331t의 절반에 가까운 수치다.

일반적으로 대기오염의 주범으로 꼽히는 디젤 자동차의 매연보다 타이어 마모에서 발생하는 먼지가 더욱 파급력이 큰 것이다.

폐암과 심장마비의 원인이 되는 담배는 개인의 노력으로 끊을 수 있지만 대기 중 발암물질은 노력으로 피할 수 있는 것이 아니다.

2013년 대기오염과 관련된 질병으로 700만 명 사망

갈수록 극심해지고 있는 중국의 스모그와 미세먼지는 '소리 없는 암살자'로 불린다.

납과 카드뮴 등 치명적인 독성물질을 갖고 있는 초미세먼지가 인체에 장기간 쌓이면 갖가지 질병을 야기할 수 있기 때문이다. 이 같은 불안이 실제로 확인됐다. 지난 2012년 한 해에 대기오염과 관련된 질병으로 700만 명가량이 사망한 것으로 나타났다. 세계보건기구(WHO)는 "대기오염이 이제 세계에서 가장 심각한 환경 위험이 됐으며 대기오염을 줄여야만 수백만 명의 목숨을 구하게 될 것"이라며 이같이 밝혔다.

WHO에 따르면 지난 2012년 석탄이나 나무, 화석연료 등으로 난방과 취사를 하면서 발생하는 실내 공기오염으로 430만 명, 실외 대기오염으로

370만 명의 질병이 더욱 악화됐을 것으로 추정된다.

실내 공기오염과 실외 대기오염이 서로 상승작용을 일으키면서 결국 700만 명가량이 대기오염과 밀접한 관계가 있는 질병으로 사망한 것이다.

WHO는 새로운 자료들을 분석한 결과 집안이나 야외에서 대기오염에 노출되는 정도가 뇌졸중과 허혈성 심장질환과 같은 심혈관 질환이나 암 발생에 밀접한 관계가 있으며 폐기종이나 기관지염과 같은 만성 폐쇄성 폐질환 등 호흡기 질환 발병에도 상당한 영향을 미친다고 설명했다.

실외 대기오염과 상관관계가 높은 주요 질병은 ▷허혈성 심장질환(40%) ▷뇌졸중(40%) ▷만성 폐쇄성 폐질환(11%) ▷폐암(6%) ▷호흡기 감염(3%) 등의 순이었다.

또 실내 공기오염과 관련해 많이 발병하는 질병은 ▷뇌졸중(34%) ▷허혈성 심장질환(26%) ▷만성 폐쇄성 폐질환(22%) 등의 순으로 나타났다.

"특히 심장질환이나 뇌졸중에 대한 대기오염의 위험은 이전에 생각했던 것보다 훨씬 더 심각하다며 현재 대기오염보다 심각하게 공공보건에 영향을 미치는 위험 요소는 없으며 따라서 대기를 정화하려는 공동의 노력이 필요한 시점"이라고 지적했다.

미세먼지를 예방하는 가장 좋은 방법은 코로 호흡하는 것이다.

앞에서 언급한 바와 같이, 미세먼지는 1급 발암물질이다. 또한 어린이에게는 폐 기능 발달을 저해시켜 추후 문제를 일으킬 수 있으며 가임기 여성에게는 저출산 체중아, 조산아 출산을 유도하는 것으로 알려졌다. 흡연자가 미세먼지를 흡입하게 되면 위험성은 더욱 커질 수밖에 없다. 뇌졸중, 심근경색, 암 등 질환의 발생률은 더욱 높이기 때문이다.

미세먼지는 크기가 매우 작아서 입으로 호흡을 하면 기도를 거쳐 기도 깊숙한 폐포에 도달할 수 있으며, 크기가 작을수록 폐포를 직접 통과해서 혈액을 통해 전신적인 순환하여 각종 질병을 일으킨다.

다음은 미세먼지 예방법이다.

* 외출 시에는 미세먼지를 막아주는 스마트 마스크를 착용한다.
* 코로 호흡한다. 공기가 나쁠수록 입보다는 코로 숨을 쉬는 것이 좋다. 코로 들어온 먼지는 콧구멍 앞쪽에 있는 코털에서 걸러지고 코 점막에 있는 미세한 섬모와 끈끈한 액체에 의해 흡착됨으로써 거의 완벽하게 정화된다.
* 호흡기나 심혈관 질환자, 아이와 노인, 임산부는 외출을 최대한 자제하고, 외출 시에는 꼭 미세먼지 차단 스마트 마스크를 착용한다.
* 건강한 일반 성인이라고 할지라도 도로변에서 운동은 최대한 자제한다.

호흡기환자, 임산부, 노약자는 마스크를 착용을 자제해야 한다.

보통 마스크는 주로 동절기에 방한용이나 산업현장 등과 같이 오염물이 많이 발생하는 곳에서 오염물 흡입방지기능을 수행하기 위해 사용한다.

최근에는 그 용도에 따라 자외선 차단용 및 매연 등에 의한 호흡기 질환, 다른 사람이 착용자가 내쉬는 병원균 및 다른 오염물에 노출되는 것을 예방하기 위한 목적으로 마스크가 착용된다.

이러한 마스크는 여러 가지의 문제점을 발생시킨다. 그 중 한 가지 문제점은 사람 안면의 형상은 각각이기 때문에, 안면의 형상에 맞지 않아 착용자의 얼굴에 착용된 마스크가 착용자의 성가시게 할 수 있다는 것이다. 그러한 성가심은 착용자가 말을 하거나, 입을 열거나 닫을 때, 착용자의 입과 코 주위의 피부를 문지르는 마스크에 의해 야기된다. 그러한 성가심은 마스크를 사용하고자 하는 착용자의 동기에 부정적인 영향을 미치므로 바람직하지 않다. 예컨대, 양측 귀걸이가 그러한 성가심을 줄이기 위해 느슨해진다면, 귀걸이의 부적절한 긴장이 마스크를 그 의도된 착용 배치에서 빗나가게 되는 경우가 발생될 수 있다.

또 한 가지 문제점은 마스크를 귀에 걸어 고정되는 끈에 의존하여 마스크의 착용 상태가 유지되고 있기 때문에 장시간 착용 시 끈이 접촉되는 귀 부분에 착용 압박감이 심하고, 또 고정된 형태로 착용하지 못하므로 인해 착용 중에도 마스크가 상하로 움직임이 심하여 사용 불편함이 매우 크고 이로 인해 장시간 사용하기가 매우 곤란한 문제점이 있었다.

더욱이, 통상적인 마스크들은 코와 입 전체를 밀착하여 마찰접촉을 하면서 덮히는 것 자체가 숨이 가쁜 것인데다가, 사용되는 마스크의 소재는, 매우 잔 메시인 동시에 마스크 본체 이면에 코와 입이 직접 닿기 때문에, 통기면적이 좁아지게 된다. 따라서, 운동을 하거나 다른 사람과 이야기하거나 할 때에 마스크의 천이 움직여, 호흡이 더 어렵게 된다. 또한, 안경을 쓰는 착용자의 경우에는 마스크 내부의 더운 입김이 마스크로 인해 전방으로 배출되지 못하고 코 및 코가 뺨과 만나는 곳의 홈 부위로 배출되어 안경을 뿌옇게 만들기 때문에 사용자의 시야를 흐리게 하는 일이 많았다.

또한, 장시간 착용하고 있으면 마스크 내부에 채워진 입김에 의해 마스크 면이 축축해져서 착용자가 불쾌감을 느끼는 경우가 많았고, 특히, 여자인 경우 마스크를 쓰면 안면의 화장, 특히 입술 화장품이 마스크에 의해 지워져 마스크에 묻게 되므로 마스크를 안면에서 제거하고 다시 착용하고자할 때, 마스크에 묻어있는 화장품이 착용자의 입술에 접촉하게 되므로 매우 비위생적이었다.

이에 더하여, 주위 공기가 유해하거나 또는 다른 오염물을 함유하는 경우, 이러한 환경 하에서, 마스크는 공기로부터 오염물을 여과할 뿐만 아니라, 마스크의 가장자리 주위에서 오염물이 새어 착용자의 호흡 대역으로 들어가지 않도록 착용자의 안면에 단단히 들어맞아야 한다. 종례의 마스크들은 착용자의 안면에 단단히 들어맞지 않음으로써 마스크의 가장자리 주위에서 오염물질이 새어 착용자의 호흡 대역으로 들어가는 심각한 단점이 있다.

황사 마스크, 공업용 마스크, 일반 마스크는 산소결핍증의 원인이다

"숨을 들이 쉴 때는 코에 달라붙어 숨쉬기가 더욱 불편했고 숨을 내쉴 때마다 부풀어 올랐으며 안경에는 뿌옇게 김이 서렸다."

황사 마스크를 착용하면 발생하는 현상이다. 일반 마스크는 미세먼지를 전혀 걸러주지 못하기 때문에 작은 크기의 미세먼지를 거르기 위해 만들어진 것이 황사 마스크이다. 공장이나 작업할 때 사용하는 공업용 마스크도 일종의 황사 마스크이다.

이러한 황사 마스크는 부직포나 촉촉한 필터로 만들어져 있기 때문에 공기통과가 어렵게 되고 거기에 더하여 인체에서 발생한 습기가 마스크에 맺혀 호흡이 더 어렵게 된다.

이러한 황사 마스크는 미세먼지는 걸러 주지만 인체에 심각한 산소부족을 발생시킨다. 그 이유는 바로 해부학적 사강 때문이다. 당신은 해부학적 사강이라는 말을 처음 들어볼 수도 있을 것이다. 앞서 제 4장에서 다룬 해부학적 사강에 대해서 다시 한 번 알아보자.

호흡의 주된 목적은 산소를 얻기 위함이다. 우리는 호흡을 통해 공기 중으로부터 산소를 섭취하여, 이를 세포로 공급한다. 그리고 세포에서 생성된 이산화탄소를 밖으로 배출하는데, 이렇게 산소가 공급되고 이산화탄소가 배출되는 것이 바로 호흡이다.

호흡을 하는 것은 건강한 사람에게는 아주 쉬운 일이나 사람이 일단 병에 걸리거나 폐에 이상이 생겼을 때에는 사정이 전혀 달라진다. 그때에는 호흡하는 것이 매우 힘들어지고 고통스럽다. 때문에 호흡은 곧 생명이며, 호흡은 끊임없이 이어져야 하며 우리는 잠시도 호흡을 멈추고는 살 수가 없다.

황사 마스크는 사람의 코와 입을 가려 해부학적 사강을 증대시킨다. 이는 체내 산소 결핍증의 원인이 된다. 보통 황사 마스크를 착용하면 답답함을 호소하게 되는데, 이렇게 답답한 이유는 황사 마스크가 정상적인 호흡을 방해하여 우리 몸의 뇌나 심장에 전달되는 산소가 부족해지기 때문이다. 산소 결핍증을 유발하기 때문에 어린이용 황사 마스크는 존재하지 않는다.

스마트 마스크와 시중판매 마스크 비교		
	스마트 마스크	**황사마스크&일반 마스크,공업용 마스크**
해부학적 사강	없다	심하다
미세먼지 차단율	뛰어나다	좋거나, 미비하다
대화	자유롭다	불편하다
착용감	좋다	그저그렇다
세탁여부	가능하다	불가능
필터교환여부	가능하다	일회용
내구성	반영구적 사용	일회용
서리끼임	안경 착용시 서리끼임 없다	심하다
휴대성	좋다	다시 착용할 때 축축해서 비위생적이다

•**해부학적 사강(Anatomic Dead Space)이란?**
우리가 숨을 쉬면 공기는 폐에 도달해야만, 폐포와 폐포관에서 산소가 섭취된다. 하지만 들여마신 공기는 모두 폐에 도달하면 좋겠지만 그중 최대 **600㎖**는 아무 기능도 하지 못하고 다시 배출된다. 이처럼 산소가 섭취되지 않고 다시 배출되는 공기 즉, 호흡기관 내에서 산소교환과 관계가 없는 기능적 공간의 용적을 말한다. 비강을 지나서 후두, 기관, 기관지를 지나 소기관지 등이며, 평상시 총 용적은 150~200ml 이다.

•**사강(Dead Space)이란?**
숨쉴 때 공기가 지나가는 길이다. 호흡에 참여하지 않고 공기가 지나가는 호흡경로이며 비강, 후두, 기관, 기관지 등이 이에 해당한다.

스마트 마스크는 항상 모든 세대에 비길 데 없는
젊음과 아름다움을 선사합니다
Smartmask always gives a youth and a beauty
to every generation
최 충 식

PART 7

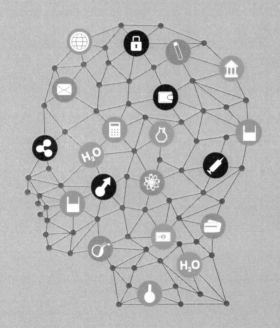

스마트 마스크를 착용하면
탈모, 감기, 고혈압, 당뇨에
절대로 걸리지 않는다

탈모를 예방하고 치료하는 것은 바로 당신이다

탈모에 대한 고민이 어찌 현대인만의 고민이겠는가?

로마시대의 율리우스 카이사르는 탈모를 감추기 위해 월계관을 쓰고 다녔으며 클레오파트라는 애인인 카이사르의 대머리 치료를 위해 불에 태운 생쥐, 곰의 기름, 사슴의 골수 등을 탈모 치료를 위해 썼다고 전해진다.

'의학의 아버지' 히포크라테스 역시 탈모로 고민하기는 마찬가지였다. 히포크라테스는 자신의 탈모가 고민스러운 나머지 비둘기 배설물과 아편 등으로 치료를 시도했다. 하지만 결국 이는 허사로 돌아갔다. 그렇다면 탈모 방지는 어떻게 하는 것이 좋을까? 가장 많이 하는 질문이다.

의학의 아버지 히포크라테스도 알지 못한 탈모 치료법이 있다. 그것은 혈액순환을 촉진하는 방법이다. 혈액순환이 원활하면 탈모를 예방하거나 치료할 할 수 있는 것은 누구나 다 아는 사실이다.

다른 질병과 마찬가지로 탈모 예방 및 치료를 위해서는 평소 생활습관이 매우 중요하다. 스트레스는 만병의 근원이라는 말처럼 탈모에도 엄청난 영향을 끼친다. 스트레스는 정도의 차이는 있지만 누구나 겪는 현상이다. 몸에 과도한 스트레스가 가해지면 신체리듬에 균형이 깨지면서 근육은 수축하고 혈관에 압박이 가해지므로 산소와 혈액에서 만들어진 영양공급이 제한되어 탈모가 진행된다.

신경세포 중 교감신경이 근육의 수축, 혈압상승, 혈액순환 장애를 초래해 모낭세포에 영양공급을 차단하므로 생장기 모발이 갑자기 휴지기로 전환되어 모발이 급격하게 탈락하게 되는 것이다.

다음 그림에서 보듯이 스트레스는 아드레날린이 분비되고 교감신경이 우위로 우리 몸을 지배한다. 그러면 혈관이 수축되고 혈압이 올라가며

두피에 산소와 영양소 공급이 부족하게 된다. 결과적으로 탈모는 두피에
산소가 부족한 것이다.

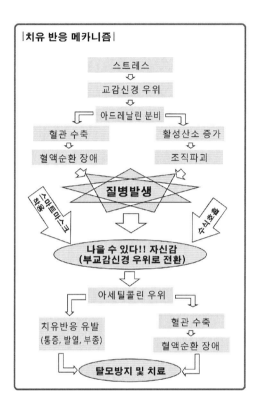

그러면 현대의학에서의 탈모 치료방법을 알아보자. 최근에 가장 효과가
좋은 탈모치료법은 모낭주위 주사, 헤어셀 S2, 조혈모세포(PRP) 등이다.

'모낭주위 주사'는 두피의 혈액순환 촉진 및 모발 성장에 도움이 되는
영양물질을 탈모부위 주위에 직접 주사하는 방법이고, '헤어셀 S2'는 두피
주위에 전자기장을 형성하여 모낭세포를 활성화시켜 세포분열을 촉진시
키고 모낭 주위의 혈류를 증가시켜 탈모를 예방하는 것이고, '조혈모세포
(PRP)'는 혈액에서 성장인자를 자극해 조직을 재생하는 혈소판만 따로 분

리해 두피에 주사하면 모낭에 직접 작용해 모근과 모발재생을 촉진시키는 방법이다.

위 치료법에서 알 수 있듯이, 현대의학에서 탈모치료 방법은 혈액순환을 개선시켜 모발의 성장을 촉진시키고 퇴행을 늦춰 탈모치료 효과가 나타나게 하는 것이다. 한마디로 혈액순환을 원활하게해서 탈모를 방지하는 것이다.

사실 이러한 현대의학적인 치료방법은 많은 비용과 시간을 투자해야 한다. 그리고 효과적인 측면에서 확실하게 장담을 못 하는 게 현실이다. 이렇게 많은 돈과 시간을 투자하여 치료를 받지 않더라도 혈액순환을 촉진하는 방법이 있다. 가장 중요한 것이 당신의 생활습관을 바로 잡는 것이다.

혈액순환이 원활하려면 스트레스를 해소할 수 있도록 코로 천천히 깊게 호흡하는 수식호흡을 해야 한다. 그동안 숨쉬기의 중요성을 숱하게 이야기하고 강의 해왔어도 탈모, 암, 당뇨, 고혈압 등 질병에서 완치되었다는 실증을 찾는 데는 어려웠었다. 이런 질병 들이 바로 바로 치료되는 것도 아니고, 이런 질병에 완전히 자유로운 사람을 찾기가 쉽지 않기에 당연한 결과이기도 하다. 때문에 이러한 한계를 극복하기 위하여 일상생활뿐만 아니라 밤에 잠자는 동안에도 입을 다물고 코로 호흡할 수 있는 스마트 마스크를 개발하게 됐다. 스마트 마스크는 3년 전에 개발이 완료됐었다. 그 이후 2년에 걸쳐 각 계층상대로 광범위한 임상실험을 진행했다.

임상실험 대상은 매우 다양하게 진행했다. 각종 암, 뇌졸중, 심장질환, 폐질환, 고혈압, 당뇨, 우울증, 공황장애, 고지혈증, 비만, 비염, 아토피, 감기, 충치, 풍치, 잇몸질환, 갱년기 장애 등과 여드름, 모공, 각질, 기미, 검버섯, 잡티, 두드러기, 건선, 노안 등의 피부질환 그리고 다이어트 등이다. 짧게는 보름 길게는 2년이 넘는 현재까지 대상 질병이 다양한 것처럼 그 기간도 다양하다.

모든 질병의 원인에 대해서 개별적인 연구를 해보면 이 같은 질병의 원인이 체내 산소부족이다. 동맥경화, 고혈압, 뇌출혈, 심근경색, 당뇨, 관절염, 탈모 등 모든 질병은 원인은 체내에 산소가 40% 미만으로 떨어지면 발생된다고 보면 맞기 때문이다.

정말 필자를 깜짝 놀라게 한 것은 대상자들 중에 지시사항을 꾸준히 실천한 사람들은 80% 이상 놀라운 효과를 보였다는 점이다. 그리고 밤에만 착용했다는 분들도 70% 이상 효과를 보였다. 더욱 놀라운 것은 부작용은 전혀 보고되지 않았다. 요즘 강의 때마다 이런 결과를 설파할 수 있어서 매우 기쁘기 짝이 없다. 그 어떤 치료법보다도 완벽하고 간결하다.

다음은 실험자들에게 주어진 지시사항이다.

1. 입은 다물고 코로 호흡할 것
2. 잠자는 동안에 스마트 마스크를 착용할 것(코골이, 무면무호흡증 예방)
3. 스마트 마스크를 착용하고 하루 30분 1주일에 5일 이상 운동할 것(주로 유산소 운동)
4. 밥은 천천히 먹고, 최소한 20회 이상 씹을 것
5. 감사하는 마음을 가질 것
6. 시간 나는 대로 수식호흡을 연습할 것(명상, 스트레스 해소)
7. 가, 우, 리, 네 운동을 40회 할 것(타액분비 촉진, 목 근육 이완 방지, 얼굴피부 처짐 방지)

이런 지시사항은 누구나 해야 하는 것들이다. 다만 귀찮아서, 몰라서 안하는 것뿐이다. 이제는 알았으니 지금이라도 실천하기를 진심으로 바란다. 이런 사항들은 단 하루만 실천해도 그 효과는 매우 놀랍다.

진정한 치료는 약을 비롯한 인의적인 것들을 배제하고 환자 스스로의 힘으로 치료하는 것이다. 의료진은 환자가 스스로 치료할 수 있도록 도와주는 그 행위 자체에만 머물러야 한다. 의료진의 이익을 위한, 돈을 벌기 위한 수단으로 치료를 해서는 안 된다는 것이 필자의 변함없는 치유의 가치다.

우리 모두가 가지고 있는 '자연치유력'의 힘을 믿는다면 치유는 그리 어렵지만은 않다. 우리는 산소가 없으면 단 1분도 살수가 없기 때문에 우리 몸의 조직과 신진대사에는 산소가 절대적인 영향을 미친다.

필자가 이 책과 치료방법을 환자들과 가족들에게 꼭 읽어보라고 권하는 이유는 이 책이 질병의 치료, 재발, 예방에 좋은 방향을 제시할거라는 확신이 있기 때문이다. 또한 이제는 국민 모두 암뿐만 아니라 모든 질병의 원인인 스트레스(스트레스는 곧 산소결핍증이다)로부터 자유롭지 못한 현대를 살아가는 모든 이들에게도 스트레스 예방 활용법으로써 이 책은 좋은 방향을 제시할 것이다.

이러한 믿음이 있었기에 지금까지의 결과는 거의 완벽에 가깝게 여러 질병들에 효과를 보여주고 있다. 이런 결과는 지난 13년 동안 전 세계 그 누구도 이루지 못한 미지의 길을 개척해온 내 자신에게 하늘이 내려준 가장 위대한 선물이 아닐까 싶다.

정말 경이로울만한, 그러나 너무도 당연한 결과를 보여준 실험자들에게 깊은 감사의 마음을 전하면서 탈모를 치료한 한 사람의 사례를 통해 탈모로 고민하는 당신이 치유의 지혜를 얻기 바란다.

30대 초반 직장인입니다. 매일 회사에서 받는 스트레스와 야근으로 인해 머리가 빠지기 시작하더니 이제는 탈모치료를 받아야 할 정도까지 이르게 되었습니다. 처음에는 스트레스를 심하게 받아서 그런가보다 싶었는데 일 년이 넘게 탈모치료가 안되니까 다른 의미로 힘들어집니다. 이제는 머리를 감으려고 쓸어 올리기만 해도 막 빠집니다.

입사 후에 점점 빠지는 머리 때문에 많은 분들이 40대 초반으로 다들 보네요. 젊은 사원들도 많이 치고 올라오는데 외모에서부터 밀리다니… 사회생활도 사회생활이지만 탈모 덕에 평상시 생활에도 힘이 드네요. 어딜 가더라도 머리만 보는 것 같고 맞선을 봐도 머리 때문에 퇴짜 맞는 경우가 많았거든요.

이것저것 탈모치료에 좋다는 건 무조건 다해봤지만 그렇게 효과를 보지 못했습니다. 모발이식도 생각했지만, 가격도 가격이지만 효과가 있을지도 믿음이 가질 않았고요.

암튼 그 무렵에 숙대 앞에서 스마트 마스크 임상실험 참여자를 모집한다고 하기에 저도 참여하게 되었어요. 생전 처음 보는 마스크라 이런 게 효과가 있을까 하는 의문도 있긴 했는데, 착용만 하면 되니까 그날부터 시간 나는 대로 착용했어요. 잠잘 때도 차고 자고요.

사실 정말로 놀라웠어요. 일단 탈모치료보다는 다른 이점들이 먼저 생기더라고요.

초겨울이었는데 마스크 착용하니까 춥지도 않고 호흡하기도 편하고 마스크 이어폰 홈에 이어폰을 꽂고 음악 들으면서 걷는 것도 너무 좋고요. 신세계를 만난 기분이었답니다.

지시사항에 "마스크 착용하고 유산소 운동하기"도 있었는데 저는 출퇴근 할 때 마스크를 착용하고 하루에 30-40분 정도 빨리 걷는 걸로 대체 했고요. 1주일에 5일은 그렇게 했죠.

효과는 바로 나오더군요. 30분 빨리 걸으면 얼굴에 땀이 나는데 전혀 불편한 게 없어요. 집에 와서 샤워하고 나면 피부가 완전 보들보들 애기 피부가 되더라고요. 피부 속의 노폐물이 빠져 나오기 때문에 그렇다고 하더라고요.

그리고 얼굴 살이 많이 빠졌고, 체중도 줄고 피부도 좋아지고 등등 건강도 많이 좋아지고… 스트레스도 덜 받고… 아주 좋네요. 그 중에 가장 좋은 것은 얼굴 피부가 완전히 좋아졌다는 거예요. 무슨 시술 받았냐고 친구들에게 그런 질문 많이 받아요. 여드름도 나고 그랬는데 그런 것도 없어졌고요. 그리고 체력도 많이 좋아졌고, 잠을 잘 자서 그런지 피곤한 것도 없어졌어요. 얼굴도 바뀌었어요. 얼굴 살과 몸살이 많이 빠져서 그런지 실제로 스마트 마스크가 얼굴을 교정해주는 지는 모르지만 암튼 미남 됐다는 소리 들어요. 생활습관과 식습관이 자동으로 개선되었고요.

탈모방지는 보름쯤 지나니까 머리 빠지는 게 많이 줄었고요. 확실히 탈모치료가 되더라고요.

지금은 머리가 숭숭 많이 나서 지난겨울에는 머리를 따뜻하게 보냈고요. 옛날에는 무조건 비니나 모자를 뒤집어쓰고 다녔는데, 이젠 당당히 제 머리를 드러내고 다닙니다.

돈들인 머리라고 친구들한테 자랑도 하고요ㅋㅋㅋ. 저에게는 스마트 마스크는 보물이에요.

2014년 3월 10일

이 글은 필자가 작년에 스마트 마스크 임상실험을 한 분 중에 탈모에 효과를 본 분의 체험 수기다.

본인의 허락을 받아 이 책에 실었다. 잘 알다시피 남자의 탈모는 치료가 어렵다고 알고 있다. 그럼에도 불구하고 지금은 모발이 풍성하다. 건강도 전보다 많이 좋아지고 피부도 상당히 좋아졌다. 건강이 좋아지니까 그 자신감에 도취되어 담배도 끊었단다.

위의 글을 읽으면서 당신은 감탄하면서도 헷갈려 한다. 뚜렷한 요법이나 치료법이 보이지 않기 때문이다. 어떻게 해서 탈모를 치료했을까 의아해한다. 현대의학의 치료를 받은 것도 아니요, 그렇다고 뚜렷한 대체요법을 한 것도 아니기 때문이다. 하지만 탈모가 치료될 수밖에 없었던 이유가 있다.

그 이유가 궁금한가? 한마디로 체내에 충분한 산소를 공급했기 때문이다. 앞에서 살펴본 현대의학 시술법도 모발에 산소를 공급하기 위해 시술하는 치료법이다. 비록 본인은 그 원인을 정확하게 알지는 못하지만 체내로 충분한 산소를 공급한 것이다. 지금부터 체험자가 실천했던 지시사항들을 자세히 들여다보고 정리해 보자.

치료를 위한 첫 번째 조건, 산소

모든 탈모환자들과 다를 바 없이 이 분도 이것저것 다 해봤다고 한다. 처음에는 탈모에 지식은커녕 지혜도 없었으므로 광고에 귀가 솔깃했을 것이다. 당연한 태도다. 그러나 열린 마음의 소유자로 필자의 실험 제안에 기꺼이 응해줬고 꾸준히 실천에 옮겼다.

시간 나는 데로 수식호흡을 실시하여 스트레스를 해소하고 그로 인해 충분한 산소를 체내에 공급한 것이다. 그리고 코로 호흡하게 되니까 우리 몸에 악영향을 미치는 중금속이나 유해물질이 체내 흡수되는 것이 방지됐다. 사실 이런 일들은 마음만 먹으면 아주 쉽게 하는 것이다. 이것만 해도 상당한 효과를 보는 것도 사실이다.

문제는 우리가 잠자는 동안이다

당신도 아는 바와 같이, 잠자는 동안에는 대개 입을 벌리고 잔다. 입으로 호흡하는 것이다. 거기에다가 코골이, 수면무호흡증 등은 수면 중에 산소공급을 방해하여 산소결핍증을 초래한다. 이렇게 되면 잠을 많이 자도 만성적으로 피곤하다. 이런 일은 누구에게나 밤마다 벌어지는 현상이다. 이렇게 매일 벌어지는 습관이 10년 이상 지속되면 반드시 문제를 일으키고 이 문제들이 우리 삶을 빼앗기도 한다. 이 분도 비만이고 코골이가 심했었다.

이러한 만성적인 수면장애를 스마트 마스크가 단번에 해결해준 것이다. 수면장애가 해결되니까 잠자는 동안에 체내에 충분한 산소가 공급된다. 숙면을 하게 되면 회춘 호르몬인 멜라토닌이 많이 분비되어 낮에 쌓인 피로와 노폐물을 깨끗이 청소해준다. 체내에 충분한 산소 공급은 혈액순환을 촉진함으로써 산소와 영양소가 모발에 충분히 전달되어 탈모는 방지되고 모발 성장은 왕성해져 모발이 풍성해지는 것이다.

또한, 숙면을 하게 되므로 전에는 피곤하고 졸렸던 근무시간에 업무성과도 좋아지는 것은 당연한 결과다. 더욱 개선되는 것은 건강과 피부, 대인관계, 삶의 질이다.

그래서 일까 3개월 만에 다시 만났을 때 살도 많이 빠지고 핸섬해져서 몰라봤다. 전에도 그랬었지만 그 당당함은 대단했다.

이렇듯 이분은 코 호흡과 스마트 마스크를 꾸준히 착용하여 우리 몸에 유해한 유해물질은 차단하고 숙면을 취해 충분한 산소를 공급한 것이 탈모를 치료한 첫 번째 이유다.

치료를 위한 두 번째 조건, 운동

운동은 스트레스 탈모치료법으로 매우 좋은 방법이다. 하루 30분씩 운동을 하면 체내 순환력이 좋아져 두피로 몰리는 열을 내려줄 수 있고 모발로 영양분이 잘 전달되게 돕는다. 더불어 스트레스 해소에도 도움이 되어 정수리 탈모, M자 탈모, 원형 탈모 등 탈모치료에 효과적이다. 이러한 자체 운동효과도 상당하다.

거기에 더하여 스마트 마스크를 착용하고 운동하면 운동효과는 최소한 3배 이상이다. 일반적으로 2시간 운동한다면 스마트 마스크를 착용하면 30분이면 충분하다. 만약 이게 사실이라면 필자는 노벨 생리학상을 충분히 받을 자격이 된다.

하루 20분씩 꾸준히 운동하면 현재의 성인병들은 50% 이상 발생을 줄일 수 있다는 것이 전문가들의 공통된 의견이다. 탈모뿐만 아니라 모든 성인병은 움직이지 않아서 스트레스가 누적되어 체내 산소결핍증으로 생기는 병들이다. 조금만 움직이고 충분한 운동 효과를 얻을 수 있다면 모든 국민이 탈모, 암, 고혈압, 당뇨, 뇌졸중으로부터 보다 자유를 얻게 될 테니까 말이다.

그럼 왜 운동 효과가 향상되는 걸까? 많이 궁금할 것이다.

앞 장에서도 설명했듯이, 우리가 유산소 운동을 하는 이유는 우리 몸 구석구석 말초혈관까지 산소를 공급하기 위해서다. 우리가 유산소 운동을 하면 혈액순환이 좋아지고 세포에 충분한 산소와 영양소가 공급된다. 그렇게 되면 신진대사가 활발해진다.

스마트 마스크는 운동하는 사람에게 올바르게 호흡(수식호흡)하도록 도와준다. 운동 중에 올바른 호흡이란 깊고 길게 천천히 하는 호흡이다. 이러한 호흡법은 체내에 충분한 산소공급이 이루어져 운동효과를 극대화한다. 사실 많은 분들이 운동은 하는데 그 효과는 미비하다. 운동은 많이 하는 것이 중요한 게 하니라 효율적으로 해야 한다. 그래서 운동 중에 호흡은 매우 중요하다. 운동 중의 호흡법은 Part-4에 상세히 설명되었으니 참고하기 바란다.

이렇게 충분한 산소가 공급되면 무엇보다 우리 세포가 좋아한다. 그 뿐만이 아니다. 스마트 마스크를 착용하고 운동하면 신선하고 깨끗한 공기를 섭취할 수 있고 몸에서 열 발생을 촉진하여 체온이 올라간다. 체온이 올라가면 땀이 나게 되는데 그 땀은 몸속의 노폐물과 중금속, 독소 등을 밖으로 배출시킨다.

즉, 스마트 마스크를 착용하면 같은 칼로리 소모의 운동도 높은 칼로리 에너지를 방출하여 착용하지 않았을 때보다도 3배 이상 효과가 나게 된다. 운동에 의한 땀은 세포 내의 미토콘드리아에서 대사 과정 중에 산소와 탄수화물, 지방이 연소하며 발생하는 열을 식혀 주기 위한 것이다. 이렇게 땀이 난다는 것은 연소과정에서 발생되어 쌓여있는 활성산소, 독소, 노폐물을 체외로 배출시키는 동시에 몸의 구석구석에 쌓여있는 지방을 태워 다이어트가 진행됨을 의미한다.

그렇기 때문에 스마트 마스크는 피부의 발열작용을 촉진시켜 피부와 직접 호흡하면서 땀 배출을 증진시킨다. 이는 바쁜 현대인들에게 불필요한 체력 소모를 줄이고 소중한 시간을 절약하게 해준다.

체온이 1도 떨어지면 자연치유력은 30% 저하되고, 체온이 1도 올라가면 자연치유력은 5배 이상 활성화되어 각종 질병을 막을 수 있다. 때문에 저체온은 만병의 원흉이다. 먹고, 마시고, 바르는 방법은 절대로 체온을 올릴 수 없다.

아래 그림에서 알 수 있듯이, 필자가 개발한 스마트 마스크는 체내에 충분한 산소를 공급하여 신진대사를 촉진하고 체온을 향상시켜 자연치유력을 활성화시키는 데 핵심을 두고 있다. 착용하면 알겠지만, 착용하고 20분만 걸으면 체온이 상승하여 쓸데없이 쌓여있는 노폐물과 지방, 독소를 제거해 준다.

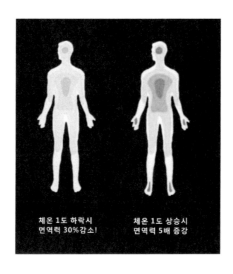

특히 얼굴은 스마트 마스크가 추위, 공해, 자외선 등으로부터 피부를 철저히 보호해 주며, 피부를 감싸 피부와 호흡하면서 발열작용을 촉진시키므로 더욱 신속히 피부 속의 노폐물이 제거된다.

그리고 얼굴피부를 상부로 끌어올려 고정시켜서 얼굴이 중력에 의해 처지는 현상을 방지하여주어 얼굴을 보기 좋은 얼굴로 교정해 준다. 이러한 이유로 얼굴피부는 스마트 마스크를 착용하는 그 순간부터 효과를 보게 된다. 조금 과장을 하면 스마트 마스크 착용 1개월이면 얼굴이 바뀐다고 보면 맞다.

치료를 위한 세 번째 조건, 스스로 자신의 명의가 되었다

'가, 우, 리, -네' 운동을 빼먹지 않고 매일 했었다고 한다. '가, 우, 리, -네' 운동은 얼굴 스트레칭 운동이다. 이 운동을 하루 40회씩만 하면 이완된 구강근육을 바로잡아 자연스럽게 코 호흡으로 전환된다. 특히 잠자는 동안에 코골이와 수면무호흡증을 방지할 수 있다. 뿐만 아니라 얼굴근육을 바로 잡고 타액분비를 촉진하여 노화방지, 탈모방지, 구강질환방지, 장 질환방지, 폐렴방지가 된다.

이렇게 얼굴 근육과 혀 근육이 단련되면, 자연스럽게 코 호흡을 하게 되고 코골이, 수면장애, 변비, 입 냄새, 얼굴 교정 등이 개선된다는 것은 이미 과학적으로 밝혀진 사실들이다.

동시에 자연치유력을 높이는 생활습관으로 변화를 주었다. 기본적으로 식사량을 줄이고 꼭꼭 씹고 천천히 식사했다고 한다. 비록 퇴근 후에 몸이 허기져도 한 정거장 먼저 내려 스마트 마스크를 착용하고 걸었다고 한다.

숙면을 취하고 신선한 공기를 마시며 자신의 몸이 하루하루 개선된다는 사실을 끊임없이 확인하고 지내니 그 효과는 상당했을 것이다.

맞다. 잘 호흡하고 잘 움직이고 잘 먹고 잘 자며 잘 배설하는 일이야말로 우리의 의무이자 권리이다. 이 의무와 권리를 포기하면 병이 들게 된다.

'먹어도 치료 된다'는 믿음 아래 항시 웃으려고 노력하며 늘 긍정적인 생각을 했단다. 직장에서 받는 스트레스를 수식호흡으로 날려버리고 자신에게 충분한 휴식을 주었다고 한다. 즉, 건강한 마음가짐을 갖게 되었단다.

이 모든 것을 받아들일 준비가 되어 있는 열린 마음으로 스스로 판단하고 선택하면서 스스로 걸어갔다. 언제나 자신이 중심이었다. 세상에 널리 퍼진 숱한 요법에도 크게 흔들리지 않고 나름대로 원칙을 세워 실천했다. 매일 매일 자신의 모습을 들여다보고 아름답게 가꾸기 위해 노력했던 것이다. 스스로 의사가 되어 자기 몸속 의사의 처방을 잘 받아들이고 그대로 잘 실천한 것이다.

이와 같이 자연치유력의 힘을 믿은 까닭에 이 분은 빠르게 호전될 수 있었다. 앞으로도 이 상태에서 크게 벗어나지 않는다면 같은 또래 보다 10년 이상 젊음을 유지하며 살아갈 것이라 필자는 확신한다.

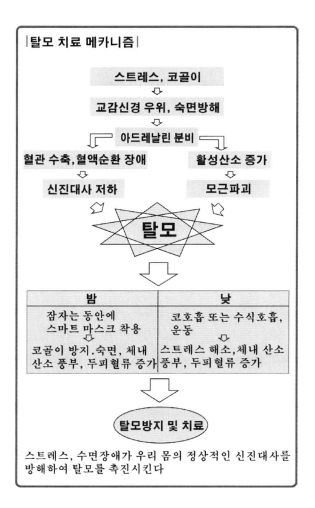

자연치유력(면역력)을 코 호흡과 스마트 마스크로 활성화 시키자

몸이 아파 병원에서 여러 검사를 해보아도 아무런 이상 소견이 나오지 않거나 아무리 좋은 음식을 먹고 아무리 많은 운동을 해도 건강은커녕 건강이 악화되는 분들이 있다.

왜 일까?

그 비밀은 교감신경과 부교감신경의 균형이 깨져있기 때문이다. 우선 인간의 신체를 살펴보면 크게 순환계와 소화계로 나눌 수 있다. 순환계는 심장으로부터 떠난 피의 순환을 이야기하며 소화계는 음식의 섭취와 소화, 배설까지를 이야기한다. 이 두 가지가 건강하다면 건강한 삶을 살 수 있다고 볼 수 있다.

질 좋은 영향을 아무리 섭취한다 해도 이것을 세포에 재대로 공급하지 못하면 건강할 수 없다. 이러한 조절을 적절히 해주는 것이 자율신경계이다. 자율신경이란 뇌의 명령이나 본인의 의지와는 상관없이 신체 내 신경계를 말한다. 호흡이나 신진대사, 체온조절, 소화, 혈액순환 등 생명활동 유지 및 조절을 위해 끊임없이 반복적으로 활동한다. 긴장하면 우위가 되는 교감신경과 안정되면 우위가 되는 부교감신경이 서로 균형을 유지하면서 우리의 신체 기능을 항상 정상적으로 유지한다.

하지만, 시험, 면접, 격렬한 운동, 각종 스트레스 등과 같이 신체가 중대한 어떠한 일에 직면 했을 때교감신경이 우위를 차지하게 된다. 교감신경에서는 아드레날린이 분비되는데, 이 아드레날린에는 심장의 박동을 빠르게 하고 혈관을 수축시켜 혈압을 오르게 하는 작용이 있어 근육을 긴장시켜 좀 더 빠르게 움직이며, 멀리보고 정확하게 보기 위해 동공이 확대되고, 정확한 상황판단을 하기 위해 증진된 사고력을 가지게 신체가 조절된다. 이로 인하여 타액분비 억제와 소화액 분비 억제 심장 박동수 증가와 혈관이 수축하게 된다. 이는 혈압이 상승하며 체온은 내려가 저체온이 되며 면역력은 현저히 떨어지게 된다. 예를 들면 화를 심하게 낼 때 혈압이 급상승하는 것은 흥분한 교감신경이 아드레날린을 한꺼번에 방출하여 혈관을 수축시키기 때문인 것이다.

이로 인하여 교감신경의 우위상태가 지속된다면 저체온증으로 인한 비만, 항암 항바이러스 기능 저하, 소화기능 저하, 면역력 저하가 될 수 있다. 즉, 교감신경의 우위상태가 지속적으로 이어지면 대표적인 성인병인 복부비만, 동맥경화, 고혈압, 각종 암, 당뇨, 우울증, 변비, 냉증 등이 발생되는 것이다. 우리가 다 아는 '스트레스는 질병이다'라는 말이 있다. 스트레스가 높아지면 교감신경의 우위상태가 되어 신체적으로 심혈관계에 악영향을 미쳐 심혈관질환 위험을 높이는 아주 커다란 원인이 되기도 한다.

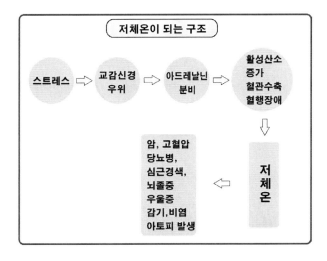

교감신경의 우위를 안정시키기 위해서는 부교감신경이 우위를 차지하도록 해야 한다. 평소에도 인체를 부교감신경계가 우위로 지배할 수 있도록 노력해야 하고, 그 상태를 유지시켜야 한다.

부교감신경은 교감신경의 반대상황으로 신체가 긴장 상태에서 벗어나 안정감을 찾을 때 작동한다. 부교감신경의 우위로 심장의 박동은 부드러워지며 혈관은 확장되어 혈액순환이 촉진되고, 소화기관 및 배설기관의 활성화로 체온의 상승하여 면역력이 증가되게 된다. 일반적으로 잠을 자면 체온이 올라가고 손발도 같이 따뜻해 진다. 이는 부교감신경이 우위에 있기 때문이다.

인체의 자연치유력은 교감신경계가 우위로 인체를 지배하고 있는 상황에서는 작동하지 않는다. 교감신경계가 인체를 지배하면 스트레스 호르몬이 계속 분비되고 혈관이 수축되어 혈액의 흐름이 느려지고, 호흡이 가빠지고, 얕은 호흡을 하게 되고, 산소 소비량은 늘어나는데 산소공급은 줄어드는 등으로 인해 오히려 인체의 자연치유력을 방해한다.

강력한 힘을 가진 인체의 자연치유력이 작동하려면 부교감신경계가 인체를 지배해야 한다. 부교감신경계가 우위로 인체를 지배하게 하려면 웃어야 되고, 마음을 편하게 가져야 하는데 현실적으로 어렵다.

부교감신경계가 우위로 인체를 지배하게 하는 빠르고 확실하고 현실적인 방법은 깊고 느리게 호흡하는 것이다. 호흡은 자율신경계중에 유일하게 우리의 노력으로 조절이 가능하다. 느린 호흡, 깊은 호흡, 배호흡을 하는 것이다. 이 세 가지 호흡은 같은 말이다.

보통사람은 일 분에 12-13번 정도 얕은 호흡을 한다. 암 환자와 병을 앓고 있는 사람, 긴장상태, 스트레스 상황에서는 호흡이 더 얕고 횟수도 많다.

동물도 마찬가지다. 생쥐는 "색색" 하며 호흡을 빠르게 반복한다. 그래서 생쥐는 3년도 못산다. 이에 반해 거북이는 지구상에서 장수하기로 유명한 동물이다. 거북이는 몇 분에 1~3번만 호흡한다고 한다. 동작도 쥐와는 완전히 대조적으로 마치 점령군처럼 위엄이 있다.

호흡은 일 분에 10회 미만으로 해야 한다. 천천히 코로 들어 마시고 더 천천히 내쉬는 것이다. 이런 호흡을 10분 정도만 해도 인체가 진정되면서 부교감신경계가 인체를 지배하기 시작한다. 부교감 신경계가 우위로 작동하면 혈관이 넓어지고, 혈액의 흐름이 개선되고, 마음이 편해지고, 산소공급이 늘어나고, 배설 기능과 분비기능이 활성화되고, 인체의 자연치유력이 작동하기 시작한다.

부교감신경계가 우위로 신체를 지배하면 자연히 체온이 올라가지만 역으로 몸을 따뜻하게 해줘도 부교감신경계가 우위로 신체를 지배하게 된다. 앞 장에서 설명한 몸이 따뜻해야 냉증이 치료되는 이유와 같다. 코 호흡 요법으로 몸을 따뜻하게 하여 부교감신경계가 우위로 신체를 지배하는 것이 중요하다.

숲길을 걷는다면 교감신경활동(21.1%)이 낮아지고, 부교감신경활동(15.8%)이 높아진다는 연구 결과도 있다. 숲속 길을 걷게 되면 '분노', '불안', '피로'와 같은 부정적인 감정이 굳이 생각하지도 않았는데도 저절로 사라져 버린다고 한다.

이런 호흡이 평소에 습관화 된다면, 자연치유력이 향상되어 병에 걸리지 않는 몸으로 교정된다. 설령 암, 고혈압, 당뇨, 뇌졸중, 심장마비와 같은 질병에 걸렸어도 자연치유력이 향상되면 살균세포라는 MK세포도 130% 증식하여 체내를 순찰한다. MK세포가 발견한 바이러스, 악성세포 등은 차례로 공격을 받아 사멸하고 효소로 분해되어 체외로 배설된다. 이것이 코 호흡 요법이 병을 치료하는 과정이다.

다시 한 번 강조하지만 스트레스, 지나친 운동과 노동, 불규칙한 생활 습관 등의 교감신경이 우위로 지배하는 신체상황에서는 쉽게 병에 걸린다는 것을 명심하자!

* 다음은 부교감신경이 우위로 신체를 지배하기 위한 방법들이다

–평소에 코 호흡(수식호흡)을 생활화하기

–스마트 마스크 착용하기

–몸을 따뜻하게 유지하기

–긍정적으로 생각하기

–자주 감사하다고 말하기

–좋아하는 향기 맡기

–산책하기

스마트 마스크를 착용하면 감기 절대로 걸리지 않는다

회사원 B씨는 최근 아침에 일어나면 코막힘과 잔기침이 계속되고 근무 중에도 쉽게 피로를 느낀다.

열이 있는 것은 아니라서 대수롭지 않게 생각했지만 이 불편함은 없어지지 않았다. 견디다 못해 한의원을 찾아와 진찰한 결과 '여름감기'였다. 원래 우리 인체는 감기에 걸린다 하더라도 3-4일정도만 지나면 자연치유력으로 바로 나아야 정상인데 보름이고 한 달이고 잘 낫지 않는 경우가 많은데, 특히 아이들의 경우 감기가 잘 낫지 않아서 한의원에 부모님들이

아이를 데리고 와서 하시는 말씀이 도대체 병원도 많이 다니고 양약도 많이 먹였는데 약을 먹어도 잘 낫지 않는다고 걱정이고 왜 그런가 제발 좀 원인을 알아야겠다고 하시는 경우가 많이 있다.

"오뉴월 감기는 개도 안 걸린다."는 옛말이 무색하다. 요즘같이 기온이 30℃를 넘는 여름철에도 많은 분이 감기로 병원을 찾는다. 건강보험심사평가원의 자료에 따르면, 비교적 따뜻한 4월부터 8월까지의 감기 환자 수가 연간 감기 환자의 36%를 차지한다.

이렇듯 여름 감기가 흔해진 이유는 첫째는 낮에는 더 덥고 새벽엔 더 쌀쌀해진 일교차에 있다. 여름철 낮에는 고온 다습을 유지하다가 밤이 되면 쌀쌀해지면서 감기를 유발한다. 둘째는 자연치유력(면역력)의 저하이고, 겨울철 감기의 주원인은 춥고 건조한 날씨이다.

다른 대부분의 병도 마찬가지지만 특히 감기는 약이 없다. 콧물, 기침 등 감기 증세를 일으키는 원인균은 모두 바이러스이며, 현재 바이러스를 퇴치하는 약은 없기 때문이다. 현재 감기질환으로 병원에 가면 처방해주는 감기약은 주로 기침약, 콧물약, 기관지약, 해열소염제 등을 모아놓은 것이다. 이런 약은 증상을 개선시킨다. 하지만 감기라는 질병 자체가 치유되는 것은 아니다. 감기는 "감기는 병원에 가면 1주일 만에 낫고, 병원에 안 가면 7일 만에 낫는다."는 우스갯소리가 있는데, 실제로 맞는 말이다.

당신은 숨 쉴 때 코로 쉬나요, 아니면 입으로 쉬나요? 대부분 '코'라고 대답한다. 하지만 코로 숨을 쉰다고 답한 상당수 사람들뿐만 아니라 만성 호흡기 질환자들은 약 90%가 입으로 숨을 쉬지만 스스로 코로 호흡한다고 굳게 믿고 있다고 전문의들은 지적한다.

우리가 하루에 마시는 공기의 양은 무려 1만ℓ가 넘는다. 무게로 치면 약 15kg이며 호흡 횟수로 치면 2만 번 이상이다. 이처럼 몸을 드나드는 엄청난 양의 공기를 어디로 마시느냐에 따라 호흡기질환의 명암이 교차한다. '코 호흡과 입 호흡은 산소를 마시고 이산화탄소를 내뱉는다는 것은 똑같지만 인체에 미치는 영향은 큰 차이가 있다. 입으로 숨을 쉬는 사람들은 감기나 천식, 비염 알레르기에 노출된다.

코 호흡을 하는 사람도 대화를 하거나 격렬한 운동이나 수영을 할 때 입호흡을 한다. 들숨과 날숨은 모두 코에서 이뤄지는 게 바람직하다. 다시 한번 강조하지만 코는 호흡할 때 미세먼지나 세균, 바이러스, 곰팡이 같은 이물질을 걸러준다. 이에 반해 입 호흡은 이물질에 대한 방어를 제대로 하지 못해 세균, 감기 바이러스, 곰팡이가 공기를 타고 몸 속 깊이 들어간다.

* 왜 스마트 마스크를 착용하면 감기가 걸리지 않을까?

– 자연치유력(면역력)이 활성화(강화)되기 때문이다.
– 입 호흡이 아닌 코 호흡을 하기 때문이다.
– 내부기체공간에서 가온/가습 기능이 있기 때문이다.
– 필터 자체적으로 감기 바이러스를 살균하는 살균기능이 작동되기 때문이다.

즉, 감기의 원인은 낮과 밤의 기온 차와 대기의 건조, 입 호흡을 통한 감기 바이러스 침입, 자연치유력 저하가 그 원인인데, 스마트 마스크를 착용하고 잠을 자면 스마트 마스크가 입 호흡을 방지하여 코 호흡으로 전환시킨다.

그리고 주위의 환경에 관계없이 언제나 가온/가습된 공기를 사용자에게 제공하기 때문에 밤낮의 기온 차에 영향을 받지 않는다. 뿐만 아니라 산소 흡입량이 증가하여 자연치유력이 활성화되어 감기에 걸리지 않게 되는 것이다.

감기 예방과 치료에는 스마트 마스크만한 게 없다. 착용하면 알겠지만 놀라운 효과를 선사할 것이다.

고혈압에는 수식호흡과 스마트 마스크가 정답이다

주요 만성질환 가운데 1위는 고혈압이다. 고혈압 환자는 나날이 늘고 있지만, 상당수 환자의 경우 혈압관리는 뒷전인 것으로 나타났다.

국민 3사람 중에 1명이 고혈압 환자다. 고혈압인 사람은 체내에 염분을 비롯한 지방이나

> 평상시에 '스마트마스크'를 착용해 보자. 특히 잠자는 동안에 착용하면 혈압은 반드시 내려간다.

콜레스테롤 등의 잉여물과 화학물질, 중금속 등 노폐물이 과다하여 혈액의 흐름이 좋지 않다. 그리고 잉여물이나 노폐물은 혈관 벽에 침착하여 동맥경화를 일으킨다.

화장실이 막혔을 때 배수관에 압력을 가해 막힌 것을 뚫는 것과 마찬가지로, 혈관이 좁아지거나 혈액이 끈적끈적해서 그 흐름이 좋지 않을 때 심장이 힘을 들여 혈액을 밀어내는 것이 고혈압 상태이다.

지방이나 콜레스테롤 그리고 각종 노폐물이 몸 안에서 제대로 배출되지 못하면 혈액이 탁해지고 그 흐름이 느려진다. 그렇게 축적된 독(노폐물)은 계속되는 중금속, 화학물질, 발암물질 등이 쌓여 점차 딱딱하게 굳어 담석, 혈전증, 암 등과 같은 무서운 생활습관병으로 악화된다. 동맥경화, 뇌경색, 심근경색 등은 모두 딱딱해지는 병이다. 음식을 냉장고에 넣으면 딱딱해지는 것처럼 우리 몸도 차가워지면 굳게 된다.

사람들은 고혈압 약을 한번 먹으면 평생 먹어야 하는 것으로 알고 있다. 그리고 약으로 혈압수치가 조절되면 해결되는 줄 알고 안심한다. 병원에서 의사들이 그렇게 말하니 믿을 수밖에 없을 것이다.

만약 약을 끊고 혈압도 잡고 건강을 되찾고 싶다면 생각을 바꿔보자!

사실 고혈압은 그 자체로는 병이 아니다. "내 몸에 문제가 있구나!" 하고 알려주는 하나의 전조증상일 뿐이다. 다만, 이런 증상이 왜 생겼는지, 또

방치할 경우에는 어떤 결과가 올지에 대한 관심을 가져야 한다. 고혈압으로 인한 합병증인 뇌졸중과 심근경색은 우리나라 사망원인 2위와 3위이며, 심부전증이나 고혈압성 망막증 역시 점점 많아지고 사망자도 늘고 있다.

그렇다면 도대체 왜 혈압이 올라갔을까?

* 산소 부족

하늘을 봐라. 하늘은 뿌옇다. 우리가 숨 쉬는 공기는 각종 유해물질로 가득 차 있다. 현재 공기 속의 산소는 17-20%다. 생활하는 집안의 산소 농도는 20%도 안 된다. 게다가 사람들은 입으로 호흡을 한다.

항시 체내의 산소는 부족한 상태에 있다. 부족한 산소를 말초혈관에까지 보내기 위해서는 심장은 힘을 줄 수밖에 없는 것이다. 하루에 1만L 이상의 유해한 공기가 몸 안으로 들어가는데 심장이 재대로 작동하겠는가?

그것뿐만이 아니다. 잠자는 8시간 내내 입으로 호흡하고 그 호흡마저도 일정하지가 않아 중간 중간 코골이나 수면무호흡증으로 호흡이 멈춘다. 폐와 심장, 간, 혈관은 굳어가고 있는 것이다. 이런 생활이 10-30년 이상 지속되면 몸은 병이 난다. 어쩌면 건강한 게 더 이상할 수도 있다.

* 잠의 질

한국 성인 중 하루 다섯 시간 이하의 수면을 취하는 사람은 고혈압 위험이 평균 8시간 수면을 취하는 사람에 비해 1.7배 높고, 그리고 수면 중에 코골이 및 수면 무호흡증이 있는 사람은 그렇지 않은 사람보다 고혈압 위험이 2.5배 높다는 연구결과가 있다.

* 환경

공해에 노출되면 그만큼 체내 산소포화도가 떨어지고 말초 세포로의 산소 이동량 역시 줄어들기 때문에 당연히 심장은 힘을 가하게 되고 그로 인해 혈압을 올리게 된다.

* 마음

채식을 하고 뚱뚱하지도 않는 사람들 중에 고혈압 환자가 많고, 뇌졸중 이나 심장마비로 사망하는 경우도 많다. 이런 경우는 거의 마음을 다스 리지 못해 오는 경우이다. 마른형의 고혈압이 비만형보다 심장마비와 뇌 졸중에 더 악영향을 미친다는 연구결과도 있다.

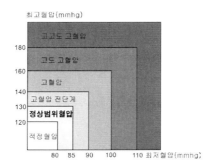

당뇨병 예방 및 치료는 수식호흡과 스마트 마스크로…

지난 2012년 한국건강관리협회에서 건강검진을 받은 40대 근로자 가운데 30%에서 혈당 수치가 정상이 아닌 것으로 나타났다.

특히 남성의 39%에서 혈당 수치에 문제가 있었다. 즉 3분

> 스마트 마스크를 착용한 후 유산소 운동을 하라. 그러면 당뇨병은 치유된다.

의 1가량은 당뇨병 또는 최소한 당뇨병으로 가는 길목인 전당뇨병에 속했다. 당뇨병은 고혈압 다음으로 의료 이용 빈도가 높은 단일질병이다. 국민건강보험 일산병원 내분비내과 송영득 교수는 "당뇨병은 한번 발병하면 자연적으로 완치되는 경우는 5% 미만이고, 아직까지 완치시키는 약도 개발이 되지 않았기 때문에 당뇨병으로 진행될 가능성이 높은 위험군에 대한 철저한 예방이 필요하다."고 말했다.

건강에 대한 관심이 커지고 의료기술의 발달로 우리 국민의 평균수명도 80세까지 늘었다. 그런 뜻에서 40대는 인생의 반환점이면서 본격적으로 당뇨병이 늘어나는 시기다. 그런데, 수명이 80세까지 늘었다고 좋아할 일만은 아니다. 인생의 마지막 10여 년은 여러 질병과 힘겹게 싸우며 여생을 보내야 할 가능성이 높기 때문이다. 그래서 요즘에는 평균수명 못지않게 별 탈 없이 건강하게 살아가는 시기인 건강수명(Health Adjusted Life Expectancy, HALE)의 중요성이 더욱 강조되고 있다. 몇 년 더 살아도 주위 사람에게 짐만 되고 삶의 질이 낮다면 결코 즐겁지만은 않을 것이다.

캐나다에서 2001-2005년 사이 설문조사와 2004-2006년 사망률 자료를 분석한 결과 당뇨병이 있을 때의 건강수명은 여성 62세, 남성 60세로 당뇨병이 없을 때보다 약 11년 정도 짧았다. 즉 당뇨병 환자가 환갑을 맞고 얼마 뒤부터 인생이 즐겁지 않다는 의미다. 그런 뜻에서 40대에 많이 시

작되는 당뇨병을 예방하고 관리하는 것은 인생의 마지막 10년을 위한 가장 확실하면서도 가치 있는 투자다.

한의학에는 '미병未病'이라는 개념이 있다. 건강하지는 않지만 질병이라고도 볼 수 없는 '질병 전 단계'를 뜻한다. 질병 예방에 대한 관심이 높아지면서 의료계에서 미병 상태를 적극적으로 관리·치료를 해야 한다는 움직임이 일고 있다. 완치가 쉽지 않은 당뇨병, 고혈압이 여기에 해당된다.

그리면 건강 투자를 위해 당糖체크를 어떻게 할까?

당뇨병은 문명병이라고도 하며, 발병 원인은 정확하게 규명되지 않았다. 과거에 노동과 운동을 많이 하고, 적게 먹었던 시절에는 당뇨병이 발생하지 않았지만, 최근 30년간 경제가 발달하고 식생활이 서구화되면서 유전적으로 취약한 사람들에게 당뇨병이 나타나고 있다. 잘못된 생활습관, 식습관, 운동부족 등 다양한 원인으로 당 대사를 조절하는 호르몬 분비가 잘 되지 않아 발생하는 이 질병은 실로 막대한 영향력을 발휘한다.

당뇨병의 특징적인 증상을 '3다多'라고 말한다. 항상 허기지고[다식多食], 갈증이 나며[다음多飮], 소변을 많이 보는[다뇨多尿] 증상이 그것이다. 이런 특징적인 증상 이전에 항상 피로를 느끼고 체중이 감소하는 현상이 나타난다. 당뇨병은 그 자체의 증상보다 당뇨병으로 인한 이차적인 합병증들 때문에 건강에 큰 위협이 된다.

먼저 당뇨병으로 인한 고혈당 증상은 혈액순환에 장애를 가져온다. 특히 작은 혈관이 몰려 있는 눈에 이상을 가져와 심한 경우 실명에 이를 수도 있으며 말초혈관이 막혀 조직이 썩어 들어가는 괴저를 일으킬 수도 있다. 당뇨병은 심장이나 뇌의 혈관에도 문제를 일으켜 뇌졸중이나 심장마비 위험을 증가시킨다. 당뇨병이 있으면 상처가 잘 낫지 않고 감염에도 취약해질 수 있으며 신경 손상을 일으켜 통증을 일으키거나 마비를 일으키기도 한다. 당뇨병은 이 외에도 수많은 합병증을 일으킬 수 있어서 건강을 위협하는 무서운 질병이다.

당뇨병은 혈당을 조절하고 있는 인슐린의 움직임이 나빠지기 때문에 생긴다. 다시 말해 혈액을 통해 세포에 당을 공급할 때 필요한 인슐린의 부족으로 나타나는 질병인 것이다. 인슐린을 분비하고 있는 곳은 췌장의 B세포이다. B세포는 산소가 부족하거나 활성산소가 과잉 생성되면 상처가 생기고, 정상적으로 인슐린을 분비할 수 없게 된다.

그러므로 산소를 충분히 공급해주면 당뇨병의 예방과 치료에 큰 도움이 된다. 대부분의 의사들은 당뇨병 치료에 걷기 등 유산소운동을 권장하고 있다.

유산소운동이란 에어로빅스(Aerobics), 에어로빅운동이라고도 한다. 큰 힘을 들이지 않고도 할 수 있는 운동으로 체내의 말초혈관까지 구석구석 최대한 많은 양의 산소를 공급시킴으로써 심장과 폐의 기능을 향상시키고 강한 혈관조직을 갖게 하는 효과가 있다. 따라서, 장기간에 걸쳐 규칙적으로 실시하면 운동 부족과 관련이 높은 고혈압, 동맥경화, 고지혈증, 허혈성 심장질환, 당뇨병 등의 성인병을 적절히 예방할 수 있을 뿐만 아니라, 비만 해소와 노화 현상을 지연시킬 수 있다. 조깅, 달리기, 수영, 자전거타기, 에어로빅댄스, 마라톤 등이 여기에 속한다.

당뇨병이라고 하면 많은 사람들이 과음, 과식을 연상한다. 하지만 그런 습관이 없는데도 당뇨병에 걸리는 사람들이 많다. 그 사람들은 매사에 전력투구하는 일벌레 형들이 많다. 무리하게 참으면서 과로를 하니까 혈당이 올라가는 것이다. 의사들은 보통 식생활을 개선하라고 충고할 뿐 스트레스를 해소하라고 하지는 않는다.

많은 당뇨병 환자들은 먹는 것으로 스트레스를 해소한다.

병에 걸린 진짜 이유는 만성적인 **'교감신경의 긴장'** 때문이라는 사실을 알아야 한다.

또 좋은 음식을 많이 먹어서 병에 걸렸는지, 스트레스를 많이 받아서 병에 걸렸는지도 숙고해봐야 한다.

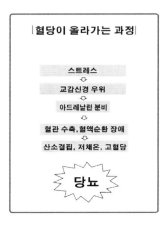

당뇨병의 근본적인 원인은 **스트레스로 인한 교감신경의 우위로 신체를 지배하기 때문이다. 교감신경이 우위이면 체온이 낮아지고 에너지 원료 인 포도당이 혈액에 남아돌게 된다. 이과정은 암이 발생되는 과정과 동 일하다.** 사람의 에너지원은 포도당으로 합성되는 아데노신 3인산 즉 ATP 이다. 이 ATP는 세포 내에 있는 미토콘드리아가 혈액과 함께 세포 내로 운반되는 산소를 이용하여 호흡하면서 만들어낸다. 이것을 세포가 활용 하는 것이다.

미토콘드리아가 활동할 수 있는 최적의 온도는 건강 체온인 37도인데 혈류가 억제되어 저체온, 산소결핍 상태가 지속되면 미토콘드리아의 호흡 도 억제된다. 그렇게 되면 세포는 에너지가 부족해 피로하고 체온도 유지 할 수 없다. 세포가 ATP을 활용할 수 없기 때문에 체내에는 에너지 원료 인 포도당이 남아돌아 그 수치가 상승하는 것이다.

물론, 우리 몸에는 미토콘드리아가 산소를 사용하여 에너지를 생산하 는 것 외에도 젖산 시스템이라는 포도당에서 직접 에너지를 얻는 방법인

해당계가 있다. 하지만 미토콘드리아가 포도당 한 개에서 서른여섯 개의 ATP를 만들어내는 대신 겨우 두 개를 만들어 낸다. 불안전 연소가 이루어져 쉽게 지치게 된다. 병을 고치는 에너지를 얻기가 매우 힘들어지는 셈이다. 그래서 몸은 스스로 열을 내어 저체온으로 정체된 혈류를 좋게 하고 미토콘드리아의 활동을 활성화시키려고 노력한다.

수식호흡, 일광욕, 걷기 등으로 체온을 상승 시키면 미토콘드리아가 활성화되는 환경이 조성된다. 미토콘드리아가 활성화되면 우리 몸은 '자연치유력'을 되찾는다.

이런 이유에서, 당뇨병뿐만 아니라 심근경색, 뇌졸중, 심부전, 고혈압, 암 등의 조직에는 저체온, 고혈당이 원인인 경우가 많다.

많은 연구들이 산소결핍증이 당뇨의 원인이 된다고 밝히고 있다. 연구 결과들을 살펴보자.

먼저, 2014년 4월 에베레스트 산의 정상에서 등반가를 대상으로 실시된 연구에서 2형 당뇨병을 일으키는 생물학적 원인에 대한 새로운 사실이 밝혀졌다. 영국 연구팀은 건강한 등반가들도 6-8주 동안 높은 고도에서 저산소증에 노출될 때 인슐린 저항성의 몇몇 지표들이 증가한다는 것을 발견했다. '공공과학도서관(PLOS One)' 저널에 실린 연구에 따르면, 이러한 변화는 혈당수치를 증가시키는 것과 연관돼 있는 것으로 나타났다.

이에 따라 연구팀은 저산소증이 당뇨병의 주요 위험 인자인 인슐린 저항성과 어떻게 연관이 되는지에 대해 더 많은 것을 알게 됐다. 인슐린 저항성은 몸속 세포가 혈당수치를 조절하는 호르몬인 인슐린에 응답하는데 실패할 때 발생한다.

연구팀을 이끈 사우샘프턴대학 마취 및 응급의학과의 마이크 그로코트 교수는 "이러한 결과는 인슐린 저항성의 치명적인 문제에 대해 유용한 통찰력을 갖게 한다며 작은 혈관은 지방조직에 충분한 산소를 공급할 수 없기 때문에 비만인 사람들에게 있어 지방조직은 만성적인 저산소증 상태에서도 존재한다고 믿어져 왔다."고 말했다. 그로코트 교수는 "연구팀은 해수면 높이에서 비만인 사람들에게서만 볼 수 있던 것을 높은 고도에서는 건강한 사람에게서도 관찰할 수 있었다."고 말했다.

대한한방당뇨연구회에서 출간한 책 『합병증과 고혈당을 잡는 8주 혁명』에서 당뇨병의 근본 원인이라고 할 수 있는 간장과 췌장의 비정상적인 기능을 식이요법과 유산소 운동요법을 통해 정상적으로 회복시켜 약에 의존하지 않고 환자 스스로 당뇨병을 극복할 수 있는 방법을 제시하고 있다. 또 연구회 관련 30개 한의원에서 1,050명의 당뇨환자들을 대상으로 유산소 운동을 주 5일 이상 하는 그룹과 주 2회 미만으로 운동을 하는 그룹으로 나누어 조사했더니 유산소 운동을 하는 그룹이 치료효과가 90% 이상 높았다고 밝혔다.

당뇨병환자의 치료 기본은 유산소운동과 식이요법이다. 즉, 체내에 산소를 충분히 공급하고 적게 먹고 꼭꼭 씹으라는 것이다. 이것은 미토콘드리아를 활성화시키는 방법이다.

결과적으로 당뇨병뿐만 아니라 심근경색, 뇌졸중, 심부전, 고혈압, 암 등의 질병은 수식호흡으로 체내에 산소를 충분히 공급하여 체온을 상승시킴으로써 세포 내에 미토콘드리아를 활성화시키면 치료가 가능하다.

유산소 운동과 스마트 마스크 및 수식호흡을 통해 세포내에 미토콘드리아를 늘려서 삶의 질이 확실히 바뀌는 환희를 당신이 조금이나마 느끼길 진심으로 바란다.

모든 병의 온상 냉증, 변비도 수식호흡과 스마트 마스크가 해답이다

체온 1도가 내려가면 자연치유력은 60% 이상 저하된다.

당신이 냉증인지 아닌지를 두 가지 사례를 비교하여 판단해 보자.

체온 1도가
내 몸을 살린다

"43세 여자환자가 진료실로 들어왔다. 더운 여름인데도 양손에 장갑을 끼고 있었고 발에도 두꺼운 양말을 신고 있었다. 환자는 손발이 차고 시리고 에어컨 바람에 여름이면 증상이 더욱더 심하다고 했다. 더위에도 꼭 양말을 신고 다니거나 장갑을 낄 뿐이다. 어떤 환자는 무릎이나 어깨까지도 시리고 차가워서 힘들다고 한다. 그나마 따뜻한 여름에는 괜찮을 것 같지만 실상은 그렇지 않다. 실내에 들어가거나 지하철을 탈 때 갑작스레 쏟아지는 에어컨 바람에 더욱 고통스럽다."

"20대 후반의 A는 찬바람이 불기 시작하면 겨울준비를 철저히 한다. 몇 년 전부터 평소 차가운 손발로 인해 겨울이 특히 괴로웠던 경험이 있어서다.
하지만 여전히 한 겨울 추위가 두렵기만 하다. 보통 겨울이 되면 찬물에 손을 넣는 것조차 두렵고 따뜻한 물을 사용한다. 외출할 때는 장갑을 착용하고 손마디가 차갑고 시리기까지 한다. 어찌 보면 날씨가 추워지면 당연히 느끼는 감정이다."

하지만 여자환자와 A양의 경우처럼 남들보다도 유난히 혹은 추위를 심하게 느낄 정도의 기온이 아닌데도 손발이 차가운 냉기를 느끼고 시리기까지 한다면 수족냉증을 의심해볼 필요가 있다. 수족냉증의 증상은 추운 곳에 있을 때뿐만 아니라 추위를 느끼지 않을 만한 곳에서도 찬 냉기를 느끼는 증상이다.

심장에서 멀리 떨어져 있는 손발이 차고, 심장에서 가까운 부분은 따뜻한 상태가 지속되면 십중팔구 냉증이다. 수족냉증은 전 인구의 20% 정도에서 나타날 정도로 비교적 흔한 증상이다. 수족냉증은 특정한 질병이 아니며, 손발이 시리거나 정상 이상으로 차가운 증상을 말한다. 손, 발 말단 모세혈관이 축소되어 심장이 보내는 따뜻한 혈액이 제대로 전달돼지 못해서 냉증이 되는 것이다. 이러한 냉증은 모든 병의 원인이 된다.

몸이 찬 경우 암 발병율도 높아진다. 냉증이 암 발생의 직접적인 원인은 아니라도 손발이 찬 사람들은 평소 스트레스를 잘 받고 스트레스는 암 발병과 상관관계가 높기 때문에 결과적으로 냉증은 암 발병에 일조한다고도 볼 수 있다. 실제 존스홉킨스대학이 51-61세 성인남녀 8652명을 대상으로 실시한 연구 결과, 이혼이나 사별한 사람은 그렇지 않은 사람에 비해 암에 걸릴 확률이 20% 더 높았다. 스트레스 때문인 것이다.

현대인들의 몸은 차가워지고 있다. 사람의 평균체온은 36.5℃ . 그러나 『체온 1도 올리면 면역력이 5배 높아진다』의 저자인 이시하라 유미 의학박사에 의하면 이것은 50년 전 체온으로 현대인들은 평균체온이라 불리는 36.5℃를 넘는 사람을 찾기 힘들며 35℃대도 수두룩하다.

심지어는 자신이 저체온이라는 사실조차 모르는 경우도 많다. 하지만 자연치유력과 체온과의 인과관계는 간과해서는 안 되는 매우 중요한 사항이다. 체온 1℃ 차이의 결과는 어마어마하다. 체온이 1℃가 떨어지면 자연치유력은 30% 약해지고 각종 질병에 노출된다. 감기에 자주 걸리고 걸린 후에 10일 이상 지속되면 체온을 먼저 확인해 봐야 한다. 온도계를 혀밑에 물고 체크해서 온도가 36도 이하이면 바로 체온을 높이기 위한 조치를 취해야 한다. 체온이 1℃ 올라가면 자연치유력은 5배 이상 강해지기 때문이다.

왜 그럴까?

삼겹살을 상상해보라. 불판 위에서 지글지글 익고 있을 땐 부드럽고 윤활제처럼 반짝이던 지방이 차갑게 식으면 허옇고 단단하게 뭉쳐진다. 몸속도 마찬가지다. 차가운 것은 딱딱해지게 마련이다. 체온이 떨어지면 몸속 장기와 근육이 딱딱하게 굳으면서 혈액순환도 원활하게 이뤄지지 않고 혈압도 정상 수치를 벗어난다.

그리고 냉증은 자율신경 중에 항상 교감신경이 우위를 차지한 상태가 지속되고 이로 인해 혈액순환이 나빠지면서 산소나 영양분이 세포 안으로 제대로 공급될 수가 없어서 신체 면역력이 떨어지게 된다. 예를 들면, 스트레스가 쌓이거나 피로가 누적되면 혈액순환이 나빠지게 된다.

이는 결과적으로 병에 걸리기 쉬운, 혈전이 문제되는 뇌경색, 심근경색, 담석, 요로결석, 고혈압 등에 취약한 몸을 지니게 된다. 또 체온저하는 당분, 지방 등 혈액 내 에너지원의 연소와 체내 노폐물의 배설을 방해해 당뇨, 고지혈증, 변비를 일으킨다. 체온 1℃ 차이가 내 몸을 살리고 죽일 수 있는 것이다.

그렇다면 현대인의 체온은 왜 점점 낮아지는 것일까? 최고의 원인제공자는 바로 냉장고다. 생각해보면 우리 조상들은 상온보다 차가운 음식을 접할 수 있는 기회가 무척 드물었다. 반면 지금은 하루에도 몇 차례씩 차가운 것을 먹고 마신다. 제철에 상관없이 식재료를 먹을 수 있게 된 것도 화근이다. 예를 들어 여름이 제철인 토마토, 오이, 가지 혹은 열대과일 등은 더운 날씨를 극복할 수 있도록 자연이 우리에게 준 선물이다. 이들은 몸을 식혀주는 성질을 지니고 있는데, 이를 추운 겨울에도 즐기다 보니 몸이 차가워지는 데 일조하는 것이다. 더불어 거의 움직이지 않는 생활습관, 불규칙한 식습관, 특히 조미료가 많이 들어간 음식, 잦은 과식, 일상생활의 스트레스 등도 한몫 단단히 한다.

문제는 이렇게 차가워진 몸에는 내장지방이 쌓이기 쉽다는 것이다. 이렇게 몸 속 구석구석 쌓인 내장지방은 혈액은 끈적거리게, 혈관은 너덜거리게 만들어 생명을 위협한다. 이제 당신의 건강검진 표에 명시된 내장지방 치수가 얼마나 중요한지 감이 올 것이다. 다행스럽게도 내장지방은 쌓이기도 쉽지만 녹기도 쉬운 성질을 지니고 있다. 지금이라도 따뜻한 혈액이 몸 속 구석구석을 돌며 딱딱하게 굳은 지방을 녹여 배출할 수 있도록 노력한다면, 건강을 되돌릴 수 있는 기회는 언제든 열려 있다.

우리가 중시하는 체온은 겉이 아니라 몸 속 심부체온이다. 혼돈하지 말아야 할 것은 땀을 많이 흘리고 얼굴이 화끈거린다고 몸속까지 따뜻한 것은 아니라는 사실이다. 오히려 뚱뚱한 사람은 지방이 많아 몸이 냉한 경우가 많고, 기분 좋은 훈훈함이 아닌 열이 얼굴로 달아오르는 불편한 화끈거림은 몸 속 순환장애의 증거일 수 있다.

전문가들이 말하는 이상적인 심부체온은 37℃다. 너무 높다 생각하겠지만 이 체온이 신진대사와 혈액순환을 활성화시키는 온도다. 세포는 37도에서 활발한 신진대사를 한다.

이는 자연치유력(면역력)이 향상되어 모든 질병과 싸워 이길 수 있는 온도다. 면역력과 같은 자연 치유력은 어떤 치료를 실시하더라도 매우 중요하며, 치료효과에도 큰 차이가 있다. 예를 들어 항암 치료를 실시한다고 하더라도 면역력이 재대로 작동하고 있는 것과 면역력이 제대로 작동하지 않는 것과는 그 효과 면에서 매우 큰 차이가 난다.

항암제는 암세포뿐만 아니라 정상세포도 공격하기 때문에 항암치료의 부작용은 상당하다. 하지만 그 용량을 조절함으로써 부작용을 최소화할 수 있는 것이다. 자연치유력을 향상시킬 수만 있다면 항암제를 소량만 사용하더라도 암에 대한 치료효과가 월등히 상승된다. 이렇게 높은 체온을 유지할 수 있다면, 면역력이 크게 향상되어 암 치료 및 다른 질병 치료에도 효과적인 환경이 조성되는 것이다.

이렇게 몸을 따뜻하게 하려면 어떻게 하면 좋을까?

『체온 1도가 내 몸을 살린다』에 따르면 특히 저체온에서 벗어나는 가장 궁극적인 방법은 평소에 깊고, 길게 호흡하는 것이다.

깊고, 길게 호흡하는 것은 코 호흡 요법과 같은 이야기 이다. 앞에서 설명한 바와 같이, 등줄기를 펴고 전심의 힘을 뺀 다음, 숨을 천천히 들이쉬고 더 천천히 내쉬는 것이다. 이렇게 코 호흡을 하면 손끝과 발끝이 따뜻해진다. 모세혈관이 확장되어 혈액순환이 촉진되는 것을 느낄 수 있다. 만병의 근원인 냉증을 코 호흡이 아주 쉽게 개선해준다.

어깨 결림, 변비, 우울증, 당뇨, 고혈압 등은 코 호흡으로 개선시킬 수 있다. 이런 증상들은 모두 혈액순환이 좋지 않기 때문이다. 그러므로 매일 한시도 쉬지 않고 하는 호흡하는 법이 잘못됐기 때문에 이런 병들이 생긴 것이다. 우울증 등의 신경질환을 앓고 있는 사람들은 대부분 체온이 낮은 새벽과 오전에 증상이 심해지고 오후가 되면 호전된다. 이는 따뜻한 몸은 정신 건강에까지 영향을 미친다는 것을 알려준다. 딱딱한 대나무는 휘어지지 않고 부러지듯, 긴장하고 굳어진 차가운 몸은 마음의 저항력까지 낮춰 스트레스 및 바이러스, 세균 등의 직격탄에 잘 견디지 못하게 한다.

올바르게 여유롭게 코 호흡을 하게 되면 폐에서 심장까지의 순환기계, 내분비계, 자율신경계, 소화계, 면역계까지 정상화되면서 심신의 조화가 회복되게 된다. 심신은 편안하고 충실감으로 가득 찬다. 우리 몸이 체온을 되찾으면 가장 좋아하는 것은 세포다. 세포는 37도에서 가장 활발한 신진대사를 하기 때문에 세포가 산소와 영양소를 연소시켜 정상적으로 활동하면 신진대사가 촉진된다.

이렇게 호흡으로 몸을 데워주는 것은 단순히 전신을 이완시키고 긴장을 풀어주기 때문만은 아니다. 호흡 효과를 과학적으로 뒷받침해줄 만한 체내물질이 발견됐는데, 바로 HSP(열자극단백질, Heat Shock Protein)이다. 단백질 세포에 체온이상의 열을 가하면 세포 내 단백질이 손상을 입으면서 생성되는 단백질이다. HSP는 흐트러진 체내 시스템을 원래대로 복원해주는 역할을 하는데, 암까지 치료한다는 보고가 있을 정도로 강력하다.

바로 이것이 인간이 지닌 놀라운 자연치유력이다. 즉 발열은 어떤 병적 상태를 보여주는 몸의 경고 반응이며 병을 고치는 치료 반응인 셈이다. 그래서 전문가들은 감기가 걸렸을 때도 가능한 해열제를 복용하지 말라고 조언한다. 감기의 발열 반응은 우리 몸속에 들어온 바이러스와 싸우기 위해 일어나는 열이기 때문이다. 열이 오르면 내 몸도 괴롭지만 힘든 것은 바이러스도 마찬가지여서 얼른 몸에서 나가려고 한다. 도저히 일을 쉬지 못하는 때라면 어쩔 수 없지만, 주말이나 휴가라면 내 몸이 스스로 건강을 회복할 수 있도록 기다려주는 지혜가 필요하다.

평소에 코 호흡을 생활화하고, 한 정거장 일찍 내려 스마트 마스크를 착용하고 걷는다거나, 지하철 계단을 오르내리는 횟수를 늘리거나, 같은 일을 하더라도 거기에서 보람과 즐거움을 발견해냄으로써 내 몸이 스스로 '자연치유력'을 향상시킬 수 있도록 노력이 필요하다. 외부에서 몸을 따뜻하게 하는 방법도 매우 중요하다. 햇빛이나 온수를 이용하여 피부를 따뜻하게 하면, 피부와 신경을 통해 연결되어 있는 장까지 따뜻해진다. 몸이 따뜻해지면 혈액순환도 촉진된다. 영양분은 소장의 모세혈관에서 흡수되어 몸의 세포들로 운반되므로, 혈액순환이 좋아지면 세포의 활동도 활발해져 신진대사도 촉진되고 체온도 올라간다.

결국 신이 정해준 정상 체온으로 돌아가기 위해서는 무엇보다 건강한 생활습관이 우선 돼야한다. 이제 누군가 '마음이 따뜻해서 손이 차갑다'

는 말을 하면 그의 손을 꼭 잡으며 이 사실을 알려줘라. 몸속이 얼음장 같아서 손도 차가운 것이라고.

변비치료에 놀라운 효과

23일 국민건강보험공단이 지난 2008년부터 2012년까지 '변비'로 인한 건강보험 진료비 지급자료를 분석한 결과에 따르면 2012년 기준 '변비'로 인한 전체 진료인원은 61만 8,586명이었다.

또 9세 이하의 소아·아동과 70세 이상의 노인이 과반수를 차지했다. '변비'로 진료를 받은 사람은 남성에 비해 여성이 많은 것으로 나타났다. 여성(36만여명)이 남성(26만여명)에 비해 약 1.4배 많았. 세부 연령별로 살펴보면 20대(4.6배)-30대(3.8배)의 젊은 연령대에서 특히 여성이 남성에 비해 많은 것으로 나타났다   .

2008년부터 2012년까지 '변비'로 인한 진료인원은 꾸준히 증가한 것으로 나타났고 진료비 지출도 해마다 증가했다. 총 진료인원은 2008년 48만 5696명에서 2012년 61만 8586명으로 1.3배 증가했고 연평균 증가율은 6.2%로 나타났다.

20-40대 여성의 절반이 변비로 고생하고 있다는 설문 결과가 나왔다. 지난 2014년 모바일 앱을 통해 설문한 결과에 따르면 전체 응답자 중 40%가 지난 한 달간 변비로 고생한 적이 있다고 답했으며, 그 중 35%는 일주일에 한 번 꼴로 자주 변비를 겪는다고 답했다. 변비에 동반되는 가장 큰 고민으로는 체중 증가와 똥배, 변비로 인한 심리적 압박과 스트레스, 소화불량, 피부 트러블 등을 꼽았다.

변비에 걸리면 배는 무겁고 독소를 지속적으로 배출시켜 질병의 원인이 된다. 물론 체중도 줄지 않고 피부도 거칠어진다. 살아가면서 꼭 사라졌으면 하고 바라는 것 중 하나가 변비이다. 그러나 이 골칫덩이 변비도 스마트 마스크를 착용하고 수식호흡과 적당한 운동으로 간단히 해결할 수 있다. 그렇게 되면 다이어트뿐만 아니라 피부도 몰라보게 좋아진다.

장에 적당한 자극을 주어 장을 활성화하는 방법이므로 만성변비인 사람에게 정말 효과적일 것이다.

변비치료는 아침식사 전에 5분정도 실시하면 된다. 충분히 자고나면 몸속의 모든 세포는 기운이 돋아 있다. 그리고 아침식사 전에는 위가 비어 있는 상태이므로 뭔가를 소화할 필요도 없다.

횡경막을 움직이는 수식호흡은 장을 부드럽게 마사지해 장의 활동을 원활하게 하는 역할을 한다. 그러면 산소가 장의 세포에 충분히 공급되어 장의 세포는 활발히 활동한다.

변비는 장으로 들어오는 혈액에 산소가 부족해서 대장의 움직임이 좋지 않을 때 일어난다.

그러나 스마트 마스크를 착용하고 수식호흡과 적당한 유산소 운동을 하면, 장이 활발히 움직여 대장에 쌓여있는 노폐물이 모두 빠져나가고 변비가 해결된다.

또한 수식호흡을 하면 항문을 조이는데, 항문에는 배변을 할 때 항문에 힘을 주거나 직장을 조이는 항문거근이라는 근육이 있다. 항문거근은 횡격막과 연결 되어 있으므로 수식호흡으로 항문거근이 활동하면 대장이 자극을 받아 변비가 해소되는 것이다.

왜 수식호흡을 할 때 항문을 조여야 할까?

입과 항문은 몸을 위에서 아래로 관통하는 긴 통로의 입구와 출구이다. 입과 항문은 횡경막을 매개체로 연결되어 있기 때문이다. 때문에 항문을 조이지 않으면 입 주변도 느슨하게 되고 입이 벌어지게 된다. 그렇게 되면 아무리 코로 호흡을 하려고 해도 자연히 입이 벌어져 수식호흡을 할 수 없다. 그렇기 때문에 입과 항문을 조이는 것이 중요하다.

변비해결에 이보다 좋은 방법은 없다고 자부한다. 건강, 다이어트, 피부에 효과 만점이다.

스마트 마스크는 비염, 아토피 등 알레르기 질환에 특효약이다

6살 서빈이는 돌 무렵부터 앓아온 아토피로 팔다리가 항상 가렵다. 동생인 3살 찬비도 똑같이 아토피로 고생 중이다.

서빈이 엄마는 지푸라기라도 붙잡는 심정으로 아토피 치료에 좋다는 수액을 사 매일 아이들을 씻긴다고 한다. 가려움증과 건조증, 습진을 유발하는 아토피 피부염을 앓고 있는 서빈이네 풍경이다.

도대체 왜일까? 과학 기술과 의학적 기술은 눈부시게 발달하는데 이런 난치성 질환들은 늘어만 가는 걸까?

모든 병이 그렇다시피 아토피, 비염도 자연치유력 저하가 원인이다. 그리고 각종 첨가물이 함유된 인스턴트식품, 마음의 평화가 깨진 상태인 스트레스, 화학물질, 미세먼지, 황사, 중금속, 유해물질, 환경오염, 꽃가루 등이 대표적이다.

습진, 두드러기, 아토피 피부염, 여드름 등은 모두 몸속에 있는 불필요한 노폐물이나 오염물질을 피부 밖으로 배출하려는 생리현상이다. 이 발진을 약으로 막는 것은 밖으로 나가려는 노폐물을 몸속에 가두어버리는 것이다. 마치 소변과 대변을 배설하지 못하는 것과 마찬가지다. 배설을 억제하는 것이 얼마나 몸에 악영향을 끼치는지는 누구나 다 아는 사실이다.

피부는 매우 훌륭한 배설기관 중 하나이다. 습진, 두드러기, 아토피 피부염, 여드름 등 증상은 노폐물이나 오염물질을 간이나 신장이 해독할 수 없거나 면역기능으로 완전히 없앨 수 없을 때, 피부를 통해 그것들을 배출하는 현상이다. 병원에 가면 이런 증상들은 히테로이드제나 항히스타민제 등을 처방한다. 이렇게 약으로 이를 억제하면 일시적으로 좋아지는 것처럼 보일뿐, 증상은 계속 반복된다. 치료해야할 대상은 피부가 아니라 몸속의 오염이라는 것을 알아야 한다.

흔히 아토피는 환자에게 신체적, 정신적으로 극심한 고통을 초래하는 난치성 피부질환이라고 하는데, 그렇지 않다. 호흡과 운동을 통해 몸을 따뜻하게 하여 몸속의 노폐물을 배출시켜 몸속을 정화시켜야 한다.

선천적으로 알레르기를 조절하는 면역력이 적다면 면역력이 활성화 되도록 생활습관을 올바르게 관리하면 된다. 그러면 비록 면역력이 약하게 태어났어도 아토피는 발생되지 않고, 쉽게 치유할 수 있다. 우리 몸이 알레르기를 충분히 감당할 정도로 자연치유력이 활성화된다면 그 때는 더 이상 알레르기성 질환은 발병되지 않는다.

아토피를 유발하는 생활습관으로부터 멀어지면서 그 자리에 자연치유적인 생활습관이 하나씩 채워지면 아토피는 당연히 사라진다.

비염, 아토피에 스마트 마스크만큼 좋은 것은 없다. 필자도 일상 중에 재치기가 유발되는 때가 있는데, 그럴 때마다 스마트 마스크를 착용하면 그런 증상은 바로 사라진다. 필자는 이런 효과에 매번 놀랜다. 신기할 정도다.

알레르기성 질환은 삶의 환경과 태도를 바꾸는 것이 가장 좋은 치유법이다.

스마트 마스크의 피부질환 치유 메카니즘

여드름, 아토피를 치료하는 답은 "폐"에 있습니다.

'폐는 피부를 주관한다'는 것이 한의학 고전들의 공통된 가르침입니다. 폐와 피부, 대장은 모두 인체에서 노폐물을 배출하는 일을 맡고 있으며, 그 중추적인 기능을 담당하는 것이 폐라는 것입니다. 우리의 몸에는 두 개의 호흡기가 있습니다. 인체 호흡량의 95%를 차지하는 폐와, 나머지 5%를 차지하는 피부입니다. 그래서 피부를 '작은 호흡기'라고 부르기도 합니다. 호흡이란 나쁜 것을 내보내고 좋은 것을 받아들이는 작용입니다. '큰 호흡기'인 폐의 기능이 활발해지면 자연히 피부의 호흡도 원활해집니다. 결국 폐의 호흡이 완전해야만 피부도 완전한 호흡을 이뤄 노폐물을 완전하게 배출할 수 있는 것입니다. 나쁜 것이 나가지 못하면 피부 밑에 각종 노폐물과 독소가 쌓이는데, 이런 열독이 쌓이면 아토피가 나타나고, 지방이 많이 쌓이면 여드름이 나타나며, 색소들이 침착 하면 기미나 검버섯으로 발전하게 되는 것입니다. 폐를 튼튼히 해서 피부를 통한 노폐물 배출이 확실히 이루어질 수 있게 하면 위와 같은 문제를 말끔히 해결할 수 있습니다. 스마트 마스크가 이 피부 질환에 탁월한 효과를 보이는 이유도 바로 이 때문입니다. 마스크를 꾸준히 착용하면 폐기능이 강화되어 혈액 속의 노폐물이 제거됩니다. 피부 호흡이 좋아져 혈액 및 피부의 노폐물이 제거됩니다. 또한 자연면역력이 활성화됩니다.

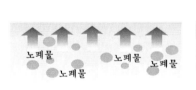
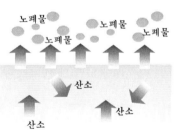

산소공급 나쁨   산소공급 좋음

폐호흡과 피부호흡이 원활하지 못한 경우	폐호흡과 피부호흡이 원활한 경우
아토피 유발	아토피, 여드름 치료
여드름 유발	피부면역력 증가
기미, 잡티 유발	혈액순환 증가, 신진대사 활발

우울증, 공황장애에 효과 만점

환자 본인의 낫고자 하는
의도만 있다면 의외로
쉽게 우울증에서
벗어날 수 있다

서아리(가명) 씨는 출산 후부터 일이나 일상생활에 지장을 줄 정도로 기분이 가라앉고, 전신적, 육체적으로 이상은 느끼지만 검사를 해도 나타나는 것은 없다. 힘들지만 어떻게든 회사일이며 집안일은 하고 잇는데 더욱 힘들어져 한의원을 방문했다.

서 씨처럼 겉으로 보기에는 특별한 증상이 없기 때문에 단순한 투정으로 오해받기도 하고, 스스로도 병이라고 의식하지 못하는 경우가 많다. 양손을 주머니에 넣고 시선이 늘 아래로 향하며, 생기 없는 어두운 얼굴이 우울증 환자의 특징이다.

체온이 낮으면 모든 병에 걸리기 쉽다. 우울증이 심각한 사회문제가 된 것은 저체온과 깊은 관련이 있다. 우울증을 흔히 마음의 병이라고 한다. 어떤 원인으로 인해 기분이 가라앉아 에너지가 사그라지고, 그 결과 몸과 마음에 다양한 이상이 나타나는 병이다. 스트레스가 많은 현대 사회에서는 다섯 명 중에 일생에 한번 이상 우울증을 경험한다고 한다.

지나치게 꼼꼼해서 일을 남에게 맡기지 못하거나, 책임감이 강해 융통성이 부족한 성격이거나, 승진이나 출산, 주변 환경의 갑작스러운 환경을 극복하지 못하는 경우가 많다. 결국 근본적인 원인은 스트레스다. 자살하는 사람의 대부분은 우울증이거나 우울한 상태에 있다고 한다. 자살률이 높은 국가나 지역을 조사해보면 기온이 낮고 일조량이 적다는 공통점이 있다.

필자는 우울증과 공황장애의 가장 큰 원인은 저체온이라고 생각한다. 근래에는 자외선 차단제와 선크림 등을 많이 사용하여 햇빛을 지나치게 차단하는 것도 큰 원인으로 보고 있다. 우울증 환자들은 대부분 체온이 낮은 오전 중에 상태가 심해지고, 우후가 되면 체온이 올라가며 활기를 되찾기 때문이다.

현대의학에서는 먼저 휴식, 그리고 항우울제를 이용한 약물요법, 정신요법의 단계로 치료를 진행한다. 스트레스의 원인에서 멀어져 몸과 마음의 휴식을 취하고 항우울제를 복용하도록 권한다. 그러나 약으로는 완치가 힘들고 재발률이 50%가 넘는다. 그리고 항우울제의 부작용도 많다.

우울증이라면 정신적인 면에만 신경 쓰기 쉽지만 몸의 냉증도 주의해야 한다. 항우울제나 신경안정제는 혈관을 수축시켜 교감신경을 우위상태를 유발하므로 몸이 차가워진다. 스마트 마스크를 착용하고 하루에 30-40분 햇빛을 쪼이는 일광욕을 강력히 추천하고 싶다. 햇빛과 수식호흡으로 심신을 안정되게 하고 몸을 따뜻하게 하면 마음은 저절로 가벼워지고 의욕이 서서히 회복된다. 환자 자신이 병을 고칠 수 있는 기회를 잡아야 한다.

감정조절이 안 되는 것이 두려워 항우울제를 끊지 못하던 환자가 수식호흡과 스마트 마스크를 착용하고 일광욕을 즐긴 것만으로 4개월 만에 항우울제를 끊고 치유한 사례가 있다.

운동과 수식호흡법으로 몸을 따뜻하게 하여 혈액순환을 촉진하고 환자가 성격이나 사고방식을 바꿀 수 있도록 돕는 방법과 **환자 본인의 낫고자 하는 의지만 있다면 의외로 쉽게 우울증을 벗어날 수 있다.**

우울증 치유효과

	치유 전	치유 후
표정	어둡다	**밝다**
몸 컨디션	무겁다	**가볍다**
수면	못자거나, 너무잔다	**숙면한다**
냉증	있다	**없다**
감정	초조, 의욕상실	**의욕이 넘침, 안정적**
배변	변비, 설사	**쾌변**
식욕	과식, 식욕이 없음	**입맛이 좋다**

폐렴 및 폐질환도 스마트하게

전 남아프리카공화국 대통령이 95세의 나이로 생을 마감했다.

직접적인 원인은 최근에 재발한 폐렴이 원인이 됐다. 우리나라에서도 전 김대중 대통령이 폐렴증세가 악화돼 생을 마감하기도 했다. 폐렴은 50세 이상 사망원인 1위이고, 면역력이 떨어지는 노인들의 생명을 앗아갈 수 있는 치명적인 질환이다. 감기 초기증세와 유사해 일반 성인에 비해 초기 발견이 어려우며, 발생속도가 매우 빨라 갑작스럽게 늑막염, 뇌수막염, 패혈증 등의 합병증을 부르는 경우도 있다.

국민건강보험공단의 2011년 건강보험주요통계에 따르면 폐렴으로 인해 입원한 65세 이상 노인은 27만여 명으로 가장 많이 입원한 원인 질환으로 밝혀졌다. 또한 통계청이 발표한 2012년 사망자 통계 자료에서도 폐렴으로 인한 사망은 암, 뇌혈관 질환, 심혈관질환에 이어 네 번째 순위를 차지했으며, 폐렴 사망자의 대부분이 65세 이상 노인으로 분석되었다. 미국에서는 매년 6만여 명이 폐렴으로 사망하는 것으로 알려져 있다.

폐렴은 주로 세균과 바이러스 등 급성의 감염성 병원균에 의해 발생하는 경우가 대부분인데 알레르기가 폐렴의 원인이 되는 경우도 있다. 가루약 복용이나 음식물 섭취 시 기도로 흡인되어 발생하는 흡인성 폐렴도 있다. 세균성 폐렴의 경우 항생제요법을 통해서 치료하고 있지만, 노인들의 경우 다량의 약물복용 경험으로 인해 항생제에 대한 저항력이 생긴 사람들이 많아 치료가 쉽지 않다.

폐렴을 예방하기 위해서는 평소 면역 기능이 떨어져 있는 사람은 평소 충분한 수면을 취하고, 규칙적인 운동을 통해 생활의 리듬을 유지하고, 정신적인 안정을 취하여야 하며, 과로나 과음, 흡연 등은 삼가고 몸의 자연치유력을 높여야 한다.

＊ 폐렴의 예방대책

－코 호흡
－감기에 걸리지 않도록 주의한다.
－적당한 운동과 충분한 휴식을 취한다.

갑작스런 실신을 예방하라

주위에서 갑작스런 실신이나 학창 시절, 월요일이 되면 운동장에서 교장선생님 훈화말씀을 들으며 장시간 서 있다가 의식을 잃고 쓰러지는 것을 보거나 경험한 적이 있을 것이다.

아찔한 느낌이나 어지러움 등으로 의식을 잃고 쓰러지는 증상이 반복된다면 '실신'을 의심해 봐야 한다.

우리 몸은 긴장하거나 두려움을 느끼면 교감신경이 흥분되고 그 반동작용으로 부교감 신경이 활성화된다. 교감신경이 활성화되면 손에 땀이 나고 심장박동이 빨라지는 반면 부교감 신경은 반대로 혈압을 떨어뜨리고 긴장을 풀어준다. 실신이란 잠시 의식을 잃고 쓰러졌다가 저절로 의식을 회복하는 것을 일컫는데 그 원인은 일시적으로 뇌 혈류가 감소하기 때문이다. 뇌 혈류를 일시적으로 감소시킬 수 있는 가장 흔한 원인이 혈관 미주신경성 실신이다.

혈관 미주신경성 실신은 대부분 기질적 심장질환이 없는 젊고 건강한 사람들 중에서 자율신경계가 충분히 성숙하지 않았거나 미주신경이 예민한 사람들에서 자주 일어나는데 많은 경우에서 과도한 육체적 정신적 스트레스, 심한 탈수, 더운 날씨 등이 촉발 요인으로 작용하는 경우가 많다.

여러 연구에서 자율신경을 잘 조절하면 평온하고 침착하게 생각이나 행동을 할 수 있게 되어 난관을 잘 헤쳐 나가고 일을 그르치지 않으며, 극심한 불안, 공포 등을 이겨내어 운동경기나 사업, 공부 등을 더 잘 하게 되고, 대인관계도 좋아지며, 신체적 질병도 개선될 수 있다는 것을 보여준다.

이러한 자율신경은 교감신경과 부교감신경 두 가지로 이루어져 있으며, 이 두 가지가 서로 보완적인 밸런스를 이룰 때에 우리의 몸과 마음이 건강하게 된다. 자동차와 비교한다면 교감신경은 가속페달과 같고, 부교감신경은 브레이크페달과 같다. 교감신경이 플러스(양)라면 부교감신경은 마이너스(음)의 역할이다.

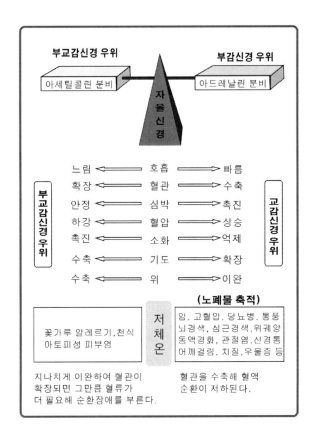

자율신경이 강하다는 것은 자동차로 치면 엔진의 힘과 비유될 수 있다. 1톤 트럭에 2톤의 무게를 실으면 가속과 감속을 잘 할 수 없으며, 1톤 트럭에 0.5톤의 짐을 실었다 하더라도 가속페달이나 브레이크 페달에 문제가 있다면 제대로 운행할 수 없다. 이와 같이 자율신경은 힘과 밸런스가 다 같이 중요하다.

이러한 자율신경에 가장 크게 영향을 미치는 것이, 제2의 뇌라 불리는 10번째 뇌신경인 미주신경이다. 이러한 미주신경은 뇌로부터 나와 귀, 목의 인두, 후두, 후두개, 폐, 심장, 위, 비장, 간, 췌장, 소장, 대장, 신장, 부신, 방광, 등과 연결되어 이와 소통하며 작동하는데, 우리가 말하고 듣고 먹고 마시고 이를 소화하고 배설하며, 숨 쉬고 심장이 뛰는 모든 생명 현상에 말없이 스스로 관여한다.

이러한 미주신경이 약하거나 병들 때에 각 장기별로 증상을 나타내어 발성곤란, 소화불량, 부정맥, 호흡곤란, 배뇨장애, 변비, 설사 등의 다양한 증상을 나타내고, 이는 또한 면역 기능 저하로 이어지며, 이는 바로 뇌와 연결되어 두통, 불안, 우울증 등의 대뇌 증상을 초래하며, 이는 다시 미주신경에 영향을 미쳐 여러 장기의 기능이 좋지 않게 되는 악순환에 빠지게 된다.

이러한 미주신경은 주로 부교감신경을 활성화시키며, 몸과 마음을 이완시키고, 면역세포 기능을 활발하게 한다. 또한 줄기세포 성장도 촉진시켜 손상된 조직을 복구하게 한다. 미주신경의 20%가 심장박동, 폐호흡, 소화, 내분비선에 작용하여 생명활동이 가능케 하고, 나머지 80%는 장腸의 정보를 뇌에 전달하게 된다. 잘 낫지 않는 우울증, 간질 등도 미주신경을 자극함으로 호전되는 경우가 보고되고 있다.

이러한 미주신경을 강화시키는 가장 손쉬운 법은 호흡에 있다. 평상시에 수식호흡으로 분당 6-10회 호흡을 한다. 극심한 스트레스 상황에서도 먼저 호흡을 가다듬는다면, 미주신경은 당신을 담대하게 하며 이성을 잃지 않고 상황을 잘 살피어 옳은 판단과 행동을 할 수 있게 한다.

암을 포함한 모든 급성 또는 만성 질환에서도 자율신경을 강화함으로 혈액순환, 내분비기능, 소화기능, 면역기능 등을 좋게 하여, 내재된 위대한 자연치유력의 효과를 볼 수 있다.

스마트 마스크는 의학과 기술의 완전한 통합입니다

Smartmask is end-to-end solutions

최 충 식

PART 8

암 예방과 치료는
산소에 의해
결정된다

암세포는 산소를 싫어한다

노벨상 수상자인 독일 오토 바르부르크 박사는 정상 세포와 암세포의 근본적인 차이점을 증명한 과학자 중 한 사람이다.

바르부르크 박사는 산소와 발효, 암 발생의 연구한 과학자로서 1931년, 1944년 두 차례에 걸쳐 노벨상을 받은 이 분야 최고의 전문가이다. 그가 밝힌 세포 저산소증은 면역 체계의 파괴에 원인이 있다고 밝혔다. 체내에 산소가 부족하면 독소가 쌓이고 오래 방치하면 통증과 함께 병을 일으킨다. 그러므로 체내 산소 부족은 모든 질병의 기본적 원인이다.

바르부르크 박사는 '암의 중요 원인과 예방'이라는 논문에서 "암의 원인은 더 이상 미스터리가 아니다. 세포내 산소 요구량이 60% 이상 부족해지면 암이 발생 한다."라고 발표하여 산소 부족이 가장 큰 암의 원인이라고 주장했다.

산소 결핍은 발암 물질, 피로 물질, 독소들이 세포 내외에 축적되어 생기며, 이러한 것들은 세포의 산소 호흡 기전을 방해하거나 파괴한다. 혈액이 탁해 적혈구들이 뭉치는 것도 혈액 흐름을 느리게 하며, 모세 혈관으로의 유입을 방해하여 산소 부족을 초래한다.

그는 연구에 맞게 식품첨가물이나 대기오염을 매우 싫어했다. 그는 빵공장도 가지고 있고 채소밭, 밀밭도 가지고 있을 정도로 발암물질에 매우 신경을 썼다. 바르부르크 박사를 일본이 초청하려고 했지만, 일본은 배기가스가 심해서 싫다며 오지 않았을 정도였다.

정상 세포는 필요한 에너지를 산소 호흡으로 얻지만, 암세포는 많은 부분을 산소 없는 발효에 의존한다. 정상 세포가 암세포로 바뀌는 과정도 산소 부족 때문이다. 정상 세포는 산소로 영양분을 연소시켜 에너지를 만들지만, 산소가 부족하면 당분을 발효시켜 에너지를 취하게 되고, 이러한 비정상 대사가 지속되면 정상 세포는 암세포로 바뀌게 된다.

우리 몸이 암과의 싸움에서 이겨내기 위해서는 건강한 세포나 암세포 모두에게 되도록 질 좋은 산소를 공급하고 그것을 잘 이용하도록 도와야 한다. 이는 건강한 세포가 암세포로 변하는 것을 방지하고, 면역 기능을 향상시킨다.

또한 암세포 내 산소 농도가 충분하게 올라가면 암은 치명적인 영향을 받게 될 수 있으며, 적어도 암세포의 활동을 저하시켜 치료에 도움을 줄 수 있다.

암은 치료될 수 있다

암 치료에 다양한 자연, 대체치유법들이 활발하게 연구, 적용되고 있다.

특히, 독일을 비롯한 포르투갈의 자연의료, 대체 의료 활동은, 생명공학에 바탕을 둔 과학적 이론으로서 높은 신뢰를 얻으며 널리 알려져 있다. 그러나 상대적으로 우리 사회에서는 자연의료, 대체의료에 대한 기대치가 낮고 과학적 사실을 바탕으로 한다기보다는 민간요법적인 측면이 많아 큰 아쉬움이 남는다.

하지만 다행스럽게도 최근 통합의학회나 기능의학회와 같은 학회를 중심으로 과학적인 사실을 통한 연구와 적용들이 활성화되고 있어 무척 다행스러운 일이 아닐 수 없다.

세계적으로 자연, 대체 의료 활동이 가장 앞선 나라는 포르투갈을 들 수 있다. 그리고 그 중심에는 닥터 세르게 쥬얼슈나이즈(Dr. SergeJurasunas)의 활동을 손꼽을 수 있다.

특히 세르게 쥬얼슈나이즈 박사의 관심은 '암癌'을 어떻게 치료할 것인가?'에 집중되어 있고, 그의 연구와 임상 결과들은 '암癌'의 치료에서 새로운 지평을 열어가고 있다.

세르게 쥬얼슈나이즈 박사가 주목하는 '암癌'의 치료법은 세포호흡에 있다. 세포호흡 이론은 오늘날에 이르러 대두된 새로운 발견이 아니다. 세포호흡은 아주 오래된 이론이다. 이미 1938년 독일의 내과 의사이자 생명공학자인 파울 게르하르트 제거 박사(Dr. med. Dr. sc. Nat. Paul Gerhardt Seeger)에 의해 주장됐고, 독일의 오토 바르부르크 박사에 의해 연구되었던 분야이다.

이론의 요점은 암의 발병과 전이는 물론 치료의 전 과정을 세포호흡의 장애와 활성, 즉 호흡하는 능력의 메커니즘을 통해 규명하고 있다.

이러한 세포호흡에 관한 이론은 암 치유를 위한 이론으로서는 생물학에 바탕을 두며, 지극히 과학적인 사실들로 완성된 매우 획기적인 이론으로 평가받고 있다.

거기에 암을 비롯한 질병의 예방과 치료는 물론, 건강의 모든 답이 있다. 세포호흡 이론은 생물학적으로 가장 기본이 되는 에너지 대사 이론으로서 생명체인 사람 또한 예외는 아니다. 이는 세포호흡과 무관하거나 비켜갈 수 있는 생명체는 존재하지 않는다는 것이다.

즉, 모든 생명체는 신진대사를 통해서 에너지를 얻고 생명을 이어간다.

예를 들어 모든 사람들은 공기를 들이마셔 산소를 공급받고, 음식을 먹음으로 영양을 섭취한다. 이때에 섭취한 산소와 영양분을 에너지로 바꾸어 주는 과정이 세포호흡이다.

이러한 세포호흡은 앞서 설명한 것처럼, 세포의 발전소라 불리는 '미토콘드리아'에서 이루어지는데, 미토콘드리아는 독특하고 정교한 반면 약한 구조를 가지고 있다.

그러므로 **가벼운 스트레스만으로도 훼손이 되며, 호흡하는 공기속의 중금속, 발암물질, 미세먼지, 매연 등과 섭취하는 약, 음식, 피부에 바르는 화장품 등에 함유되어 있는 유해물질 및 화학물질들에 의해서도 훼손된다.**

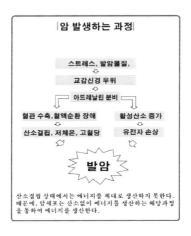

곧, 이러한 훼손이 세포호흡의 장애를 유발하게 되고, 급기야 각종 질병의 원인은 물론 '암'의 발병 원인과 전이의 원인이 된다는 것이다.

그러므로 '암'의 치료와 전이예방을 위해서는 세포호흡의 활성화가 매우 중요한 과정이며, 세포호흡의 활성화를 위한 호흡법과 유해물질이 체내에 쌓이는 것을 방지하는 것이 가장 중요하며 절실하다고 세르게 쥬얼슈나이즈 박사는 주장한다.

　신체의 위험 등 스트레스에 방치되면 자율신경의 교감신경이 작용하여 아드레날린이 분비된다. 그러면 혈관이 수축하여 저체온, 저산소, 고혈압 상태가 된다.

　이처럼 교감신경이 작용하면 위기 극복에 필요한 순발력을 얻기 위한 조건이지만, 장기간 지속되면 혈당이 높아진다. 그 결과 안색이 좋지 않은 당뇨병 상태가 된다. 또 저체온, 산소결핍, 고혈당에서 세포에서는 미토콘드리아 자체가 작용하지 않게 된다.

　우리가 일상생활에서 공포로 계속 떨거나 몸을 혹사하여 안색이 좋지 않은 조건이 계속되면 저체온, 산소결핍에서 미토콘드리아가 작용하지 않는다.

　지금까지는 발암의 원인을 유전자 이상을 5-6회 일으켜 발암한다고 생각되었지만 **현재에는 그러한 학설보다도 저체온, 저산소에 적응하기 위한 유전자 적응화가 발암인 것이다.**

체내에 충분한 산소가 공급 된다면 암은 쉽게 치료된다

앞에서 살펴본 바와 같이, 암은 명백하게 원인이 있다. 따라서 반드시 그 원인을 알고 치료해야 한다.

원인을 치료하지 않는 치료방법은 혹 일시적으로 암이 제거되었다 하더라도 암이 재발하는 것은 시간문제다. 항암치료를 받고 있는 암환자라면 항암치료가 과연 암의 원인을 제거하는 치료인지 또 항암제(세포독성물질)가 자신의 몸(정상세포)에 어떤 영향을 미치는지 반드시 알아보아야 한다.

미국 의학계(NCI)는 현대의학은 암 치료에 실패했다고 자백했다. 암이 왜 발생하고 어떻게 확산되고 전이되는지 도무지 알 수 없다고 말했다. 요컨대, 지금 대다수의 암 환자들은 암의 원인을 모르는 의사들에게 자신의 생명을 맡기고 있다.

항암제나 방사선, 수술과 같은 현대의학의 암 치료 방법들은 암의 원인을 치료하지 않는다. 단지 이미 발생한 암세포를 제거할 뿐이다. 혹, 항암치료를 통해 기존의 암세포를 죽이는데 성공한다 하더라도, 정작 중요한 정상세포들이 예외 없이 발암환경에 노출된다.

"암의 유일한 원인은 만성적인 산소결핍이다."

스트레스, 활성산소, 흡연, 음주, 과로, 중금속, 화학물질, 발암물질 등 인류가 밝혀 낸 모든 암과 관련된 요소들은 예외 없이 산소결핍과 관련되어 있다. 특히 항암제나 방사선등은 인체에 장기적이고도 치명적인 산소결핍을 불러온다.

산소결핍으로 나타나는 증상은 통증, 투통, 매스꺼움, 식욕부직, 어지럼증 등을 들 수 있다. 항암제를 받는 환자들은 거의 이러한 증상을 호소한다. 연탄가스에 중독되었을 때에도 이와 같은 증상들이 나타난다.

다시 말하면, 지금 대대수의 암 환자들을 단 몇 그램의 암세포를 죽이기 위해 몸 전체를 지속적으로 연탄가스에 노출시키는 것과 같다. 빈대 몇 마리를 잡겠다며 초가삼간 다 태운다는 말 그대로다.

일본 오카야마 대학 의학부 부속병원에서 1년간 사망한 암환자의 진료기록 카드를 정밀하게 조사한 결과, 사망자 중 80%가 암이 아닌 항암제 부작용으로 사망했다는 놀라운 사실을 밝혔다.

그럼 어떻게 산소가 암세포를 억제할 수 있는가?

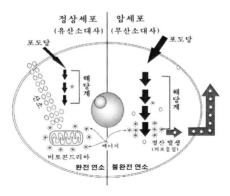

위 그림의 왼쪽 편은 정상 세포가 포도당을 원료로 에너지를 얻는 과정이다. 당분은 세포 안으로 들어와 해당계를 거쳐 **에너지**(1개)를 소량 얻고 미토콘드리아로 들어가 다량의 **에너지**(8개)를 얻는다.

미토콘드리아에서 대량의 에너지를 얻는 데는 산소가 매우 많이 필요로 한다. 산소가 많이 필요한 대신, 한 개의 당분에서 얻는 에너지의 양은 매우 많아 에너지를 만드는 능력이 뛰어나다.(8개) 완전연소가 이루어져 정상적인 세포활동을 한다.

위 그림의 오른쪽 편은 암세포이다.

암세포는 미토콘드리아가 없기 때문에 산소가 필요하지 않다. 결국 산소가 필요하지 않은 해당계를 주로해서 에너지를 얻는다.

대신 불완전 연소의 산물인 젖산을 생성하게 된다. 암세포의 이런 과정은 에너지를 얻는 효율이 매우 떨어지기 때문에 세포가 필요한 동일한 에너지를 얻기 위해서(동일한 8개의 불을 밝히기 위해서)는 다량의 당분(설탕)이 필요하다.

8개의 불을 밝히기 위해서 포도당이 많이 필요하기 때문에 암세포의 포도당 화살표가 굵게 표시된 것을 확인할 수 있다. 이와 같이 해당계를 이용한 에너지 생산방식은 빠르고 순간적인 힘을 낸다. 암세포가 무한정 분열 및 전이하는 이유다.

또한 젖산이 많이 생성되는데, 이는 젖산 화살표가 굵은 것으로 표시했다. 유산소 운동이 아닌 무산소 운동(근육 키우기 등)을 하면 알 베기고 근육통이 발생하는 것이 바로 이 산소 없이 에너지를 얻는 과정에서 만들어지는 젖산 축적 때문이다. 불안전 연소인 것이다. 자동차도 연료가 불안전하게 연소되면 매연이 발생되어 엔진과 환경에 악영향을 끼쳐 결국에는 고장이 난다. 사람도 마찬가지다. 잠깐이야 상관없지만 지속적으로 몇 년씩 이러한 무산소 에너지 대사가 지속된다면, 즉 불안전 연소가 지속된다면 결국 **'세포가 처한 무산소 환경에 적응하기 위하여 정상세포는 암세포로 변하는 것이다.'**

때문에 당분을 즐겨 먹으며 산소가 충분이 공급되지 않으면 암이 발생할 확률이 높아지게 된다, 반대로 **'당분을 절제하며 산소를 충분히 공급하면 에너지 생산능력이 향상되고, 암을 예방하거나 치유하는 올바른 생활 습관인 것이다.'**

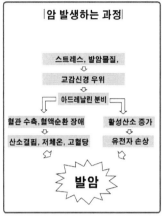 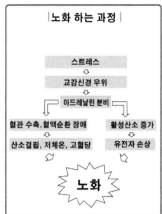

위에 첨부된 그림을 보자!

매우 안타깝게도 노화하는 과정과 암이 발생되는 과정이 똑같다. 이것은 분명한 사실이다. 모두 산소결핍이다. 현제 남성은 2명중에 한 명꼴로 암에 걸린다. 그중에 반 이상은 암으로 사망한다.(통계청 발표) 게다가 나이가 들수록 암에 걸리기 쉽다는 사실도 밝혀졌다.

누구나 암에 걸릴 수 있다는 것은 참으로 슬픈 일이다. 아주 드물게 노쇠하여 죽는 사람도 있지만 그 경우는 아주 운이 좋은 경우다.

왜 운이 좋다고 말을 하냐면, 암 발생과정이 노화 과정과 똑같기 때문이다.

즉, 발암과 노화의 원인은 공통적으로 **'산소결핍으로 인한 유전자 손상'**이기 때문이다.

누구나 노화는 피할 수 없다는 것은 명백한 사실이다. 때문에 현대사회를 살아가는 동안 암도 필할 수 없는 질병이다. 하지만, 다시 생각해 보자. 암이 노화와 같은 과정으로 발생된다면, 노화를 예방할 수 있는 것처럼 암도 **'예방할 수 있는 방법'**은 있다.

그 예방 방법의 비밀은 '심장'이 갖고 있다.

우리 몸에는 어느 곳에든지 암 세포가 번식한다. 심지어 머리카락에도 암이 있고, 혀와 혈액에도 암이 있다. 그러나 암세포가 자라지 못하는 곳이 오직 한 곳이 있다.

그 곳은 바로 **'심장'**이다.

왜 심장에만 암이 발생되지 않을까? 바로 **'산소'** 때문이다. 앞서 이야기한 적이 있지만 심장에는 가장 먼저 산소가 공급된다. 충분한 산소가 공급되므로 심장은 쉬지 않고 계속해서 일을 할 수 있다. 그리고 완전연소를 하기 때문에 에너지를 생산하는 능력도 뛰어나다. 충분한 에너지를 만들며 그로인해 '자연치유력'이 활성화되어 있으므로 유전자 손상 같은 어처구니없는 일은 일어나지 않는다.

이러한 이유로 심장에는 암이 자라날 수 없는 것이다.

만약, 당신이 암 선고를 받았었거나 앞으로 암에 걸리고 싶지 않다면 반드시 이것만은 기억해 두자.

호흡은 천천히 길게 규칙적으로 하고, 즐거운 마음으로 무리하지 않으면서 꾸준히 일을 해야 한다는 것이다.

이것만이 호흡하는 능력을 향상시키고, '자연치유력 활성화'로 이어져 암을 예방하고 치유할 수 있다.

　필자가 이 책을 통해 강력하게 전하고자 하는 내용은, 이러한 자연치유력이 '건강과 젊음, 암 예방 및 치유'의 비밀을 결정하는 매우 중요한 사항이자, 생명공학과 의학의 가장 핵심이라는 점이다.

　이러한 이론을 바탕으로 개발된 것이 '수식호흡과 스마트 마스크'인 것이다.

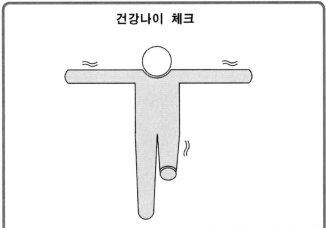

건강나이 체크

1. 양손을 쭉 벌리고 한쪽 발을 든다. 그리고 양쪽 눈을 감는다.
　이때, 넘어지지 않도록 주의하자!

30세 미만은 50초, 40세 이상은 30초 이상 쓰러지지 않으면 자연치유력이 뛰어난 편에 속한다. 만약, 당신이 20초 이내에 쓰러진다면 스마트 마스크를 착용하는 것이 바람직할 것이다.

PART 9

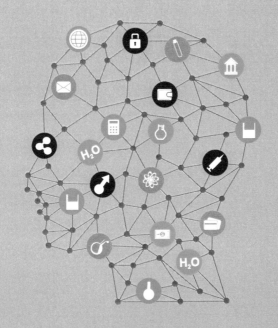

작은 얼굴, 도자기 피부,
기미, 잡티, 모공, 각질, 여드름…
1가지만 알면 '끝…'

얼굴 작아지는 습관, 1가지만 알면 '끝…' "이것만 하면 소두"

흔히 사람들이 첫 인상을 판단할 때 걸리는 시간은 5초도 걸리지 않는다고 한다.

이 짧은 시간이 면접이나 상견례 같은 중요한 순간에도 작용한다고 하니 외모에 대한 신경은 클 수밖에 없다.

얼굴은 일반적으로 가로, 세로의 길이로 크고 작음을 구별한다. 한국 여성의 얼굴 평균치는 20~24세를 기준으로 하여 가로 15.2cm, 세로 22.2cm이다. 남자의 경우 가로 16.1cm, 세로 23.6cm이다. 세로길이는 정수리에서 턱 끝을 말하고, 가로길이는 안면과 귀의 구분을 말한다.

가장 이상적인 얼굴형은 작으면서 V라인이 살아있는 계란형 얼굴이다. 이런 계란형 얼굴을 갖기 위해서는 일명 '뼈를 깎는 고통'이 있어야 한다는 소리 때문에 사각턱을 갖고 있는 사람들은 선뜻 수술하기를 꺼려하고 있다. '부모님 날 낳으시고 성형의가 날 만드시니'란 우스갯소리가 있었던 적이 있다.

사각턱을 가지고 있으나 뼈를 깎는 것에 부담을 느끼던 사람들이 기존에 가장 많이 선택했던 방법은 바로 보톡스이다. 그러나 보톡스의 경우 효과는 좋으나 지속시간이 3개월에서 6개월로 짧고, 내성이 생겨 일정 수준이 지나면 더 이상 효과를 볼 수 없다는 점에서 장기적인 방법이라고 할 수 없다.

또한, 주의해야 할 점은 한 가지 시술보다는 전체적으로 얼굴라인을 교정해주어야 시너지 효과를 기대할 수 있다. 이는 얼굴의 한 부위만을 시술한다고 해서 전체적인 사이즈 축소 효과를 보기 어렵기 때문이다.

턱이나 볼 등 한 부분의 사이즈만 축소 시켰을 때 얼굴 전체와의 조화가 이루어지지 않아 시술 결과가 어색해질 수 있기 때문이기도 하다.

따라서 양볼, 광대, 턱 등 얼굴의 다양한 부위에 적합한 시술을 적용하여 사이즈 축소 효과는 물론 전체적으로 아름다운 얼굴라인을 만드는 것이 작은 얼굴을 만들기 위한 시술의 성공여부를 좌우한다고 할 수 있다.

주선희 박사의 『얼굴 경영』에 이런 대목이 나온다. "관상학적으로 귀가 14세까지의 유년운을, 이마가 30세까지의 초년운을, 코가 50세까지의 중년운을 상징한다면 턱은 말년운을 나타낸다."고 한다.

V라인이 젊어서는 아름다워 보이지만 인상학적으로 50세가 넘으면 좋지 않다고 한다. 피부에 탄력이 있을 때야 괜찮지만 탄력이 떨어지는 중년 이후가 되면 살이 빠지면서 자신이 원했던 얼굴형이 아닌 초라한 얼굴이 될 수도 있다. 턱을 깎기는 쉬워도 다시 복원시키기는 정말 어렵다.

그렇다면 뼈를 깎지 않고 V라인을 가질 수 있는 방법은 없는 것일까?

스마트 마스크 스마트 마스크
착용 전 착용 2개월 후

감탄스럽게도 뼈를 깎지 않고도 갸름해지는 방법이 있다. 바로 '스마트 마스크'가 그 방법이다. '스마트 마스크'의 경우 잠자는 동안에 또는 일상생활 중에 착용하기만 하면 각진 턱을 갸름하게 만들어준다. 단지 얼굴의 붓기만 빼주는 것이 아니고 뼈, 근육, 림프, 피부를 함께 관리함으로써 안면비대칭 교정과 함께 얼굴이 작아지는 효과를 주고 있다.

스마트 마스크를 착용하면 알겠지만, **보통 30일 정도만 착용하면 얼굴이 작아짐은 물론 이목구비가 예뻐지는 상당한 효과가 있다.** 특히 각질,

모공, 여드름, 피부트러블과 얼굴 처짐 현상은 바로바로 개선된다.

'**가, 우, 리, 네~**' 운동과 함께하면 그 효과는 배가 된다.

60대도 V라인 가능하다

오랜만에 친구들을 만나면 얼굴들이 모두 예전 같지 않다.

실제 나이보다 늙어 보이는 친구도 있고, 반대로 예전보다 더 젊어 보이는 친구도 있다. 특히 얼굴은 나이가 들수록 10대나 20대와는 확연히 달라진다. 어느 순간 얼굴에 탄력이 없어지면서 처져 U라인으로 변하고 잔주름도 늘어간다.

얼굴은 다른 신체 부위와 다르게 언제나 유해한 외부환경 즉, 자외선, 미세먼지, 중금속, 화학물질, 화장품 등에 노출되기 때문이다. 나이가 들면 노화 되는 건 당연하다며 포기하는 경우도 많다. 하지만 수술이나, 시술 등 큰돈을 들이지 않고도 생활습관과 관심만으로 노화를 상당히 늦출 수 있고 V라인으로 바꿀 수 있다.

> 우선 노화가 진행될수록 얼굴이 어떻게 변하는지 알아보자
>
> ● 얼굴라인이 전체적으로 처진다. 입가가 처지면서 얼굴윤곽이 서서히 U라인으로 바뀐다. 더욱 심해지면 W자형으로 바뀌어 불독 얼굴로 바뀌게 된다.
>
> ● 근육이 약해져 처진다. 얼굴라인 뿐만 아니라 눈가, 입가를 지탱하는 근

육이 약해져 처진다. 일반적으로 눈 주위 →미간 →턱 순으로 근육의 노화가 일어나고 그 후에 볼 →입 주위 →위, 아래 입술 →목 순으로 진행된다. 이렇게 약해진 근육은 중력을 영향을 받아 아래로 처지게 되고 얼굴도 커지게 된다.

● 기미, 주름, 다크서클, 칙칙한 피부로 변한다. 피부에 각질이 두꺼워져서 피부에 투명감이 없어지고 얼굴빛이 칙칙해진다. 눈 밑 다크서클도 진해진다. 또 신진대사가 원활하지 못해 기미와 잡티가 계속적으로 늘어만 간다. 거기다 가 피부가 건조해지면서 잔주름과 굵은 주름까지 생기게 된다. 이렇게 되면 맨 얼굴로는 밖에 절대로 나갈 수 없게 된다. 영원히….

참으로 우울한 이야기다. 그렇다면 노화를 억재하고 V라인을 유지하는 방법은 없는 것일까?

다행스럽게도 방법이 있다. 바로 '스마트 마스크와 얼굴 운동'이 그 방법이다.

얼굴노화 현상은 피부뿐만 아니라 얼굴근육과도 깊은 관련이 있다. 얼굴근육을 단련하면 피부탄력을 높이고 처지는 것을 방지할 수 있다.

몸 근육을 단련하면 근육 속의 미토콘드리아가 에너지를 대량 생산해 탄력 있고 탱탱한 몸매를 만들 수 있는 것처럼, 얼굴근육도 단련하면 미토콘드리아가 늘어나 많은 에너지가 생산된다. 그러면 **'자연치유력'이 활성화됨으로써 얼굴이 작아지고 보기 좋은 얼굴로 교정되게 된다.**

독일의 해부학자 빌헬름루 박사는 "근육은 나이와 관계없이 사용하지 않으면 퇴화하고 사용하면 할수록 발달 한다."라고 했다.

인간의 모든 기관은 나이가 들수록 기능이 약해지는데 반해, 근육만큼은 나이와 상관없이 발달시킬 수 있다는 이야기가 된다. 운동 편에도 소개했지만, 운동을 하면 혈액과 림프 순환이 원활해지고 피부온도가 상승하여 피지와 노폐물 배출을 증대시킨다. 또 유, 수분 밸런스가 조절되어 피부장벽이 향상된다.

　노화를 완전히 억제한다는 것은 불가능하지만 얼굴근육을 단련하면 같은 또래보다 10~20년은 젊게 보일 수 있게 된다.

　60대 몸짱은 있어도 60대 얼짱을 찾아보기 힘든 시대에 얼굴근육을 단련하여 60대 얼짱에 도전해 보자.

　다음과 같이, 꾸준히 실천하면 그 효과는 놀랍다. 장담한다.

- 스마트 마스크를 착용하고 잠을 자라
- 스마트 마스크를 착용하여 자외선을 차단하고 피부건조를 막아라.
- 행복한 마음을 가져라.

살을 빼고 싶으면 스마트 마스크를 착용하라

우리 사회는 '몸짱 신드롬'이라 불릴 정도로 비만과의 전쟁이 한창이다. 현대 사회에서 비만은 게으름과 나태함의 상징일 뿐만 아니라, 많은 성인병의 원인으로 일종의 병으로 치부되고 있는 게 현실이다.

비만은 기본적으로 에너지 섭취가 에너지 소비량보다 많아 과잉 에너지가 지방 조직에 체지방으로 축적되는 현상이다. 생체 내의 에너지 대사, 즉 호흡하는 능력과 밀접한 관련을 갖기 때문에 앞장에서 알아본 '**호흡에 대한 지식은 비만을 해결하는 데 가장 중요**'하다.

살을 빼는 방법은 매우 단순하면서도 간단하다. 어렵게 생각하지 말자. 최근 과학계와 의료계가 보장하는 방법이다. 한마디로 말한다면 '**산소와 운동**'이다.

결론부터 말하자면, 퇴근 시간에 한 정거장 먼저 내려 스마트 마스크 착용하고 걷는 것이다. 힘들게 운동할 필요 없다. 굶지 않아도 된다. 단지 착용하고 걷기만 하면 된다.

그럼 구체적으로 스마트 마스크가 살을 빼주는 기능에 대해서 살펴보자.

지금까지 알아보았던 미토콘드리아에 답이 있다.

예를 들어 눈앞에 삼겹살이 놓여 있다고 생각해 보자. 자 어떻게 삼겹살 지방을 없앨 수 있을까? 대답은 매우 간단하다. 불판에 구우면 된다. 당신도 많이 경험했을 것이다. 삼겹살을 구우면 지방은 연소 되서 기름으로 바뀌는 것을.. 문제가 바로 해결된다. 이렇게 간단한 것을 사람들은 너무 모른다.

우리 몸도 삼겹살과 100% 동일하다. 지방을 연소시키면 된다.

우리 몸의 지방을 연소시키기 위해서는 리파아제라는 지방분해효소가 사용된다. 지방을 포함한 음식을 섭취했을 때는 췌장에서 리파아제가 분비되고, 리파아제에 의해 소장에서 지방이 녹아 미토콘드리아에서 에너지로 사용된다. 이와 동일하게 체내의 지방을 녹이는데도 이 리파아제가 사용된다.

운동을 하면 아드레날린이라는 호르몬이 분비되는데, 이때 아드레날린이 지방세포로 들어가면 리파아제가 활성화 된다. 지방이 리파아제에 녹아서 미토콘드리아에서 에너지 원료로 사용되면 살이 빠지게 된다. 그러면 운동을 하는데도 살이 안 빠지는 이유는 무엇인가?

그 답은 운동하는 방법이 잘못됐기 때문이다. 열심히 운동만 해서는 살을 빼기가 쉽지 않다.

예를 들어 빨리 걷기 운동을 한다고 하자.

우리가 유산소 운동을 하는 이유는 우리 몸 구석구석 말초혈관까지 산소를 공급하기 위해서다.

그런데 사람들은 빨리 걸으면 숨이 차니까 입으로 호흡하고 거기다가 호흡하는 횟수도 급격히 증가한다.

제 2장에서도 설명했지만 이런 운동방법 즉, 입으로 빨리 그리고 많이 호흡하면 산소와 이산화탄소가 모두 부족하여 체내에 산소공급이 부족하게 된다.

지방이 리파아제에 녹아서 미토콘드리아로 들어가도 산소가 부족하면 절대로 에너지로 소비가 안 된다.

아래 그림에서 나타낸 바와 같이, '지방은 반드시 산소가 있어야 에너지 원료로 사용된다'는 것을 반드시 기억해 두기 바란다.

살을 빼는 데에도 산소는 절대적이다

이제 살을 빼는 간단한 방법을 알려드리겠다.

하루에 20분만 투자하라. 유산소 운동이면 걷기, 달리기, 자전거, 요가 등 어떤 운동도 상관없다. 강조했듯이, 다이어트에 가장 중요한 것은 호흡이다. 그림을 보자. 아래 그림의 왼쪽 편은 세포가 지방을 원료로 에너지를 얻는 과정이다. 지방은 세포 안으로 들어와 미토콘드리아에서 산소를 이용해 에너지로 사용된다. 때문에 미토콘드리아에서 지방을 연소하기 위해서는 반드시 산소가 충분히 공급되어야 한다. 산소가 많으면 지방을 많이 연소시킬 수 있어 굵은 화살표로 표시된 것을 확인할 수 있다.

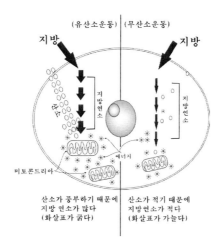

위 그림의 오른쪽 편은 지방연소가 저조한 것을 나타낸다. 지방은 산소가 없으면 절대로 에너지로 사용될 수 없다. 지방이 에너지로 사용되지 않기 때문에 가는 화살표로 표시되어 있다.

호흡은 천천히 길게 규칙적으로 하면 된다. 이때, 가슴으로 호흡하지 말고 아랫배를 이용하면 된다. 이렇게 호흡하는 방법이 Part-2에서 설명한 수식호흡이다. 처음에는 답답할 수도 있지만 1주일이면 금방 적응된다.

우리가 유산소 운동을 하면 혈액순환이 좋아지고 세포에 충분한 산소와 영양소가 공급된다. 그렇게 되면 신진대사가 활발해지고, 에너지가 넘친다.

그리고 스마트 마스크를 착용하라.

스마트 마스크를 착용하고 운동하면 신선하고 깨끗한 공기를 섭취할 수 있고 몸에서 열 발생을 촉진하여 체온이 올라간다. 체온이 올라가면 땀이 나게 되는데 그 땀은 몸속의 노폐물과 중금속, 독소 등을 밖으로 배출시킨다.

즉, 스마트 마스크를 착용하면 같은 칼로리 소모의 운동도 높은 칼로리 에너지를 방출하여 착용하지 않았을 때보다도 3배 이상 효과가 나게 된다. 운동에 의한 땀은 세포 내의 미토콘드리아에서 산소와 탄수화물, 지방이 연소하며 발생하는 열을 식혀 주기 위한 것이다.

이렇게 땀이 난다는 것은 연소과정에서 발생되어 쌓여있는 활성산소, 독소, 노폐물을 체외로 배출시키는 동시에 몸의 구석구석에 쌓여있는 지방을 태워 다이어트가 진행됨을 의미한다.

착용하면 알겠지만, 스마트 마스크를 착용하고 천천히 길게 규칙적으로 호흡하면서 20분만 걸으면 체온이 상승하여 쓸데없이 쌓여있는 노폐물과 지방, 독소를 제거해 준다.

또한, 잠자는 동안에 착용하면 그 효과는 엄청나다.

잠자는 동안에도 기초대사 즉, 심장이 움직이고, 호흡하고, 소화하는 등에 사용되는 에너지는 대략 450칼로리이다.

여기에 다가, 산소가 원활히 공급하면 미토콘드리아가 좋아하는 환경(많은 산소가 존재하는 환경)이 조성된다. 사람이 산소 없이는 살아갈 수 없는 것처럼 세포도 산소 없이는 단 1분도 살 수 없다.

산소가 풍부하게 공급되면 세포의 기능은 더욱 향상된다는 것은 잘 알려진 사실이다. 이렇게 산소가 풍부해지면 낮에 스트레스로 인해 손상된 유전자를 복원하고, 몸 안으로 들어온 세균, 바이러스를 살균하며, 세포의 생성과 재생, 신진대사가 촉진되게 된다.

이러한 '자연치유력' 활동에도 300칼로리는 소모된다고 한다. 이때 필요한 에너지가 지방이다.

30분 힘들게 운동해서 소비하는 칼로리를 잠자면서 소비하게 되는 것이다. 한마디로 1석 9조의 효과를 얻게 된다.

단 1가지 조건이 있다. 그것은 8시간은 편안하게 잠을 자라는 것이다. 그러면 충분하다.

당신이 10대 또는 20대이면 30일이면 놀라운 결과를 얻게 될 것이다. 장담한다.

다만, 주위 할 점이 있다. 보통 대부분의 사람들이 운동할 때 얼굴에 메이크업, 자외선 차단제, 피지, 미세먼지로 뒤범벅된 상태로 운동을 하는데, 이러한 행위는 피부를 망치는 지름길이라는 것을 알아야 한다.

운동을 하면 피부의 모공은 노폐물을 배출시키지만 이와 반대로 흡수력도 높아진다. 그래서 운동 후 영양팩, 보습팩 등을 하면 시너지 효과를 볼 수 있는 이유도 이와 같다.

그런데 이를 반대로 생각하면 흡수율이 높은 만큼 피부에 남아 있는 더러움과 찌꺼기들도 모공 속으로 쏙쏙 들어차게 된다는 것이다. 결과적으로 모공은 막히고 땀 배출도 방해받아 피부 트러블을 일으키는 원인이 될 수 있다. 따라서 운동 할 때에는 얼굴에 전혀 바르지 않는 것이 무엇보다 중요하다는 것을 명심하자.

평소에도 마찬가지다. 피부를 위해 바르는, 보호하기 위해 바르는 화장품에 미세먼지, 중금속 등이 쌓여 모공을 막고 피부로 흡수 된다고 가정해 보자. 건강한 피부를 유지할 수 있겠는가? 아무리 좋은 화장품을 쓰고, 아무리 비싼 관리를 하고, 각종 좋다는 시술을 받아도 그 때뿐이고, 얼마 지나지 않아 피부가 엉망이 되는 이유가 멀까? 이제는 생각을 바꿔야 한다. 피부가 더 망가지기 전에….

피부 망치는 행동은 이제 그만!

투명하고 탄력 있고 부드러운 피부를 위해 필요한 것은 화장품이나, 관리, 고가의 시술이 아니라 피부를 깨끗이 하고, 충분한 산소를 공급하고, 피부를 건조하지 않게 하고, 피부를 보호하는 것에 그쳐야 한다.

이제는 피부에서 화학제품으로 만들어지는 화장품과 자외선 차단제, 인위적인 관리는 내려놓자. 화장품업계의 상술과 광고에 넘어가지 말자.

우리가 피부에 사용하는 제품들 중에는 피부를 상하게 하는 화학물질이 많이 포함되어 있으므로 주의해야 한다. 그러한 화장품으로는 얼굴에 바르는 로션, 메이크업 제품들, 피부보습제, 미백제품들, 주름방지제품 등 거의 모두 포함된다고 봐야 한다.

피부는 우리 몸속의 노폐물을 밖으로 배출하기도 하지만, 피부에 바르는 화장품을 혈액을 통해 흡수하기도 한다.

피부에 좋다고 바르는 화장품이 심장, 폐, 간, 뇌, 위장 등에 심각한 피해를 줄 수 있다는 점을 명심해야 한다.

즉, '**피부를 위해 바르는 화장품이 우리 몸을 병들게 할 수 도 있다**'는 것을 알아야 한다.

피부의 자발적인 치유 사례를 연구했던 예일대 의과대학 로즈 페이백 (Rose Papac) 박사는 오늘날에는 피부에 아무것도 바르지 않고 그냥 두었을 경우 어떤 일이 일어나는지 알아볼 기회가 거의 없다는 점을 지적했다. 그리고 다음과 같이 말했다. "모든 여성들이 피부에 무언가를 바르지 않으면 안 될 것처럼 느끼고 있다. 빨리 무언가를 발라야 한다는 강박관념에 사로잡힌 사람들은 피부가 스스로 치유할 기회를 주지 않고 오히려 파괴할 필요가 없는 것까지 파괴하는 방법을 선택한다."

피부에 제일 좋은 것은 충분한 산소, 건강한 식생활, 적당한 운동, 충분한 수면, 보습, 보호 그리고 행복한 마음이다. 그 이외는 필요 없다. 값비싼 관리와 시술, 고급 화장품은 필요 없다. 피부 관리는 피부를 깨끗이 하고, 충분한 산소를 공급하고, 적당한 운동을 하고, 건조하지 않게 하며, 보호하는 것에 그쳐야 한다.

로즈 페이백(Rose Papac) 박사의 조언대로 가능한 피부에 아무것도 바르지 마라. 필자 역시 얼굴에 아무것도 바르지 않는다. 단지 스마트 마스크만 착용한다. 바르지 말고 보호해줘라! 그러면 피부는 본래의 기능인 강력한 자연치유력을 회복하게 된다.

당신의 피부는 이미 아름답다는 것을 알았으면 한다.

아무것도 하지 않는 것은 바보라고 생각한다면, 스마트 마스크를 착용하고 잠을 자라. 단지 착용하고 잠만 자면 된다. 어려울 것도 없다. 당신이 눈을 뜨고 침대에서 나와 당신의 얼굴을 유심히 관찰해봐라. 당신이 잠자는 동안에 당신의 피부는 새롭게 태어나 당신을 행해 방긋 웃고 있다는 것을 금방 알아챌 것이다.

스마트 마스크는 당신이 잠든 사이에 피부의 본래 기능인 강력한 세포의 생성과 재생 즉 신진대사 기능을 활성화 시키도록 도와준다. 당신의 피부는 바로바로 재생이 이루어지게 되고 그럼으로써 피부고민은 사라진다. 이것이 기적의 피부 재생능력이다.

그리고 세면 후에 착용해 봐라. 피부 당김이나 피부 건조는 말끔히 사라진다. 이런 것이 진정한 기술이고 피부를 아끼는 방법이다. 이렇게 피부는 보호하는 것으로 끝내야 한다.

당신이 가지고 있는 가장 강력한 치료법인 '자연치유력'의 힘을 믿어라! 그리고 당신의 피부를 믿어라! 당신의 피부가 스스로 치유할 기회를 주어라! 믿으면 당신의 몸과 피부는 절대로 당신을 실망시키지 않는다. 그렇게 하면, 당신의 피부가 생에 가장 아름다웠던 때의 피부 나이로 되돌아갈 수 있게 될 것이다.

"세상에서 이것보다 쉬운 피부 관리 방법은 없다."

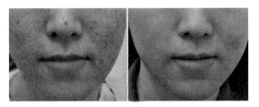

스마트 마스크 착용 4개월만에 여드름이 사라짐

여드름, 피부트러블, 모공, 각질, 기미는 사라진다

주위를 둘러보면 유난히 어려 보이는 사람이 있는가 하면 본래 나이보다 훨씬 들어 보이는 사람도 있다. 같은 나이이면서도 전혀 다른 인상을 가지는 이유는 무엇일까?

"젊음을 판단하는 기준은 무엇일까?"라는 한 조사결과에서 세계 공통적으로 상위를 차지한 것은 '표정'과 '피부'였다고 한다.

얼굴에 나타나는 기미나 피부 처짐, 주름 등 피부에서 느껴지는 나이를 피부나이 라고 하는데, 나이보다 훨씬 어려보이는 사람은 이 피부 나이가 젊기 때문이다.

스타들의 피부를 보면 언제나 시간이 멈춘 듯한 느낌을 받는다. 반면 하루가 다르게 푸석해지고 칙칙한 낯빛으로 변해가는 얼굴을 보면 나이 들어감을 체감하게 된다. 분명 20~50대 여성이라면 한번쯤 스타들과 비교하며 이런 생각을 해봤을 것이다.

갓 피어난 화사한 동안피부를 얻기 위해서는 어떤 노력이 필요할까? 안티에이징, 고보습, 주름개선, 미백. 끊이지 않는 기능성 화장품의 종류. 값비싼 명품 화장품을 거금 들여 구입해 사용해 봐도, 왜 내 피부는 좋아지지 않는 걸까?

문제의 열쇠는 늘 기본에 있고 처음에 있다. 피부 문제도 이와 같다.

"피부에 여드름, 트러블이 생긴다."

"눈가에 주름이 생겼다."

"피부가 거칠어 졌다."

"기미, 잡티가 생겼다."

"모공이 커졌다."

"각질에 민감하다."

얼굴에 이런 피부질환이 생겼을 때 당신은 어떻게 하는가?

"피부에 화장품이나 약을 바른다." 만약 이렇게 대답했다면 방법을 달리 해야 한다. 왜냐하면 그것은 피부에 대한 근본 대책이 아니며 결코 호전되지 않기 때문이다. 호전되지 않는 다는 것은 당신도 경험으로 알 것이다. 그 때 뿐이라는 것을….

"관리를 하면 좋아지는 것이 아닌가?" 당연히 이렇게 생각할 것이다. 그렇다. 사실이다. 하지만 어떤 것이 사실인지는 확인해볼 필요성이 있다. 무슨 말인가 하면, 당신이 피부 관리를 받아서 피부가 좋아진 것인지, 아니면 피부 관리를 받았으니까 피부는 좋아 질꺼야 하는 당신의 믿음에 피부가 화답해서 좋아진 것인지를….

당신은 어떤 것이 진실이라고 믿는가?

분명한 사실은 관리를 한다고 해서 피부가 좋아지는 것은 아니라는 것이다. 피부를 좋게 하려면 무엇보다 중요한 것이 당신의 믿음이다.

앞에서도 필사적으로 강조한 바와 같이 우리 몸은 세포로 구성되어 있다. 얼굴도 동일하다. 얼굴에 피부질환이 생긴다는 것은 몸에 문제가 있

작은 얼굴, 도자기 피부, 기미, 잡티, 모공, 각질, 여드름… 1가지만 알면 '끝…'

다는 이야기다. 몸에 문제가 생기면 표출되는 곳이 피부다.

여드름, 각질, 모공, 피부트러블은 우리 삶의 신체적, 정신적 건강상태가 불안전한 상태에 있다는 것을 보여주는 것이다. 피부질환은 몸에 무언가가 결핍되어 있다는 것을 드러내는 하나의 표시판일 뿐이다.

다시 말하면, '**당신의 몸 어딘가에 문제가 발생되었으니 신경써달라는 외침**'이 피부질환인 것이다. 이런 관점에서 보면, 몸이 건강해지고 젊어지면 피부는 당연히 맑고 투명한 도자기 피부로 바뀐다.

자! 이제부터는 스마트 마스크가 당신의 피부를 어떻게 도자기 피부로 만들어 주는지 설명하겠다.

피부 관리에서 가장 중요한 점은 '**얼굴피부는 피부세포로 구성 됐다**'는 것을 잊지 말아야 한다. 모든 세포는 반드시 에너지가 있어야 생존이 가능하다. 에너지가 풍부하면 '자연치유력과 신진대사'가 활성화 된다는 것은 앞에서 충분히 설명했다.

피부 관리는 '**호흡하는 능력을 향상**'시키면 단번에 해결된다. 사실 건강과 젊음을 유지하기 위해서는 많은 노력이 필요하다. 하지만 피부는 호흡하는 능력을 향상시키면 즉각적으로 그 효과가 나온다.

그러면 호흡하는 능력을 향상시키려면 어떻게 해야 할까? 그것은 **피부세포가 좋아하는 환경을 만들어줘야 한다.** 이것이 피부 관리의 가장 중요한 포인트이다.

우리 몸은 신기하게도 모든 기관과 기능이 서로 연결되어 있다. 공기를 들이 마시는 방법하나로 건강해 지기도 하고 병이 들기도 하며, 피부가 좋아지기도 한다. 따라서 생활습관을 Part2, 5에서 제시된 '자연치유력'을 높이는 생활습관으로 바꿔야 한다.

임상실험

(국립경상대병원에 의뢰. 각종 실험장비를 통하여 2달 동안 in-vivi 실험 진행)

세포골격단백질 강화

스마트 마스크를 착용하고
물리적 자극을 주면 섬유아세포
액틴이 굵고 튼튼해짐

자극 전

자극 후

스마트 마스크 착용 후 얼굴운동을 실시하면, 피부 세포의 세포 골격 단백질을 강화시킨다.
즉 스마트 마스크 착용하면 세포 골격 단백질 내 액틴이 강화되는 것이다.
또한, 항노화 및 장벽기능 개선 유전자를 발현시킨다. 이와 관련 연구 결과는 아래와 같다.

실 험 계		Fact	Implications	활 용
스마트 마스크 착용	섬유아세포	NGF 증가	감소한 신경성장인자를 보충	항노화
	각질세포	Nt3 감소	멜라닌 합성 신호인 Nt3 저해	미백
		NGFa 증가	EGF-Like effect	피부장벽 기능
		NGFb2 증가	상처부위 섬유아 세포 분열촉진	항노화
		Actin 강화	세포탄력 증가	모공/주름개선
		b-defensin3 증가	자연 면역능 증가	피부장벽기능

여기서는 피부세포가 좋아하는 환경을 하나씩 차근차근 생각해 보자.
간단히 요약하면 다음과 같다. **'산소, 온도, 보호, 수분, 유산소 운동'**이
그것이다.

먼저, 산소

젊을 때는 신진대사가 원활해 피부가 손상돼도 회복이 빠르다. 그러나
30대 이후에는 피부 재생능력이 급격하게 저하되면서 주름이 깊어지고
탄력을 잃게 된다.

정상적인 피부는 28일 주기로 새롭게 태어난다. 진피층에서 만들어진
새로운 세포가 각질층까지 올라와 죽은 세포가 되어 떨어져 나가는 과정
을 턴오버하고 한다. 이러한 턴오버 과정을 활성화 시키는데 가장 중요한
것이 바로 **'산소'**다.

새로운 피부세포가 재생되어
점점 밖으로 밀려가면서 오래
된 세포(각질)가 떨어져 나가는
턴오버는 대략 28일 정도 걸린
다.(피부가 노화될수록 주기가
길어진다)

피부 턴오버 과정(turn-over) 즉, 각질 생성-성숙-탈락과정 등 죽은 피부
가 탈락되고 새로운 피부가 다시 자라는 과정을 '스마트 마스크'가 조절해
피부 표면의 각질을 부드럽게 제거하는 동시에 피부 재생 주기를 정상화
시켜 어린 피부를 피부 표면으로 빠르게 끌어올려주는 기능을 한다.

앞에서도 설명했지만, 미국 MIT대학 생명공학연구센터에 따르면 '사람
의 세포는 나이에 따라 차이가 있지만, 대략 200개 중에 1개꼴로 새로운
세포로 바뀐다. 말하자면 어제의 자신과 오늘의 자신이 겉모습은 거의 같
아 보이지만 얼굴을 구성하고 있는 세포의 0.5%는 새로운 것으로 교체되
어 어제와는 달라진 얼굴이 된다'는 것이다.

따라서 스마트 마스크는 '**28일**'만 착용하고 잠을 자면 피부는 새롭게
태어난다.

다음, 온도

피부온도를 상승시켜 자연치유력을 활성화 시키는 것이다.

"체온이 1도 올라가면 병이 안 걸린다."는 말이 있다. 체온이 올라가면

자연치유력도 활성화되고 피부세포의 생성과 재생, 신진대사도 촉진된다. 이 이론은 상당한 설득력을 갖고 있다. 세포는 37도에서 가장 활발히 활동한다. 피부 온도는 30~33도 정도다.

만약 '피부온도를 높일 수만 있다면' 피부세포의 생성과 재생, 신진대사 활성화로 인해 매일매일 피부는 새롭게 태어날 수 있다.

피부온도를 올리려면 2가지 방법이 있다.

1. 근육을 달련해야 하고

2. 스마트 마스크를 착용하는 것이다.

이러한 방법은 이미 의학계에서 검증된 사실이다. 근육을 단련하면 미토콘드리아 수가 많아진다. 미토콘드리아 수가 많아지면 대량으로 질 좋은 에너지를 만들어 낼 수 있다. 이렇게 하면 열을 내게 된다. 쉽게 말하자면, '가, 우 ,리, -네' 운동과 스마트 마스크를 착용하면 피부온도는 자연스럽게 올라간다.

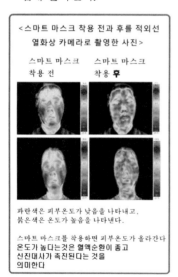

<스마트 마스크 착용 전과 후를 적외선 열화상 카메라로 촬영한 사진>

스마트 마스크 착용 전   스마트 마스크 착용 **후**

파란색은 피부온도가 낮음을 나타내고,
붉은색은 온도가 높음을 나타낸다.

스마트 마스크를 착용하면 피부온도가 올라간다
온도가 높다는것은 혈액순환이 좋고
신진대사가 촉진된다는 것을
의미한다

단, 주의할 점은 피부온도를 높이기 위해 외부에서 열을 가하는 것은 피부에 악영향을 미친다. 예를 들면 사우나 등이다.

다음, 보호

피부 전문가들은 귀에 못이 박히도록 자외선 차단에 대해 강조한다.

분명한 것은 얼굴피부는 자외선으로부터 보호해야 한다는 것이다. 그리고 추위, 오염 환경 등으로부터도 얼굴피부를 보호해야 한다. 스마트 마스크는 자외선, 추위, 오염 환경 등으로부터 얼굴피부를 100% 보호한다.

다음, 수분

얼굴피부를 노화시키는 3가지 요인이 있다. **'피부건조, 자외선, 활성산소'**가 그것이다. 이러한 3가지의 요인만 차단할 수 있다면 당신의 피부는 노화되지 않는다.

우리 피부의 70%는 수분으로 채워져 있는데, 나이가 들수록 얼굴피부 세포에서 수분이 빠져 나간다. 이렇게 빠져 나가는 수분이 200~500ml에 달한다. 이때 수분이 있어야 할 자리를 유분이 차지하면서 노화에 가속도가 붙는다.

'스마트 마스크는 수증기는 통과시키지만 자외선과 수분은 통과하지 못하도록 만들어져 있다.'

이는 스마트 마스크를 착용하고 있는 동안 스마트 마스크는 당신의 피부에서 배출되는 수분을 붙잡아 피부가 건조되지 않도록 하는 기능을 발휘하게 된다.

때문에 피부는 항상 촉촉하게 유지된다. 피부세포가 정상적인 활동을 하려면 충분한 수분이 공급 돼야 한다는 것을 잘 알고 있을 것이다. 이러한 이유로 스마트 마스크를 착용하고 잠을 자면 충분한 산소와 더불어 피부가 건조하지 않도록 보호해주므로 피부의 신진대사가 촉진되는 것이다.

뿐만 아니라 첨부된 그림과 같이, 스마트 마스크는 중력에 대항하여 당신의 피부를 끌어 올려주게 된다. 이러한 기능은 참으로 놀라운 기능을 발휘한다. 산소, 수분, 에너지의 상호 보완적이고 협동적인 메카니즘이 작동하여 당신의 얼굴을 보기 좋은 얼굴로 교정해 줄 것이다.

성형수술은 막대한 부작용이 발생될 수 있다. 하지만 스마트 마스크는 부작용은 전혀 없다. 그리고 그 효과는 성형수술보다 뛰어나다. 장담할 수 있다.

다음, 유산소 운동

운동을 하면 피부의 젊음을 유지시켜 줄 뿐만 아니라 피부노화의 반전도 이뤄진다.

이미 노화된 피부를 다시 싱싱한 피부로 되돌려준다는 것이다. 얼굴을 각종 화장품으로만 관리할 것이 아니라 근본적으로 운동을 하는 것이 건강한 피부를 가꾸고 유지하는데 더욱 중요한 셈이다.

캐나다 온타리오주에 있는 맥매스터 대학교 연구팀이 20세에서 84세 사이의 남녀 200명을 관찰한 결과 이 같은 결론을 얻어냈다.

실험 자원자 중 약 절반가량은 매주 최소 4시간 이상 적당한 운동을 했다. 반면 나머지는 대부분 앉아서 생활했고 일주일에 1시간도 채 운동을 하지 않았다. 연구팀은 이들의 엉덩이를 관찰했다. 엉덩이는 햇빛에 노출되지 않는 점을 감안한 것이다 그 결과 40세 이후로 운동을 많이 한 사람들의 엉덩이 피부는 20세에서 30세 사이의 사람들처럼 젊게 보였다. 심지어 한 참가자는 65세가 넘었는데도 엉덩이 피부는 젊음을 유지하고 있었다.

이제부터는 '피부질환을 치료한다'는 생각을 버려야 한다. 태어날 때부터 몸에 갖춰져 있는 '젊어지는 기술인 자연치유력'을 활용하는 방법, 그것이 가장 효율적이고 근본적인 방법이다.

앞에서도 주장했듯이 스마트 마스크를 착용하라고 강력히 추천하고 싶다. 건강에서도 그렇지만 스마트 마스크가 가장 특별한 기능을 발휘하는 부분이 피부다.

스마트 마스크를 착용하고 운동을 하거나 잠을 자면, 충분한 산소가 공급되고, 피부를 보호하고, 촉촉하게 보습을 해주며, 피부온도를 상승시킨다. 그러면 모공이 열리고 모공속의 노폐물을 바로바로 배출된다.

여드름, 기미, 잡티, 각질, 모공 등의 피부질환 예방은 모공 속에 노폐물이 쌓이지 않도록 하는 것이다. 그러므로 노폐물을 바로바로 배출하여 모공 속을 깨끗하게 유지하면 누구나 탱탱하고 고운 도자기 피부로 만들수 있다.

당신의 몸을 진정으로 사랑하는가? 당신의 몸을 진정으로 가꾸고 싶은가? 진심으로 아름다워지고 싶은가? 맑고 투명한 피부를 갖고 싶은가? 그렇다면 이 책이 전하는 메시지를 음미해 볼 것을 진심으로 권한다.

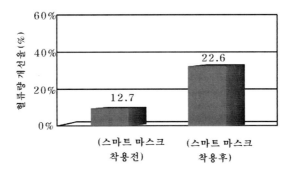

스마트 마스크를 착용하면 혈액순환이 촉진됩니다.
그렇게 되면, 산소와 영양분이 피부세포에 충분히 공급된다.
그 결과, 피부세포의 신진대사가 촉진된다.

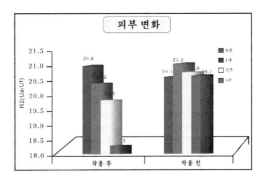

스마트 마스크 착용 4주만에 눈가 주름, 기미, 잡티,
모공, 각질 등이 현저히 감소하는 것으로 확인됐다.
이는, 피부세포의 신진대사가 촉진되기 때문이다.

감사한
마음을 가져라

'스트레스를 받을 때'

'산소가 갑자기 공급될 때'

'산소가 불규칙적으로 공급될 때'

'식사를 빨리 할 때'

느낌이 오는가? 마음이 여유가 없을 때, 숙면을 못할 때, 스트레스 받을 때 미토콘드리아에서 활성산소가 대량으로 발생된다.

모든 질병과 피부질환의 원인도 활성산소다. 이러한 활성산소는 우리가 태어날 때부터 가지고 있는 힘인 '자연치유력 즉, 풍부한 에너지'로 제거할 수 있다.

아무리 운동이나 식습관을 바꾼다 해도 마음이 등을 돌리면 자연치유력은 활성화 되지 않는다. 이 책에서의 마지막 당부다.

서두르지 않고, 초초해하지 않고, 마음 적으로 여유 있는 생활을 하는 것, 언제나 감사의 마음을 갖는 것이 젊고 고운 피부를 유지하는 비결이다.

이것이 십여 년간 젊음과 피부를 연구해온 필자의 결론이다.

스마트 마스크는 세상을 바꾸는 기술입니다

Smartmask is technology changing the world

최 충 식

PART 10

스마트 마스크로
병을 치유한
체험사례

종양이 사라졌어요

제가 암에 걸렸다는 것을 안 것은 3년 정도 되었어요. 오른쪽 옆구리에 이상한 덩어리 작은 게 자꾸 만져지고 먹는 것마다 자꾸 토해내서 병원에 찾아갔더니 암세포가 복부와 폐 쪽으로 퍼져있다고 지체했다가는 여러 장기로 전이가 될지도 모르니 치료가 시급하다고 하더군요.

저는 그 사실을 알고 암 치료를 받기 위해 병원에 입원했고, 수술로 암세포들을 제거하고 남아있는 암세포는 항암치료와 약물치료로 암 치료를 해나갔습니다. 그렇게 1년을 입원해 있었는데 암세포들이 다시 재발하여 수술 전으로 몸이 돌아와 버렸습니다. 의사선생님은 암세포를 다시 제거하자고 했고 재수술을 하였는데 그 뒤로도 재발이 일어나 2번의 암 치료 수술을 더 받았습니다. 그렇게 긴 투병생활은 절 무기력하게 만들어 버렸습니다.

하지만… 치료를 포기할 수는 없다는 생각이 들었고요. 저한테는 아내도 있고 사랑하는 딸도 있거든요. 암 치료를 받고 좋은 효과를 보신 분들의 이야기를 듣고자 알아보던 중에 스마트 마스크를 알게 되었습니다.

먼저 따뜻한 한마디 한마디가 고마웠고요. 스마트 마스크 열심히 착용하고 수식호흡으로 마음을 다잡기 위해 노력했답니다. 언제나 긍정적으로 생각하고 식이요법도 병행하고요. 이제 3개월이 조금 넘어가는데 종양이 더 이상 커지지 않고 있어요. 이대로 더 이상 악화되지 않기를 기도하며 몸을 추스르고 있답니다. 이글을 빌려 저에게 희망을 다시 갖게 해주신 최충식 사장님께 감사의 마음을 전해 드립니다.^^

(40대 초반)

*암 환자는 처음 본인이 암 판정을 받게 되면 한동안은 매우 혼란스러

운 상태에 놓이게 된다. 당연한 현상이지요. 하지만 차차 암을 받아들이시고 반드시 이겨내겠다는 각오와 그리고 다짐이 가장 중요하다. 특히 명상과 심신의 안정은 통증을 완화시키는 데에도 많은 도움이 되는 것으로 알려져 있다.

이 분은 아직 종양이 커지지 않는다고 전해왔다. 의사도 놀라워하며 그의 치료방법을 인정했다고 한다.

탈모가 치료되다

입사 후에 점점 빠지는 머리 때문에 많은 분들이 40대 초반으로 다들 보네요. 젊은 사원들도 많이 치고 올라오는데 외모에서부터 밀리다니… 사회생활도 사회생활이지만 탈모 덕에 평상시 생활에도 힘이 드네요. 어딜 가더라도 머리만 보는 것 같고 맞선을 봐도 머리 때문에 퇴짜 맞는 경우가 많았거든요.

이것저것 탈모치료에 좋다는 건 무조건 다해봤지만 그렇게 효과를 보지 못했습니다. 모발이식도 생각했지만, 가격도 가격이지만 효과가 있을지도 믿음이 가질 않았었고요.

암튼 그 무렵에 숙대 앞에서 스마트 마스크 임상실험 참여자를 모집한다고 하기에 저도 참여하게 되었어요. 생전 처음 보는 마스크라 이런 게 효과가 있을까 하는 의문도 있긴 했는데, 착용만 하면 되니까 그날부터 시간 나는 대로 착용했어요. 잠 잘 때도 차고 자고요.

사실 정말로 놀라웠어요. 일단 탈모치료 보다는 다른 이점들이 먼저 생기더라고요.

초겨울이었는데 마스크 착용하니까 춥지도 않고 호흡하기도 편하고 마스크 이어폰 홈에 이어폰을 꽂고 음악 들으면서 걷는 것도 너무 좋고요. 신세계를 만난 기분이었답니다.

지시사항에 "마스크 착용하고 유산소 운동하기"도 있었는데 저는 출퇴근 할 때 마스크를 착용하고 하루에 30~40분 정도 빨리 걷는 걸로 대체했었고요. 1주일에 5일은 그렇게 했죠.

효과는 바로 나오더군요. 30분 빨리 걸으면 얼굴에 땀이 나는데 전혀 불편한 게 없어요. 집에 와서 샤워하고 나면 피부가 완전 보들보들 애기 피부가 되더라고요. 피부속의 노폐물이 빠져 나오기 때문에 그렇다고 하더라고요.

그리고 얼굴 살이 많이 빠졌고, 체중도 줄고 피부도 좋아지고 등등 건강도 많이 좋아지고… 스트레스도 덜 받고… 아주 많네요.^^ 그 중에 가장 좋은 것은 얼굴 피부가 완전히 좋아졌다는 거예요. 무슨 시술 받았냐고 친구들한테 그런 질문 많이 받아요. 여드름도 나고 그랬는데 그런 것도 없어 졌고요. 그리고 체력도 많이 좋아졌고, 잠을 잘 자서 그런지 피곤한 것도 없어졌어요. 얼굴도 바뀌었어요. 얼굴 살과 몸살이 많이 빠져서 그런지 실제로 스마트 마스크가 얼굴을 교정해주는 지는 모르지만 암튼 미남 됐다는 소리 들어요. 생활습관과 식습관이 자동으로 개선되었고요.

탈모방지는 보름쯤 지나니까 머리 빠지는 게 많이 줄었고요. 확실히 탈모치료가 되더라고요.

지금은 머리가 숭숭 많이 나서 지난겨울에는 머리를 따뜻하게 보냈고요. 옛날에는 무조건 비니나 모자 뒤집어쓰고 다녔는데, 이젠 당당히 제 머리 드러내고 다닙니다.

돈들인 머리라고 친구들한테 자랑도 하고요ㅋㅋ 저에게는 스마트 마스크는 보물이에요.

(30대 초반 직장인)

감기가 바로 떨어졌습니다

40대 중반 남성이구요 한 5-6년 전부터 보면… 4월, 11월 환절기에 감기가 잘 걸렸어요. 주로 목감기(인후. 편도염)가 잘 오는데 왔다하면 무조건 한달은 기본인데, 반면 유행성 독감 이런 건 걸린 적은 없었습니다. 스마트 마스크는 올 1월부터 착용했고요. 감기는 일로 무지 피곤할 때 걸렸는데, 스마트 마스크 착용하고 하루 종일 휴식을 취했더니 바로 떨어졌습니다. 사실 저도 많이 놀랐습니다. 지금까지 감기 증세는 없고 일단 잠을 잘 자니 너무 좋습니다. 확실히 피곤함이 덜합니다. 매우 만족합니다.

(40대 중반 자영업)

혈압이 내려갔어요

40대 초반이고 고혈압 치료로 10년째 약을 먹고 있습니다.

혈압은 수치상으로 150/90 이상인데요. 정말 하루 중 한두 번 정도만 150초반 나와서 의사가 약을 먹으라고 해서 약을 먹었는데… 이제 스마트 마스크 착용하고 잠을 자고 운동하니까 스트레스도 줄이고 소식을 하고나니 혈압이 정상치가 나오더라구요. 약 안 먹은지 2개월 넘었고 높으면 130 초반이 나오고 나머진 정상이구요. 근데 약 안 먹을 때보다 몸이 더 가뿐하고 좋아요.

진료를 받으러 가기전 입니다. 중단 좀 하고 싶어서요.

(40대 초반 직장인)

입 냄새가 사라졌어요

입 냄새 때문에 스트레스가 많았어요.

키 작아서 키 커야하는데 입 냄새 때문에 맨날 스트레스나 받고 치과도가고 이비인후과도 갔는데 아무 이상 없었어요.

양치도 잘하고 혀도 잘 닦는데 말이죠.

숨 쉴 때마다 나니까 숨 참기도 힘들고 수업시간에 눈치 보이니까 수업도 안되고 학교를 때려치우고 싶은 생각도 들었답니다.ㅠㅠ 말 못할 고민이라 사람들한테 말할 용기도 안 나고… 그때 스마트 마스크 광고보고 실험에 참여했죠. 제가 입 벌리는 버릇이 있었거든요. 잠 잘 때도 그런 거 같고… 해서 부탁을 해서 참여하게 됐어요. 처음엔 마스크를 착용하고 잘려니 답답하더라구요. 첫날은 그냥 자고 집에서 착용하고 두 번째 날부터 착용하기 시작했어요. 잠도 잘 오고 지금은 매일 차고 자고요. 공부할 때도 차고요. 피부도 많이 좋아지고 얼굴 살도 빠지고. 입 냄새는 일주일쯤 지나니까 점점 사라졌어요. 지금은 거의 안 나고요. 정말로 마스크 너무 좋아요. 이거 만드신 분은 정말 대박입니다~~~ㅎ

(고 2 남학생)

아토피 치유

안녕하세요. 성인아토피가 있는 20대 초반이에요. ㅜㅜ

어렸을 때 아토피가 있다가 없어졌는데, 성인이 된 다음에 다시 아토피가 생겼어요, 성인아토피는 치료하기가 더 힘들다고 하던데, 제가 4년째 이 고생을… 가려워 힘들었죠.

스마트 마스크 착용하고 대략 4개월쯤 되니까 많이 좋아 졌어요. 마스크 차용하고 자고 운동하고, 가방에 넣고 다니면서 틈나는 대로 착용하고 호흡법 연습하고요. 지금은 거의 없어 졌어요. 아토피도 없어지고 얼굴도 너무 좋아졌어요. 친구들이 부러워할 정도로… 피부도 도자기 피부로 바뀜. 이제는 마스크 없으면 잠이 안와요. 음악듣기도 너무 좋고요… 좋은 게 많아요.

참고하시라고 제가 사용한 방법 적어봤어요. 일단 식습관에 신경을 쓰시길 바래요. 특히 라면, 과자, 빵 같은 밀가루 음식이나 치킨, 고기 위주의 기름진 음식, 인스턴트 그리고 유제품 음식은 줄이시고 가려가면서 식사하신다면 꽤 빠른 시간에 효과가 나타날 겁니다.

저도 열심히 마스크 착용하고 음식 조절하면서 실천해나가니 어렵지 않더라고요. 힘내시구요.

참고 되었음 좋겠네요^^

(20대 초반 여)

당뇨에서 벗어났다

저는 2005년 당시 음식점을 운영하다가 어려워졌고, 그때의 충격으로 건강이 악화되어 당뇨 판정을 받았다. 당시는 당뇨에 대한 상식도, 경황도 없어 약만 복용하고 관리는 전혀 못했다. 그러더니 해가 갈수록 복용하는 약이 점차 늘어갔고, 8년이 지나면서부터는 발이 마비되고 눈이 침침해지는 등 합병증이 오기 시작했다.

스마트 마스크 체험단에 도전할 당시에만 해도 당 수치가 올라가 있는 상태였다. 조금만 움직여도 쉽게 피로해져 체험단 신청을 망설이기도 했지만, 착용하고 잠자기만 하면 된다고 해서 과감히 도전했다.

그렇게 마스크를 착용하기 시작하자 점점 당 수치가 내려가기 시작했다. 음식도 특별히 조절하지 않았음에도 1주일 후에 병원에서 검사해보니 거의 정상수치를 회복했다는 결과가 나왔다.

자신감이 생겼다.

그 후로 거의 마스크를 착용한다. 마스크 착용하고 동네 한 바퀴 돌고 나면 땀이 흘러 기분이 참으로 좋다. 지금은 거의 정상 수치로 돌아왔다. 생각해보면 2008년은 힘들었었던 해였다. 그해로 돌아가고 싶지 않기에 가능한 스트레스를 받지 않으려고 수식호흡을 많이 한다. 할 때마다 느끼는데 몸과 마음이 많이 편해진다. 이런 게 힐링이 아닌가 싶다.

그 외 체험수기

피부가 예민한 편이라 마사지 받는 것을 좋아하지 않아요. 하지만 스마트 마스크는 피부는 물론 건강까지 좋아지니까 이제는 매일 시간 날 때마다 착용합니다.

(한경 비즈니스 기자)

스마트 마스크로 피부와 건강관리를 하고 있어요. 보름쯤 지나니까 피부와 얼굴라인이 매끄럽게 정리되더라구요. 지금은 화장품을 사용하지 않고 있어요. 저의 피부와 스마트 마스크만 믿는 거죠.

(체험자)

출산 후 피부탄력이 떨어질 때쯤 우연히 스마트 마스크를 알게 됐어요. 사장님의 권유로 착용하기 시작했는데 지금은 주위 지인들에게 적극 추천하고 있답니다. 출산 후 더 젊어졌다는 소리를 듣고 살거든요.

(메이크업 아티스트)

아이가 감기에 자주 걸려서 한의원을 찾았다가 소개로 스마트 마스크를 알게 됐답니다. 매년 환절기에 감기가 걸리던 아이가 이번 봄 환절기에는 감기에 시달리지 않고 지냈어요. 덕분에 아이가 밝아지고 키도 쑥쑥 큽니다. "스마트 마스크를 착용하면 절대로 감기에 걸리지 않는다."라는 업체 분의 말씀이 빈말이 아니더군요.

(해성이 어머니)

피부에 좋다는 것은 모두 해보는 나에게 있어서 스마트 마스크는 파라다이스였다.

(그랑시엘 뷰티에디터)

웨딩드레스를 입을 때 탄력 있는 얼굴과 목선은 필수죠. 스마트 마스크는 이것을 단번에 해결해주었죠.

(웨딩 21 기자)

맺음말

인생에서 가장 멋진 일은 '창조'일 것이다. 전 세계에서 누구도 해내지 못한 것을 이루었다는 것은 최고의 기쁨이 아닐 수 없다.

이 책에서는 '호흡'과 '자연치유력' 그리고 '스마트 마스크'를 다루고 있다.

필자는 처음 착용이 가능한 시제품이 나왔을 때 느꼈던 기쁨은 지금도 잊을 수 없다. 그 후에도 수 없이 많은 설계와 수정의 어려움도 있었지만 누구도 해내지 못한 일을 한다는 자부심과 희망은 잊을 수 없었다.

13년간의 시간 속에서 수없이 테스트하고 많은 임상을 거쳤다. 그 과정에서 많은 책과 논문을 읽었다. 그럴 경우 그곳에서 호흡과 구강건강에 대한 동서고금의 인물들과 연구사례들을 만나게 됐다.

필자가 연구하고 나아가 제품으로 이어진 '자연치유력'에 대해서 각 시대마다 최고의 석학들이 연구했었다는 사실을 아는 것만으로도 가슴이 설레고 벅차다.

시대가 흐르면서 각 시대의 연구자들의 승리와 좌절의 역사가 쌓여 현재의 생명과 노화, 질병, 젊음을 유지하는 메커니즘이 존재하게 되었다.

그리고 필자도 이런 자연치유력의 이야기에 앞 시대에 살았었던 석학들과 좌웅을 견줄 수 있다는 긴장감이 필자의 마음을 흥분시킨다.

스마트 마스크는 지금까지 한 번도 경험해보지 못한 새로운 경험을 전해줄 것이다. 산소를 이용하여 그 어떤 약이나, 치료법보다도 강력하고 효율적으로 당신의 질병과 고민을 해결해 줄 것이다.

지금까지는 모든 병의 원인이 '산소부족'이라는 사실은 분명한 사실로 밝혀졌다. 하지만 현제까지 지구상의 어떤 과학자도 체내에 효율적이면서 간편하게 충분한 산소를 공급하는 방법을 제시하지 못했다.

스마트 마스크는 과학계와 의학계에서 실험으로 검증된 산소의 중요성을 일상생활에서 손쉽게 적용하도록 개발된 세계 최초의 제품인 것이다.

또한 스마트 마스크는 호흡의 중요성을 토대로 하되, 운동, 마음, 햇빛, 그리고 순환기계, 내분비계, 자율신경계, 면역계를 활용한 실제적이고 간결하게 구체화시켰다는 점에서 그 의미는 매우 크다고 할 수 있다.

스마트 마스크가 개발된 이후 많은 착용자들은 필자를 놀라게 한 주인공들이다. 특히, 암이 호전되고, 탈모, 고혈압, 당뇨, 위장질환, 순환기 질환, 피부질환을 극복한 착용자들의 이야기는 거액과 고통을 수반하지 않고도 건강과 피부는 충분히 개선될 수 있다는 현실적인 희망을 전해주었다.

젊은 몸과 마음 그리고 피부를 유지하고 있는 사람들의 공통점은, 단순하리만큼 기본에 충실하다는 것이다. 바르게 호흡하고, 잘 자며, 잘 먹고, 잘 배설하고, 적당히 운동하고, 꾸준히 일하는 생활습관이 젊은 몸과 피부를 만드는 비법임을 다시금 강조해 둔다.

이런 소소한 것들은 TV나 잡지, 인터넷에서 이미 많이 다뤄진 이야기, 그래서 한편으로는 진부하게도 느껴지는 교과서 같은 방법으로 생각되는 것도 있겠다. 그러나 지금 이 글을 읽고 있는 당신은, '이미 들었고 그래서 진부하게 느껴지는 이 방법'을 실제로 꾸준히 실천해 보았는가?

알고만 있는 것과 실천하는 것의 차이는 그만큼 크다. 자신의 나이보다 10년 이상 젊은 몸과 피부를 유지하고 있는 주인공들은 지식을 머릿속에만 머물게 하지 않는다. 자신의 삶에 적극적으로 실천해 왔다.

그 결과 젊은 몸과 마음, 피부, 자신감까지 회복하는 인생의 기쁨을 맛보고 있다. 건강과 피부에 대한 소소한 실천들이 더 크게는 삶을 윤택하고 행복하게 이끌고 있는 것이다.

이 책을 읽고 이 책에서 제시하는 방법들을 익혀 탈모, 암, 고혈압, 당뇨, 피부질환, 비만, 뇌질환, 폐질환, 심장질환 등 각종 질병으로 고민하는 지인, 친구, 가족에게도 이 책을 살며시 건네주자. 대중매체, 기업의 상술에 세뇌된 채로 당신의 소중한 사람들이 돈과 시간을 쓸데없이 허비하고 있다. 이 한권의 책이 지혜와 올바른 판단의 길을 제시해 줄 것이다.

끝으로, 이 책의 마지막 장을 덮는 당신이, 생에 가장 아름다웠던 때의 건강과 피부나이로 되돌아갈 행복의 열쇠를 발견했길 바란다.

최 종 식

참고
서적

호흡

- de Duve, Christian. 'Life Evolving: Molecules, Mind, and Meaning'. Oxford University Press, New York, USA, 2002.

- Harold, Franklin M. 'The Way of the cell. Molecules, Organisms, and the Order of Life'. Oxford University Press, New York, USA, 2001.

- Lane, Nick, Oxygen: 'The Molecule that Made the World'. Oxford University Press, Oxford, UK, 2002.

- Nicholls, David, and Ferguson, Stuart J. 'Bioenergetics 3'. Academic Press, Oxford, UK, 2002.

- 박원일, 정혜원, 주준범, 조주은, 김종양. 학술논문. '체위성 폐쇄성 수면무호흡증 환자에서 비양와위 무호흡-저호흡 지수가 5 이상과 5 미만인 집단간의 비교'. 2013

- 강옥규. 학위논문. '연기호흡의 인식과 활용을 통한 정서의 표현 훈련'. 2013

- 김명주, 임인철, 이재승, 강수만. 학술논문. '횡격막의 움직임을 이용한 최적화된 호흡 위상의 선택: 폐암의 호흡 동기 방사선치료 중심'. 2013

- 신희준. 학위논문. '호흡훈련 프로그램이 시설 노인의 호흡기능 및 신체피로감에 미치는 영향'. 2012

- 김나라. 학위논문. '호흡 마음챙김 명상 프로그램이 중학생의 자아강도에 미치는 효과'. 2013

- 심유진, 문옥곤, 최완석, 김보경. 학술논문. '들숨근 훈련이 경수손상환자의 호흡기능 및 삶의 질에 미치는 영향'. 2013

- 이혜연. 학위논문. '호흡 훈련이 경직성 뇌성마비아의 폐기능 및 호흡근력에 미치는 영향'. 2013

- 이규창, 이동엽, 유재호. 학술논문. '규칙적인 필라테스 운동이 심혈관 및 호흡 변인에 미치는 영향'. 2011

- 김민환. 학위논문. '호흡훈련이 뇌졸중환자의 호흡기능, 체간조절능력 및 일상생활동작 수행에 미치는 효과'. 2012

- 우미령, 최홍식, 백승재, 남정모, 최예린. '정상 노년층의 호흡 및 발성 특성'. 2010

- 김진홍. 학위논문. '호흡운동이 만성 뇌졸중 환자의 폐 기능 및 운동능력에 미치는 영향'. 2012

ATP 발견

- Schatz, G, The tragic matter. 'FEBS(Faderration of European Biochemical Societies) Letters' 536:1-2; 2003

- Engelhardt, W. A. 'Life and Sicence. Autobiography. Annual Review of Biochemistry' 51: 1-19; 1982

- Fruton, J. Proteins, Enzymes, 'Geres:The Interplay of Chemistry and Biology'. Yale University Press, New Haven, USA, 1999

- Rich, P. 'The cost of living'. Nature 421: 583; 2003

호흡의 효율성

- Konstantinidis, K. and Tiedje, J. M. 'Trends between gene content and genome size in prokaryotic species with larger genomes'. Proceedings of the National Academy of Sciences USA 101: 3160-6137; 2004

- Vellai, T., Takacs, K., and Vida, G. 'A new aspect to the origin and evolution of eukaryotes. Joumal of Molecular Evolution' 46: 499-507; 1998

- 이정형. 학위논문. '피드백 호흡운동이 뇌졸중 환자의 폐기능에 미치는 영향'. 2008

- 오미경. 신혜숙. 학술논문. '뇌호흡이 초등학생의 학습효율성에 미치는 영향'. 2003

- 강성희, 윤제웅, 김태호, 서태석. 학술논문. '환자고유의 호흡 패턴을 적용한 호흡

- 연습장치 개발 및 유용성 평가'. 2012

- 강난휘. 학위논문. '舞踊動作의 效率性을 위한 올바른 呼吸法에 관한 硏究'. 1995

안정시 대사율과 최대 대사율

- Bishop, G. M. 'The maximum oxygen consumption and aerobic scope of birds and mammals: Getting to the heart of the matter'. Proceedings of the Royal Society of London B: Biological Sciences 266: 2275-2289;1999.

포유류에서 대사율의 구성요소

- Porter, R. K. 'Allometry of mammalian cellular oxygen consumption. Cellular and Molecular Life Sciences' 58: 815-822; 2001

- 신상원, 김호준, 김수진. 학술논문. '대사량의 측면에서 본 비만'. 2003

- 서영성. 학위논문. '고려해야 할 비만의 원인'. 2002

포유류 조직의 산소 농도

- Massabuau, J. G. 'Primitive and protective, oue cellular oxygenation. status? Mechanisms of Ageing and Development' 124:851-866; 2003

- 요코이 히로유키. 학위논문. '산소 발생기를 이용한 인체의 산소 효과에 관한 연구'. 2012

기관과 근육에 들어있는 미토콘드리아

- Else, P. L, and Hulbert, A. J. 'An allometric comparison of the mitochondria of mammalian and reptilian tissues: The implications for the evolution of endothermy. Journal of Comparative Physiology B: Biochemical, Systemic, and Environmental Physiology' 1985

- Hulbert, A. J., and Else, P. L. 'Evolution of mammalian endothermic metabolism: Mitochondrial activity and cell composition. American Journal of Physiology' 256; 1989

- 이영삼. 학위논문. '인간 미토콘드리아 DNA 중합효소의 구조와 기능에 관한 연구' . 2009

- 이재호. 학위논문. '대장암의 발생과정에서의 미토콘드리아의 미소위성체 불안정성' . 1999

- 진선아, 이영달 등. 학술논문. '심장에서 CR6-interacting Factor 1의 미토콘드리아 활성 조절' . 2001

- 고태희. 학위논문. '유산소운동과 저항운동에 의한 당뇨유발 쥐 심장 및 미토콘드리아 기능 변화' . 1999

아포토시스

- Huettenbrenner, S., Maier, S., Leisser, G., Polagar, D., Strasser, S., Grusch, M., and Krupitza, G. 'The evolution of cell death programs as prerequisites of multicellulanity' . Mutation Research 543; 2003

- 박현향. 학위논문. '교류 전기장 처리가 폐암 세포주 내에서 미토콘드리아를 매개로 한 아포토시스 유도에 미치는 효과 규명' . 2004

활성산소

- Brennan, R. J., and Schies시, R. H. 'Chloroform and carbon tetrachloride induce intrachromosomal recombination and oxidative free radicals in Saccharomyces cerevisite' . Mutation Research 397; 1998

- 김창균, 이진석. 학위논문. '일회적 등속성 근력과 근지구력 프로토콜에 따른 혈중 활성산소, 항산화력 및 대사 변인의 차이' . 2007

- 김남익. 학위논문. '운동에 있어서 활성 산소의 역할' . 2003

- 이선미. 학위논문. '허혈 및 재관류에 의한 간장손상에 있어 활성산소의 역할' . 1995

- 강상진, 홍성돈. 학위논문. '진피 콜라겐의 노화에 대한 활성산소와 자외선의 영향' . 1997

- 이윤미, 최승욱, 김규태. 학위논문. '운동강도에 따른 활성산소와 젖산의 변화' . 2009

노화와 미토콘드리아

- Harman, D. 'The biologic clock: The mitochondria? Journal of the American Geriatrics Society' 1972

- Miquel, J., Economos, A. G., Fleming, J., and Johnson, J. E., Jr. 'Mitochondrial role in cell ageing'. Experimental Gerontology 1980

- Nick Lane. 'mitochondria'

피부세포

- 윤영민, 배승희, 안성관, 최용범, 안규중, 안인숙. '자외선(Ultraviolet)이 피부 및 피부세포 내 신호전달체계에 미치는 영향'. 2013

- 박형구, 임민정, 문혜원, 이일영, 나은우, 임신영. 학술논문. '정상 성인에서 피부온도가 교감신경피부반응에 미치는 영향'. 1999

- 양가연. 학위논문. '着衣別 20代 成人男女의 皮膚溫度와 體溫과의 관계'. 1992

- 김재승. 학술논문. '아름다운 턱교정수술(aesthetic orthognathic surgery) : 자연스런 윤곽의 아름다운 턱교정수술'. 2008

- 김효진. 학위논문. '일부 성인남녀의 여드름 관리태도와 정신건강'. 2013

- 곽진경. 학위논문. '중년여성의 식행동이 피부노화와 여드름에 미치는 영향'. 2013

- 서대헌. 학술논문. '여드름의 약물요법'. 2010

- 오지원. 함정희. 학술논문. '피지내 과산화지질이 기미와 여드름의 치료에 미치는 영향'. 1991

- 박병순. 학술논문. '피부노화의 세포 치료'. 2012

기술은 젊음이다.

Tecklologe is youth

최충식